晶体管非线性模型参数提取技术

Nonlinear Transistor Model Parameter Extraction Techniques

〔德〕 马蒂亚斯·鲁道夫(Matthias Rudolph)

〔德〕 克里斯蒂安·法格(Christian Fager)　　著

〔德〕 戴维·E. 鲁特(David E. Root)

王　颖　董士伟　董亚洲

付文丽　李小军　禹旭敏　　译

国防工业出版社

·北京·

著作权合同登记　图字:军-2018-077 号

图书在版编目(CIP)数据

晶体管非线性模型参数提取技术/(德)马蒂亚斯·
鲁道夫(德)克里斯蒂安·法格,(德)戴维·E.鲁特
著;王颖等译,—北京:国防工业出版社,2020.10
ISBN 978-7-118-12067-7

Ⅰ.①晶…　Ⅱ.①马…②克…③戴…④王…
Ⅲ.①晶体管-非线性-线性模型-参数分析-研究
Ⅳ.①TN32

中国版本图书馆 CIP 数据核字(2020)第 158376 号

※

国防工业出版社出版发行
(北京市海淀区紫竹院南路 23 号　邮政编码 100048)
三河市德鑫印刷有限公司印刷
新华书店经售

*

开本 710×1000　1/16　印张 21　字数 400 千字
2020 年 10 月第 1 版第 1 次印刷　印数 1—1500 册　定价 88.00 元

(本书如有印装错误,我社负责调换)

国防书店:(010)88540777　　书店传真:(010)88540776
发行业务:(010)88540717　　发行传真:(010)88540762

前　言

现今微波电路的设计主要依靠电路仿真,虽然无法替代设计师的技能、知识和经验,但设计师们能够依靠恰当的电路仿真工具以精确仿真电路性能。电路仿真器已日臻完善,影响仿真精确性的限制因素是模型的选用,因此人们一直在不断地探索在仿真器中使用的有效模型,晶体管技术的不断发展要求模型也要同步赶上。同时,对加诸模型上的条件也在不断增加,如较宽泛的信号类型、工作条件(如温度)和动态变化情况等。因此,电路设计者也经常要面临对设计电路中使用的模型进行修正的挑战,以期给仿真器提供更精确的晶体管描述,这种描述主要通过准确刻画晶体管特性来实现,而后者又主要通过测试、电磁和(或)热分析来完成。最后,在这个模型可以基本应用于所有设计前,需要从这些数据中提取模型的参数值。

由于晶体管的建模是电路设计的关键,在仿真器模型文档、应用说明、科技论文、学术会议和期刊等许多公开文献中都可以获得任何类型晶体管的可用模型,但是与之相对,如何确定各自模型参数的文献却要少得多。

本书旨在对晶体管模型参数提取提供全面的概述:一方面,基本前提是参数提取与建立基于物理模型本身同等重要;另一方面,即使对不同的技术,提取方法也往往基于同样的想法和假设。因此,这本书的目的是给出一个较为宽泛的想法,聚焦于一个主题和概念,而非限定在某一特定的晶体管类型。

这本书是基于 2009 年由编辑组织的 IEEE 微波技术和理论协会国际微波研讨会上的一个专题,每一章对应于专题中的一个报告。范围覆盖了参数提取中几乎所有的任务:从直流到小信号参数,如何集成小信号参数以获得如电荷和电流等大信号参量;如何确定非本征单元的数值;晶体管封装建模和自热;色散效应;噪声;晶体管加工统计;提取和验证的测量技术等。

编者们感谢所有作者作出的贡献,我们非常乐于倾听研讨会的报告,并且认为通过适当的方式发表这方面的知识将会对该领域作出有价值的贡献。最初对于将报告转换成书中章节的工作量估计是有点乐观,所以我们特别感谢作者的额外努力。

我们也要感谢剑桥大学出版社,尤其是 Julie Lancashire 博士和 Sarah Matthews 女士对项目的支持,与剑桥的工作人员一起工作非常愉快。

目　　录

第1章

绪论

Matthias Rudolph

设计师设计电路,肯定需要借助电路仿真工具,通过电路仿真工具,即使在原理样机没有生产、制造出之前,也能够确定电路的性能,并且精度还相当高。我们期望仿真可以为我们提供一种数值算法,通过仿真能够准确计算电流、电压、噪声、失真等相关变量。虽然仿真不能做到比实际使用的器件模型更准确,但至少可以描述将要使用的器件,而这同样重要。在现代电路仿真中,器件模型通常由模型库中拖出来放到电路中即可。至少对于成熟技术,有源和无源器件的准确模型是可用的。那么是否所有的问题都解决了呢?

遗憾的是,答案是否定的。原因在于这些器件模型是参数化的,特别是紧缩晶体管模型。从描述常规 SiGe 异质结双极晶体管(HBTs)的通用模型到针对特定工厂生产的特定尺寸的特型晶体管的具体模型是个巨大的跨越,而后者才是人们在实际设计中使用到的。

人们期望工厂销售晶体管的同时可以给我们提供有效的模型,可实际上会遇到什么样的麻烦呢? 通常实际情况差不多会是以下几种情形:

(1)一些供应商根本不会向他们的客户提供合适的模型。人们能拿到的只是提供一些性能参数的数据手册和印刷好的 S 参数说明书,或者更常见的是只能获得基本的数据 SPICE 模型参数,即使对最先进的晶体管也同样如此。虽然这些模型在所有电路仿真中均可用,但实际上其精度往往是相当受限的,主要原因就在于这些模型只描述了非常基本的晶体管工作状态。

(2)如果使用最新一代的器件,那么模型可能还没有确定好,而这在研究中是非常常见的。

(3)事实证明,通常器件厂商提供的模型,其准确性可以应对一般的应用情况,但对于针对特定目标的具体应用则很难满足要求。因此,需要模型参数的细化。

本书综述了模型参数提取的不同方面和方法。在这种背景下,我们假设并认为所选择的模型通常是精确的,也就是意味着基础数学公式能够描述所研究的所有影响因素。如何提取特定模型参数的方法取决于其描述的物理效应,而不是使用什么具体模型,这一原则也同样适用于不同类型的器件。因此,本书的章节按主题逐个解决参数提取的相关问题。讨论特定的器件仅是为了提供示例,而采取的通用方法也可以应用于其他晶体管技术。

1.1　模型提取的挑战

在详细讨论参数提取之前,需要解决一些基本问题:首先,模型是准确的意味着什么？声明一个模型可以很好地预测器件性能是不够的,还需要考虑实际工作条件。实际情况的仿真通常是数学上的表达,与通常用于判断模型精度的标准测试相比,更具挑战性。仿真是否收敛不仅取决于仿真使用的数值求解器,而且还取决于模型的类型以及所需提取的模型参数值。因此,要确定哪些参数、参数的取值范围等所有这些问题都需要在本章进行讨论,而最后一节将讨论如何为建模过程选择合适类型的晶体管。

1.1.1　精确性

如果寻求某款特定晶体管的模型,一般情况下得到的会是一组参数。运气好的话,还可以得到仿真结果与测试结果的比较,通常是输出电流—电压曲线、一些偏置点下的 S 参数。假设我们看到的仿真数据和实测数据之间拟合得非常好,那么就可以相信该模型了吗？答案显然是不一定的,模型参数集的有效性取决于想要仿真的应用场景是什么,测试的准确性如何,表面上完全相同的晶体管性能会如何变化等一系列的问题,这些问题将会在后续详细讨论。

1.1.1.1　电路应用

到目前为止,我们讨论的是一个准确的模型,但是与地球上的所有事情一样,模型是不可能完全准确的。我们得到的是在一定约束条件内准确的模型,只能保证模型的偏置点、频率、温度或输出功率电平在某一范围内是有效的。这些限制需要匹配目标电路的类型。一些例子:

（1）真实的小信号工作情况仅需要准确地预测偏置点以及相应频率范围中的 S 参数。当然,该模型限定在一个偏置点下,如果要仿真另一个偏置点（如为了减小功耗或提高噪声性能）,在没有证明模型是否能良好匹配前提下,不能先验地假设模型的准确性。

（2）对于低噪声放大器可以假设弱非线性工作情况,即使晶体管只接收到低功率信号,也可能偏离小信号条件,因此需要非线性的模型,用于确定三阶交调点的常见双音测试可以描述此种情况下的工作状态。除了偏置点以外,还需要能够准确预测静态偏置点附近有限工作区域内的 S 参数,如图 1.1 中灰色区域所示。在此区域内需要较高的精度,但在区域以外却没有具体的精度要求。同样,如果偏置点变化,则需要重新检查模型,并且可能需要调整参数。

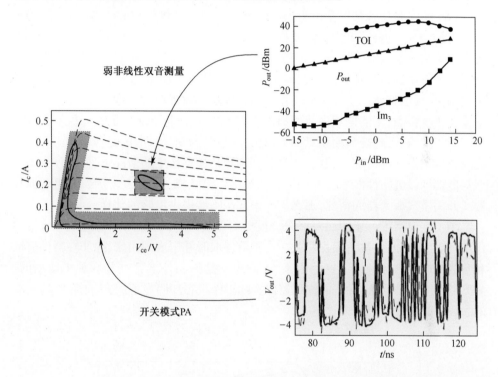

图 1.1　根据电路应用,要求模型在不同的工作区域内准确,而其他区域可以忽略。
这里显示的是两种极端情况:弱非线性 A 类模式和开关模式

　　(3) 输出电压达到最小值或电流接近最大值时会产生功率压缩。从弱非线性工作状态开始,电压和电流波动随着晶体管输出功率的增加而增加。因此,需要精确模型的电流和电压范围增大了。然而,一旦电压下降到低于拐点电压,并且电流波动到饱和(双极型晶体管)或线性(场效应晶体管)区时,情况的变化则会非常剧烈。在该区域内,晶体管工作在与 A 类不同的模式下,需要模型中不同的参数子集来描述。因此,在 A 类工作条件下非常准确的模型可能完全无法预测压缩工作状态的情形。

　　(4) 第(3)点中的情形进一步扩展,如果发生任何附加的击穿或自热等非理想效应,就需要确定相应的模型参数,并且通过适当的测试来验证模型。没有任何一个紧缩模型可以预测所有的物理效应,所有这些效应都先要进行表征,然后再确定相应的模型参数。

（5）开关模式功率放大器是一类特殊的情况，如 E 类功率放大器。对于此类应用，要求晶体管模型在导通和截止状态中有非常高的准确性。在开关模式情况下，开关切换过程只是轻微的触及常规 A 类工作区域。图 1.1 中的灰色区域表示的是该工作状态需要的模型精度高的区域。

（6）另一种特殊情况是电阻型混频器。场效应晶体管（FET）偏置在漏–源电压为零的情况。因此，该模型需要描述正向和反向模式下的晶体管性能，不仅需要栅极处于特定电压波动情况下为精确的，而且需要漏极在 0V 附近的特定电压波动的情况下也同样是精确的。在漏压为负时，漏极和源极功能交换，漏极变为实际上的源极，反之亦然。这种反向工作条件在模型参数提取时通常被完全忽略。

关于这一点，不能期望向我们提供模型参数集的半导体厂商能够预料到所有可能的工作模式，这是显而易见的。通常，参数集的确定对应的是各器件工作于 A 类最佳偏置点处的情况。因此，在没有仔细评估模型精度的情况下，使用该模型至多只能得到该电路性能的一个预测。如果工作模式离 A 类太远，例如电阻型混频器或开关模式放大器的情况，那么该模型甚至不能提供粗略的估计。

图 1.2 说明了可能的误差来源。根据工作模式不同，不同的物理效应将发挥作用，例如击穿或自热。而这些效应在参数提取时并未表现出来，除非在器件表征和参数提取时已经考虑了这些因素，否则模型是不能外推到这些区域中使用的。A 类工作情况是低热耗的，但物理器件实际工作状态却明显不同，因此需要具有额外参数的附加数学公式来描述。

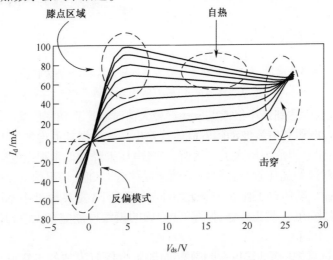

图 1.2　FET 的原理图输出 I—V 曲线。一些关键区域突出显示出来，其中电气反应是由在其他地方不显著的物理效应所主导的

　　模型当然不仅受限于电流和电压,还与频率有关,往往只在指定的频率范围内有效。随着频率升高,越来越多的寄生效应变得非常重要,直到用集总器件对晶体管的描述失效,而需要将晶体管作为分布式元件处理。并且基础模型的数学近似通常或多或少是基于复杂的近似,特别是关于时延或渡越时间效应的实现。因此,紧缩模型仅在低于晶体管的截止频率以下是有效的。对较低的频率,模型可能也不完全正确。例如,通过捕获 FET 中的电子引起的自热和记忆效应是一个非常缓慢的过程,基本上只在较低的兆赫频段,甚至更低的频率范围内影响电性能。在传统的微波应用中,只要通过采取动态偏压控制自热,并保证器件在微波激励下保证等温,器件的热时间常数并不重要。所以,模型通常只是对这些慢效应施加一个简单的低通,以便将 DC 与微波分离。因此,关于模型精度在频率范围中存在一段空白:模型在 DC 附近以及在低于截止频率以下的微波范围是有效的;而在千赫到兆赫以及截止频率附近及截止频率以上它是无效的。这将会在仿真由这些频率激发的宽带调制信号时造成严重的影响。

　　遗憾的是,如果宣称提供模型的公司无知、懒惰是造成问题产生的根本原因,这对它们而言是不公平的。在参数提取过程中预见到所有可能的工作模式也不能完全解决所有的问题。为什么?因为模型的准确性是相对的,是不能通过绝对测试获得的。例如在饱和 AB 类放大器的情况下存在相当高的电压和电流波动,只有正确预测电流和电压波动,并且输出功率和产生谐波的推算值与测试值相匹配时,才能实现高精度。然而,这并不意味着如果输入功率减小或者关注某个偏置点处的高线性度时,该模型仍然是完美的。这里轻微的不准确可能不会在大信号情况下产生重要影响,甚至可以完全抵消掉。然而,当振幅减小时,不准确性则变得非常重要。

　　虽然本书的目的不是讨论模型在数学上的准确性,而且之前已经说过,我们将会理所当然地认为这些模型非常适合我们的应用,但是根本不可能构建一个紧缩模型同时在所有尺度上具有高精度,它必定在一定程度上依赖于理想化的公式,而这限制了模型的复杂性,因为需要描述的是所有类型的晶体管,所以无论如何都不能避免这个限制。因此,公式只能近似晶体管的实际工作状态,所以确定模型参数意味着优化晶体管的工作范围而不损害其精度。

1.1.1.2　测试不确定性

　　参数提取和模型验证是在测试数据的基础上进行的。然而,测试数据仅是在一定精度下确定的,或者换言之,总是具有一定的不确定性。基本上不确定性影响测试数据有以下两种方式:

　　(1)随机误差。该类误差是分散在正确曲线周围的噪声曲线。有时该类型不确定性的影响是相当明显的,特别是当测试数据为类似点云而不是线上的点时。但是,根据数据可视化的方式,也可能不会直观地看到随机误差。

（2）系统误差。该类误差很难从评估测试数据中识别出来。与随机误差相反，系统误差只会轻微地使整个曲线偏移，使其实际看起来仍然更精确。如果电缆、偏置器或晶圆探针的衰减不确知，甚或有别的原因，就会发生这种不确定性。

因此，使用测试数据的前提条件是了解测试设备可以提供的精确度，特别是需要始终关注系统误差。此外，参数提取和模型验证的一个完整循环所依赖的数据通常是通过不同测试设置确定的，因为不同的测试设置可能具有不同程度的不确定性。最后，即使可能实现，也不应该期望模型性能能精确匹配所有测试曲线。以负载牵引测试为例，它在特定负载条件下将输出功率作为输入功率的函数给出。如果输出功率精度为 1dB，而仿真数据精度又降低约 0.5dB，那么尝试改进模型直到测试和仿真曲线完全匹配并不是非常有用的。实际上，仿真曲线已经在不确定性的范围内了。为了减少测试曲线和仿真曲线的差异，通过改变参数值是不会获得准确度的实际改善的[1]。

当推导提取算法时，也需要考虑我们处理的并非是精确的数据这一事实。因此，简单地应用精确的数学而忽略了测试的不确定性肯定不会获得预期的结果。例如，考虑从 $I—V$ 测试中提取电阻 R，人们不会仅仅施加一个电压值，测试获得一个电流值，就期望通过计算获得高精度的 R。事实上，多次的测试结果就是会有不同的 R 值。如果 R 值的变化不大，则可以得出结论——测试是正确的，并且将测试值的平均值定义为 R 的真实值。在许多情况下，比起依赖确定性公式 $R=U/I$，考虑了不确定性的 $U-R \cdot I=r$ 更为有利，其中 r 表示残余误差。与其忽略不确定性，不如基于多个测试数据，采用最小二乘估计来最小化 r。最小二乘估计有许多优点，基本上，它倾向于使二次误差 r^2 最小化，后者源于多次测试，而测试次数又多于未知数。

$$Ax + d = r \tag{1.1}$$

式中：x 为包含未知数的列向量；矩阵 A 中包含一行每次测试的已知值，以及已知向量 d。向量 r 包含误差且需要最小化。测试的次数必须超过未知数，以便利用平均效应。方程的二次误差必须最小，可表示为

$$x^T A^T A x + 2 (A^T d)^T x + d^T d = r^T r = \text{Min} \tag{1.2}$$

式中：^{T} 表示转置矩阵。

通过微分和求导数的根可以找到最小值，得到要求解的线性方程：

$$(A^T A)x + (A^T d) = 0 \tag{1.3}$$

含噪声的测试数据不仅导致提取的参数不纯，甚至可能导致提取尝试的完全失败。问题是如何通过参数提取算法来转换原始数据的不确定性。应当牢记数据中包含的误差通常具有与精确数据不同的属性。例如，两次测试的误差可能是相关的，也可能是不相关的，但两次测试的精确数据之间具有某种固定的数学关系。误差可以是绝对值或者是测试数据幅度的相对值。

因此，以下数学运算尤其关键：

（1）除以或者乘以小的数值所造成的强不确定性。以下情况经常发生：一个数学方程中包含一个较大的数与一个较小的数相乘的时候，那么该项在数学上会被消减。然而，如果这个较小的数值对不确定性的影响显著，那么该项在实际中则不一定能够抵消掉。另外，两个非常小的数值相除的时候也是极度危险的，如用零除以零。

（2）减去一个理论上几乎相等的数。例如，如果参数值非常小以致它在测试数据的相对误差的范围内，那么则不能根据两个非常大的数字之差来确定该参数。

提取过程会传递测试的不确定性，因此要求提取流程具有容差性。需要对使用的公式在这方面进行分析，并且通常情况下近似值会优于精确公式。

一个很好的例子是关于提取 HBT 本征基极电阻 R_{b2} 的。在 HBT 中，基极电阻和基极-集电极电容通常是分为两部分的。在去嵌了非本征参数之后，仍然需要确定 R_{b2}。这并不容易，原因在于它被基极-集电极电容的非本征部分跨接。然而通过运算，R_{b2} 可以作为 Y 参数的函数给出[2]：

$$R_{b2} = \frac{\text{Re}\{ac^*\}}{\text{Re}\{|Y|c^*\}} \tag{1.4}$$

式中：* 表示复共轭，以及

$$a = Y_{11} + Y_{22}$$
$$b = Y_{11} + Y_{12} + Y_{21} + Y_{22}$$
$$|Y| = Y_{11}Y_{22} - Y_{12}Y_{21}$$

该公式已经应用于某款标准的 GaAs-HBT，其发射极面积为 $3 \times 0.30\mu m^2$，截止频率 f_t 约为 35GHz，R_{b2} 约为 4Ω。然而，若应用这个确切的公式则将完全失效，如图 1.3 中的虚线所示。在几个吉赫的范围，提取的值分散在 $\pm 200\Omega$ 之间，这并未在图中标示出来。但即使在较高频率下，提取值的范围也在 $-10 \sim 10\Omega$ 之间。

相反，以下简单的近似则获得比较好的结果：

$$R_{b2} \approx \text{Re}\left\{\frac{1}{Y_{11}}\right\} \quad （高频） \tag{1.5}$$

用该近似公式获得的结果在图 1.3 中用实线表示。由于该近似适用于较高频率，所以曲线越接近高频越向 R_{b2} 的值收敛，在大于 15GHz 的频率范围上变化非常小。

该示例基于良好校准下进行的 S 参数测试，在转换为 Y 参数之后也能提供平滑的曲线。令人印象深刻的是，式（1.4）经过数学运算获得的曲线分布在距离目标值大约两个数量级的范围内。

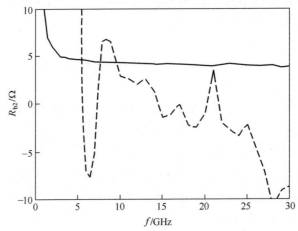

图 1.3　HBT 固有基极阻抗示例中测试不确定度对参数提取的影响
实线:近似公式;虚线:准确公式。

1.1.1.3　工艺偏差

考虑这样一种情况,假设奇迹降临,人们能够确定晶体管的所有模型参数,并且没有因测试、模型简化等因素带来的任何不确定性。尽管如此,模型仍将受到不确定性的影响,而且这种不确定性不可忽略。

遗憾的是,我们要面对这样的事实,即没有绝对相同的两个晶体管样本。当然,也没人会期望这一点,但是这个问题却经常被忽视了,特别是没有权限获得工厂数据以监视工艺稳定性的话。因此,强烈建议关注该问题,至少如果模型不意味着仅用于以及建过模的同一个晶体管。通常,我们期望该模型可以用来描述采用一类专用技术能够生产出来的所有晶体管。对于单片集成技术尤为如此,在单片集成技术中,模型用于设计将在建模和电路设计完成之后被制造的芯片和晶体管。

工艺偏差的影响是各种各样的,随着使用的技术而变化。对于主流硅生产线来说要求较低,但对于尚未成为主流的先进晶体管技术的要求则很高。这是在任何情况下都需要值得注意的问题。

工艺偏差具有不同的来源,例如:

(1) 尺寸、掺杂浓度的随机波动等。这些工艺技术的不确定性叠加,导致参数围绕平均值的随机变化,如在噪声情况下,能够很好地假设参数概率密度函数(pdf)是钟形的。

(2) 系统差异。取决于晶体管在晶圆上的位置。晶圆很大,但晶体管的几何结构则非常小。因此,并非处于晶圆上任一位置的晶体管性能都一致,只能寄希望于参数与晶圆半径的函数具有确定的斜率关系。

(3) 批次差异。新批次的晶圆加工与先前批次的加工会略有不同,洁净室环境条件的略微变化、可能使用新的化学品等,结果就是与之前加工的晶体管相比,新晶体管的某些参数会产生偏移。

1.1.2 数值收敛

不幸的是,模型精度还不是参数提取中唯一需要注意的问题。参数值的选择也可能影响仿真速度。较差的模型参数提取值会降低理论模型的优良性能。在某些情况下,完全不相关的参数甚至可能导致仿真的失败,仿真软件无法找寻到合适的解。无论如何,并不需要常常将失败归咎于模型的数学公式。如今,模型通常用公式来描述,而使得模型具有良好的精度和良好的数值特性。但是,模型参数仍具有降低数值特性的能力。

下面将强调两个示例,代表了最突出的问题:击穿和自热。

1.1.2.1 击穿

电路仿真依赖于迭代求解器计算非线性微分方程,这些方程用以描述电路的电气工作状态,通常对所有类型的非线性仿真引擎都是如此,无论是像 SPICE 一样在时域中或者是像谐波平衡一样在频域中处理数学问题。这背后的数学问题是相当复杂难懂的,但大体上,迭代算法首先是猜一个解,然后确定误差,再然后为了找到更好的猜测解,使用方程和外推法。而我们的案例中,这些方程式代表着晶体管模型以及对其他电路元件的描述。解的收敛性取决于定义组件模型的数学公式。如果外推的解非常接近确切的解,那么第二次推测的解就优于第一次的解,这样收敛的速度就会非常快。

所以,如今的模型仅仅建立在公式的基础上,而这些公式不仅平滑、连续,并且连续可导以及受限以防止数值的溢出。对于每组节点电压,模型公式必须始终返回数值上有效的电流和电荷。然而,模型参数可能会损害电路仿真器的收敛特性。

第一个问题涉及的事实是晶体管特性有时变化非常快。对此影响,FET 器件中的漏极–源极击穿是最突出的例子。在某一电压下,漏极电流急剧增加。不可能从击穿现象发生之前的输出 I—V 曲线的形状猜测到击穿电压。第二是电流斜率非常陡。第三是在物理学中,因为器件可能会烧熔,因而不存在超出击穿电压的直流解。因此,即使漏极电流是由平滑、连续的公式定义,电流也会在一定的窄电压范围剧烈变化。对于数值求解器,它可以等效地看作一个非连续点。

现在要考虑迭代求解器的一个非常重要的属性,即不可能预测迭代进行的方式,因为迭代是纯数学运算,不会局限于参数在物理上有意义的范围内进行计算。即使我们预先知道 DC 工作点将在漏极电压 3V,漏极电流 100mA 附近,动态电压波动范围在 0V~9V 之间,也可能在迭代求解器收敛之前,参与迭代的电压范围在±100V 或更大。因此,如果击穿离最终解较远,收敛过程甚至会遇到问题。

图 1.4中给出了一个例子,如果数值求解器在阴影区域内迭代地搜索解,忽略模型在 25V 附近发生击穿的前提下,收敛过程将更顺利。在迭代求解时,求解器当然不能影响模型精度。然而,这仅限于该个例的情况。

简而言之,在提取参数时,忽略一些在物理上有意义的效应,而这些效应又在将要仿真的电压、电流、频率或温度范围之外,则可以提高收敛性。这也包括特定模型中的默认参数产生的需要理解的影响,即使它们描述的是当下不相关的影响。另外,要在模型的总体精度(正确描述所有效应)和数值鲁棒性(忽略不相关)之间权衡则需要先行理解模型的最终应用场景。这些问题需要开发人员和模型用户进行良好的沟通。

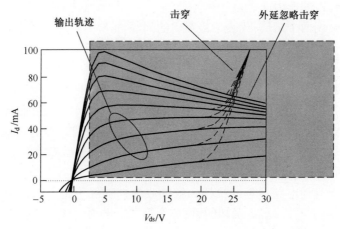

图 1.4　击穿可以影响仿真的数值稳定性,即使它远离最终解。
在输出轨迹的迭代确定期间,在阴影区域内和更远处计算电压/电流组合。
忽略击穿对这里的模型精度没有影响,但是提高了收敛性

1.1.2.2　自热

晶体管模型一个最重要的特征就是在其工作期间预测温度动态变化的能力。由于存在功耗,所以器件会发热,进而改变电气参数。例如在 GaAs HBT 中,电流增益会随温度升高而降低。从物理学的角度来看,没有参数对温度是完全不敏感的,因此至少要将那些最关键参数定义为温度的函数。

就数学观点而言,自热是非常具有挑战性的。通常当节点电压已知时,就可以直接计算所有分支电流。当然,这些方程中的大多数是非线性的,但是自热的情况则会更糟,它会在这个非线性系统中引入反馈。

分支电流由节点电压和温度确定,但是温度又由耗散功率确定,而耗散功率是电压和电流的乘积。以上事实引起了反馈,它不仅是一个反馈回路,而且还是一个非线性的反馈环路。

整个系统可能因此变得不稳定,温度和电流无限上升并导致仿真失败。即使没有遭受到如此灾难,非线性反馈系统也可能得到不止一个解[3,4]。这不一定是使用了糟糕的模型而造成的结果。热失控是双极型晶体管中非常常见的一种效应。作为电路设计者,我们期望模型也能解释这种效应。但是,由于仿真算法在超出安全工作区域的区域中迭代地搜索解,可能损害数值性能。多解也是一种类似的情况。通常,这些在现实世界中并不会产生损害,因为物理系统总是向最低能量的状态收敛。因此,晶体管肯定会在 10mA 和室温状态下工作,而非在 2kA 和 10MK 状态下工作。但是如果这些解太接近的话,迭代求解器可能会产生混淆①。

一个重点讨论上述问题的简单例子是二极管的自热问题[5]。反馈环路如图 1.5 所示。二极管电流由以下方程给出:

$$I_D(V, T) = I_s e^{(V_g/V_{th0} - V_g/V_{th})} (e^{V/(nV_{th})} - 1) \tag{1.6}$$

式中:V 为电压;T 为温度;V_g 为激活能;n 为理想因子;扩散电压 $V_{th} = kT/q$,$V_{th0} = 0.25\text{mV}$。

温度为 $T = T_a + \Delta T$,其中 T_a 为环境温度,而多余的温度 ΔT 则是由自热引起的。自热为

$$\Delta T = R_{th} \cdot I \cdot V = R_{th} P_{diss} \tag{1.7}$$

式中:R_{th} 为热阻,I 为电流;V 为电压;P_{diss} 为耗散功率。

式(1.7)可以改写为电流的函数,即

$$I = \frac{\Delta T}{R_{th} \cdot V} \tag{1.8}$$

对于给定的电压 V,必须满足式(1.6)和式(1.8),在图 1.5(b)中,其中虚线代表式(1.8),实线代表式(1.6)。如果将方程式绘制为 ΔT 的函数,则将在两条曲线的交点处找到有效解。

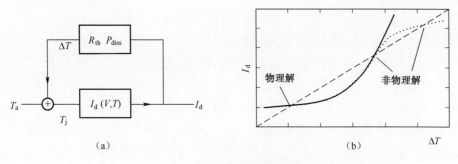

图 1.5　热电反馈回路

(a)可能导致多个数学解;(b)可能使得数值不收敛。

---

① 但有些文献给出了在低频段的电热振荡器,对于早期的双极晶体管,表明有多重不稳定状态紧密结合在一起。

就图 1.5 所示单个二极管的情形而言,显然这种非常基本的情况已经有了两个解,这是因为式(1.8)具有恒定的斜率,而二极管函数式(1.6)是随温度增大呈指数增长的。此处影响最大的参数是激活能量参数 V_g,因为它控制电流函数的斜率。如果二极管电流受限,以防止非物理高温的指数函数中的数值溢出,则情况可能变得更复杂,这种情况在图中如虚线所示。

FET 和双极型晶体管的每个非线性模型都面临着同一个问题,即自热将会引入多个解。由于这里讨论的是非线性迭代求解器的收敛性,因此只能给出一般性的指导意见,指出改进收敛性的方向。

(1)保证尽可能少的反馈回路数。的确,世界上的一切事物都受到温度的影响。但通常在晶体管中只有几个关键参数是至关重要的,而将其他参数在不同温度下均视为常数,其结果不影响精度。

(2)即使模型性能起初看起来不错,仍需要检查所有的参数。对于正常工作条件某种程度上不太重要的参数,在一些远离求解器搜索解的区域中会带来潜在的危害。

1.1.3 建模晶体管的选择

通常可以在多个不同的器件中进行选择。当选定用于建模的晶体管时,应考虑以下几点:

(1)确信所考虑的晶体管是已知的典型性能良好的器件。如果观测到意料之外的状态,则需要验证它是该类晶体管的一种代表性属性,而非瑕疵技术的结果。这需要对一定数量的晶体管进行表征,这在工业界更容易实现,主要原因是在此环境下会有相当数量的样本可用。

(2)所选择器件的性能由有源晶体管决定,而不是由外部寄生效应决定。最佳的选择是在晶圆上测试或者是通过晶圆探针在芯片上测试的足够小的器件。由此,测试的参考面可以放置在尽可能接近器件的地方。

(3)最初建模的晶体管版图应该与日后使用该模型的晶体管版图相类似。以小尺寸器件开始的想法原因在于其相当容易生成初始参数集合,也为描述更大尺寸器件参数的推导提供了良好的起点。因此,小尺寸器件不能与其他器件差异过大,否则将无法按比例缩放参数。小尺寸和大尺寸晶体管需要共享相同的基本版图,如 HBT 中的发射极指宽和基极接触形式或是高电子迁移率晶体管(HEMT)的情况下栅极长度和宽度。

(4)初始特征提取中,器件必须表现为集总器件特性。对于大尺寸器件,当由于栅极或漏极馈电结构而产生相位差时,非常容易违背该前提条件。大功率器件也可能由于热点结构造成热的不均衡,即使可能没有严重到使得器件性能完全降低。这些非理想分布效应将在后续更高级别的模型上描述,首先就是分布式模型,该模型用多个合理互连的非线性集约晶体管模型实现;然后可能进一步将上述模型压缩为集约描述;但在初始器件特性描述中,这些影响可能不会在模型中清晰地确定以及解释产生的原因。

(5) 微波测试通常是在 50Ω 环境中进行的。为了提取的目的,最好选择输入、输出阻抗接近该数值的器件尺寸。

由于缺少分布效应影响,而且外部寄生网络的影响较小,并且具有恰当的阻抗水平,使得大多数非线性模型都可以通过在晶圆上测试小尺寸器件来验证。图 1.6 给出的 HBT 示例中,强调了晶体管尺寸的影响。较大尺寸晶体管可以理解为由较小尺寸晶体管的并联而成。通常,依托小的基本单元,微波晶体管正是以该方式实现的。然而,对应晶体管尺寸的增大,电阻成比例地减小,而电容则成比例地增加。该效应对 S 参数的影响如图 1.7 所示,图中给出了发射极单位面积为 $3\times30\mu m^2$ 的 1 个、2 个和 10 个交指 HBT 的测试结果。总的基极电阻(图 1.6 中的 R_b+R_{b2})从 5.5Ω 降至 0.6Ω,而总的基极–集电极电容(图 1.6 中的 $C_{bc}+C_{ex}$)则从 40 fF 增加到 0.4 pF。由于这些值必须要从 50Ω 的测试系统中确定,因此小尺寸器件的优点尤为凸显。基本上不可能以合适的精度确定约 0.5Ω 的基极电阻。但在 50Ω 环境下,就 S 参数而言,$0\sim1\Omega$ 范围内的任一电阻都可能产生出较好的模型精度。因此,通过更小尺寸器件确定基极电阻并且按比例放大可为更大尺寸器件提供更可靠的有物理意义的参数值。

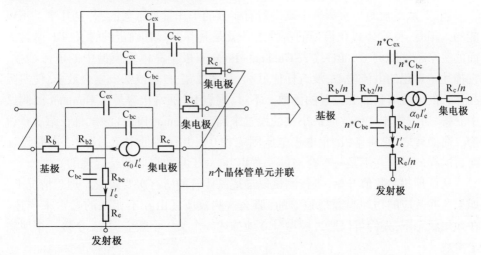

图 1.6　HBT 等效电路示例中晶体管尺寸对阻抗水平的影响。当晶体管尺寸根据因子 n 增加时,
相应的电容值增加,电阻值减小。

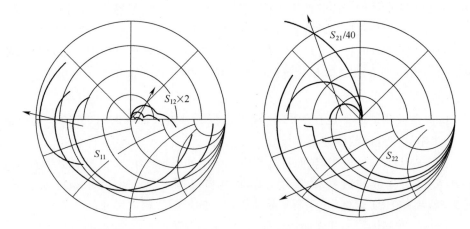

图 1.7　晶体管尺寸对 GaAs HBT 测试 S 参数的影响,频率从 100MHz 到 50GHz。
参数是发射极指数,分别为 1、2 和 10,发射极单位面积 $3{\times}30\mu m^2$

1.2　模型提取流程

在了解了所有这些关于模型精度和提取不确定性的基本预备思想以及参数可能如何影响仿真速度之后,我们回归到具有大量参数的现代模型这一类似的基本问题。通常,为了准确、完整地描述一个晶体管模型大概需要知道一百多个参数,所有这些数值将如何来确定?

当然,从单独的一次测试中确定所有参数的工作量是巨大的,并且几乎是不可能的。但是,良好公式化模型的特性之一就是其参数具有确定的含义,BF 是这方面的一个很好的例子。BF 代表 Gummel-Poon 双极型晶体管模型中的电流增益,它描述了理想的电流增益,没有任何厄利、基区展宽、自热或基极复合效应,使实际晶体管的电流增益成为偏置的函数。不过,理想 BF 通常很容易从 Gummel 图测试中获得,通过将非理想效应最小化的设置来确定。Gummel 曲线测试将在第 3 章讨论。简而言之,它将基极-集电极电压固定在 0V,并保持低电流,这对于电路设计而言这样的设置并不是一个合适的偏置点,但对于参数提取则是合理的。

从该理想参数值开始,进行测试以描述晶体管的所有次要效应。理想情况下,如果这些效应的物理起源是独立的,那么这些效应就由互不相关的参数来描述。在理想状态下,人们可以通过模型分立地描述一个又一个效应,并一个接一个地确定参数。

本书的目的就是指导读者完成所有这些步骤。

第 2 章将从模型的 DC 部分开始,然而 DC 性能与自热密切相关。如同描述非线性电流源(和电阻)需要大信号模型,需要 DC 参数的提取。DC 参数与热参数一起,是整个模型的重要组成部分。

第 3 章讨论了一个无比重要的问题,即如何描述模型的外部特性。根据定义,非本征元件描述所有有源器件周围,并且会降低晶体管性能的元件。基本上是焊盘电容、馈电电感和包括金属-半导体界面电阻的馈电电阻。没有对这些参数的深入了解,晶体管的任何进一步分析和参数提取都将失败。

第 4 章假设非本征因素已成功去嵌。现在是确定小信号等效电路参数的时候了。与人们第一眼会期望什么相比,在这个领域仍有持续研究的需要。随着器件的不断变化,算法也需要据此作出调整。本章节将重点介绍测试不确定性影响提取参数不确定性的估计方法。这个方法非常实用,因为最终它不仅提供器件参数,而且还提供了参数可能变化的范围。

第 5 章专注于从许多小信号等效电路到大信号非线性模型的工作。该步骤在数学上是错综复杂的,因为对于元件,它要求仅仅从其导数(电容和小信号电阻)来确定需要多维函数(电荷和电流)。在电流的情况下,可以考虑 DC 测试,但是在电容的情况下,则不可能测试获得类似的数据。此外还介绍了基于绕过线性等效电路需求的大信号数据的现代方法。

第 6 章假设晶体管芯片特性已得到完备地描述。然而,功率晶体管是在一个封装内由许多晶体管并联组成的,该封装会影响功率晶体管性能。因此,将论述如何对封装的电磁和热性能进行描述并建立在电路设计中可用的模型。

第 7 章讨论晶体管色散效应。色散,也称为记忆效应,存在于许多器件中,但显著地决定着方兴未艾的 GaN 基 HEMT 器件的性能。晶体管的色散表现为在某一时间能够"记住"先前的电压电平。因此,电流-电压关系在静态(DC)和任何类型的动态射频(RF)工作条件中是不同的。本章还考虑了测试、建模和参数提取技术,使得这些色散效应准确地得以解释。

第 8 章讨论准确建模所需的测试条件。测试当然是所有建模的基础,它为我们提供了参数提取的基础,并提供验证模型所需的数据。本章还综述了直接从大信号测试方法得到抽象数学模型的技术。

第 9 章中我们注意到在晶体管和集成电路的制造中总是有一定程度的工艺扩散。为了保证生产中的高产量,设计者需要预测这些变化,而典型器件的单一模型是不够的。本章讨论了如何确定模型参数的统计数据以及如何在常规的晶体管模型中实现的问题。

第 10 章通过考察晶体管噪声模型来结束这本书。它显示了模型中的噪声源是如何通过相关矩阵方法系统地确定的。

读者可能发现,各章节之间的概念和写作风格有所不同。主要原因是一些主题已有定论,而另一些则是新问题或者是不经常讨论的问题。例如,非本征和本征参数确定方法已经成熟，即使读者不熟悉如何获取参数的问题，也可以认为他们已经理解为什么需要这些参数。等效电路的物理背景和涉及的 S 参数测试也是同样的情况。

色散效应以及在一定程度上的噪声从成熟度方面看就不同了。首先，它需要做的测试，在仅仅几年前的微波实验室内也是不常见的。此外，内在的物理机制以及如何建模这些效应也仍然是有待研究的问题。

我们希望本书为读者提供在模型参数提取中面临的所有相关问题的合理的论述。

参 考 文 献

［1］ C. C. McAndrew,"Practical modeling for circuit simulation," IEEE J. Solid-State Circuits,vol. 33,no. 3,pp. 439-448,Mar. 1998.

［2］ F. Lenk and M. Rudolph,"New extraction algorithm for GaAs-HBTs with low intrinsic base resistance," IEEE MTT-S Int. Microw. Symp. Dig. ,2002,pp. 725-728.

［3］ S. A. Maas,"Ill conditioning in self-heating FET models," IEEE Microw. Wireless Compon.Lett. , vol. 12,no. 3,pp. 88-89,Mar. 2002.

［4］ A. E. Parker and S. A. Maas,"Comments on 'Ill conditioning in self-heating FET models'," IEEE Microw. Wireless Compon. Lett. ,vol. 12,no. 9,pp. 351-352,Sept. 2002.

［5］ M. Rudolph,"Uniqueness problems in compact HBT models caused by thermal effects," IEEE Trans. Microw. Theory Tech. ,vol. 52,no. 4,pp. 1399-1403,May 2004.

第2章

直流与热模型：Ⅲ−Ⅴ族FET和HBT

Masaya Iwamoto,Xu Jianjun和David E.Root

2.1 介绍

本章简要概述Ⅲ−Ⅴ族化合物半导体晶体管的直流和热集约模型情况,并且有选择地讨论了其相关的主题。具体来说,提出了场效应晶体管(GaAs MESFET和赝晶 HEMT(pHEMT))和异质结双极晶体管(GaAs 和 InP HBT)的特性。回顾了Ⅲ−Ⅴ族 FET 和 HBT 的基本直流特性,并给出了与集约模型相关的参数提取技术和方法。通过检测单个晶圆内以及交叉对比多个晶圆上的器件特性,正确提取获得的参数又可以反过来用于工艺过程的控制和优化。提出了两种关于集约模型相关的热模型方法,即基于物理的方法和基于测量的方法。最后,给出器件可靠性评估的实例,例子中的直流参数和热建模方法已经被广泛使用。

直流模型是所有集约模型的基础,从最根本的意义上讲,基于准确模型的直流仿真结果可以为电路设计提供详细的偏置点数据,如电流密度、输出电压和功耗等,而这些参数有助于优化电路设计以及实现性能稳定的电路。此外,直流模型也作为获取诸如 S 参数等 RF 特性的基础。如在 HBT 中,低频处的 S_{11} 和 S_{21} 分别与小信号模型参数 r_π 和 g_m 相关。而对于 FET,低频处的 S_{22} 和 S_{21} 分别与小信号模型参数 g_{ds} 和 g_m 相关。另外,g_m 还对诸如 f_T 和 f_{max} 等射频特征值产生影响($f_T = g_m/(2\pi C_{in})$)。关于器件非线性特性,与器件最大频率限制相关,g_m(和 g_{ds})的具体偏置关系会影响到低频和中间频率处的谐波和互调失真。最后,直流特性还影响如 P_{1dB} 和 P_{sat} 的大信号工作状态,因为在大输出波动情况下,低电压和高电流情况下的拐点特性以及高电压和低电流情况下的导通特性决定了增益的压缩。

典型的热模型是在直流模型中附加热缩放比例以解决自热问题,其中热缩放比例体现了器件模型与环境温度的依赖关系,而自热考虑的则是与功耗的关系。当电路应用要求有较宽的工作温度范围时(如-40~+100℃),集约模型的热缩放特性变得至关重要。自热是由于功耗而造成的器件本征部分的温度升高,并且在电流密度高,如数字/混合电路等以及电压高,如功率放大器等的应用中是非常重要的。因为器件的寿命与温度密切相关,所以精确的自热预测对于设计性能稳定的电路非常重要。本章后续部分将详细讨论器件可靠性评估的相关主题。

2.2 基本的直流特性

0.35μm GaAs MESFET 和 0.25μm AlGaAs / InGaAs pHEMT 的输出特性分别如图 2.1(a)和图 2.1(b)所示。GaAs 功率 HBT 和 InP 高速数字 HBT 的等效曲线分别如图 2.1(c)和图 2.1(d)所示。虽然从图中看 FET 与 HBT 两类器件特性的大致形状非常类似,但通常这两种器件的集约模型建模仍需要分别进行。

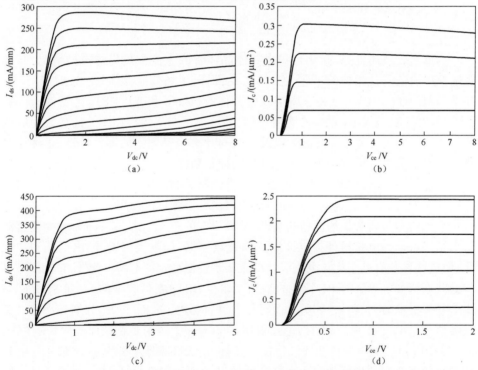

图 2.1 典型 Ⅲ-Ⅴ 族 FET 和 HBT 器件的直流曲线族

(a)0.35μmGaAs MESFET:V_{gs}扫描范围-2.4~+0.2V,间隔 0.2V;(b)0.25μmAlGaAs/InGaAs pHEMT:

V_{gs}扫描范围-1.6~+0.2V,间隔 0.2V;(c)GaAs 功率 HBT:I_b 从 55μA 扫描到 220μA,间隔 55μA;

(d)InP 高速 HBT:I_b 从 20μA 扫描到 160μA,间隔 20μA。

FET 集约模型的漏极电流方程通常基于 Curtice-Van Tuyl[1,2]公式,其形式为

$$I_{ds} \approx f(V_{gs}) \times g(V_{ds}) \times \tanh(\alpha V_{ds}) \tag{2.1}$$

其中双曲正切函数描述的是“三极管”区域,即 $V_{ds}=0$ 附近的低电压处的电阻特性,以及较高漏极电压下的“饱和”区域中漏极电流表现的趋于平稳的状态。

Ⅲ-Ⅴ族 HBT 集约模型的集电极电流方程通常利用 Gummel-Poon(同质结) BJT 模型[3]公式:

$$I_{ce} \approx ISf(\exp(V_{be}/(Nf \times V_t)) - 1) - ISr(\exp(V_{bc}/(N_r \times V_t)) - 1) \tag{2.2}$$

其可以解释为由基极–发射极和基极–集电极电压控制的两个“二极管”方程的差,两个方程彼此相互作用,最终导致了低电压区域(“饱和”区域)中的电阻特性以及在较高集电极电压(“前向有源”区域)处的相对平坦的电流特性。

虽然 FET 和 HBT 这两类器件采用的建模方程不同,但在广义的物理概念上,它们的工作方式非常类似。低电压区域是类电阻区域(用于 FET 的导电沟道以及用于 HBT 的两个正向偏置的“导通”二极管);而高电压区域描述的则是速度受限的电流状态(对于 FET,电子以饱和速度在栅极下方的沟道运动;对于 HBT,电子以饱和速度穿过集电极耗尽区)。

FET 和 HBT 的直流跨导特性是 V_{gs} 的函数,如图 2.2 所示(从 I_{ds} 对 V_{gs} 数据的一阶导数计算所得)。这再一次印证,尽管输出电流对输入电压(FET 是 V_{gs},而 HBT 是 V_{be})的依赖关系不同,但两种器件之间的导通特性却非常类似。

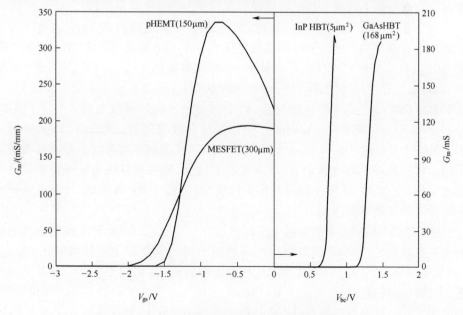

图 2.2　图 2.1 中 4 个典型器件的直流衍生跨导

对于 FET 这种关系的描述通常体现在式(2.1)中 $f(V_{gs})$ 中的多项式或经验公式。此外根据经验, $g(V_{ds})$ 表示的是除了 tanh 贡献之外所有的 V_{ds} 偏置依赖性, FET 的输入—输出电流特性依赖于器件的外延层设计和工艺(如量子阱沟道(HEMT)与掺杂沟道(MESFET)、HEMT 中的单沟道与双沟道设计、肖特基层凹槽细节、脉冲掺杂与均匀掺杂等),而这些设计和工艺均可能导致晶体管特性的变化,上述事实使得建立经验公式颇为必要。

对于 HBT,输入—输出电流关系可以通过更简单的"二极管"方程来描述,基本上就是式(2.2)中的第一项。因为 HBT 特征的大致形状在不同外延设计和材料技术条件下保持一致(或保持接近理想状态),使得可以用更简单的物理方程来描述 HBT。此外,HBT 的主要特性受材料性质的影响远大于受工艺或器件设计的影响:例如,正向导通电压很大程度上受窄带隙基底材料的能带隙的影响;对于固定的集电极厚度和掺杂分布(其通常用外延控制生长),最大电流密度由集电极材料的饱和速度决定。

2.3 FET 直流参数和建模

AlGaAs/InGaAs pHEMT 器件的一些一般特征如图 2.3 所示。图 2.3(a)显示的是不同栅极电压下漏极电流和栅极电流随漏极电压变化的曲线。相应的,图 2.3(b)则反过来给出了不同的漏极电压下漏极和栅极电流相对于栅极电压的情况。在这些图上转录一些从数据提取或推导出的重要直流参数。

图 2.3(a)的参数包括:I_{dss}(在指定 V_{ds}, 值下栅极短路的 I_{ds});V_{knee}(在三极管区域中饱和电流减小例如 10% 的漏极电压);在 $V_{ds}=0$ 附近"导通"情况下的电阻 R_{on},BV_{ds}(固定栅极电流目标处的漏极—源极击穿电压)。由于 BV_{ds} 是沟道中电流的函数,显然存在许多的 BV_{ds} 值(开和关的状态)。图 2.4 给出了更多漏极-栅极击穿电压(即 V_{ds}—V_{gs})的详细特性,其中测量是在固定栅极电流条件下(例如,$I_g=-0.1\text{mA/mm}$ 和 $I_g=-1\text{mA/mm}$)扫描漏极电流实现的。图 2.3(a)上表示的 BV_{ds} 和图 2.4 中的 BV_{dg} 与 V_{gs} 关系图都显示出截止态和导通态的击穿值可能明显不同。特别是对于大功率 RF 功率放大器的设计,需要很好地表征和建模导通状态击穿特性。此外,需要注意的是在工作期间(直流和 RF 两者)栅极漏电流可能影响器件的长期可靠性。

图 2.3(b)的 FET 参数包括 V_{th}(阈值或导通电压),IS_g(栅极二极管电流的饱和电流系数),N_g(栅极二极管电流的理想因子),V_{gon}(栅极电流导通电压)和 I_{max}(最大漏极电流)。I_{max} 可以选择定义在固定栅极电压(例如 V_{gon})处,或者是当栅极二极管正向偏置时,如图 2.3(b)中的 I_{max1} 所示。图 2.5 中的 GaAs MESFET 示例显示了如何从漏极电流与栅极电压的关系图中提取 V_{th} 的更多细节。通常情况

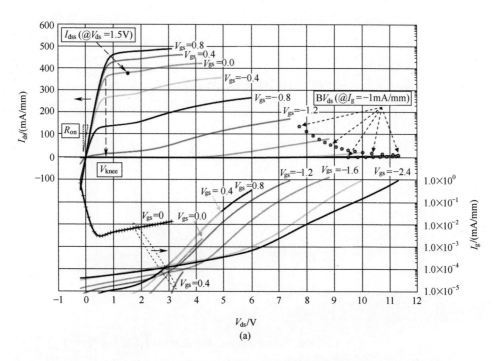

(a)

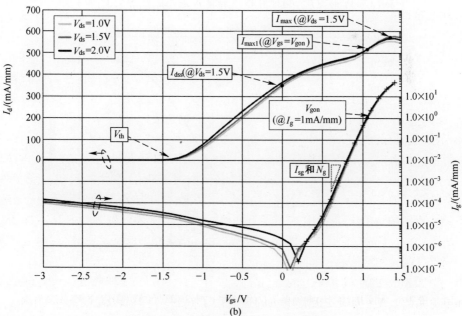

(b)

图 2.3 pHEMT 器件的典型直流参数

（a）I_d（左轴）和 I_g（右轴）相对于 V_{ds}，用"+"表示的正向 I_g 值；

（b）I_d（左轴）和 I_g（右轴）相对于 V_{gs}，用"+"表示的正向 I_g 值。

下,漏极电流要达到指定的值(在本例中为 1mA/mm),而满足漏极电流条件的栅极电压随之而定。如图 2.5 所示,V_{th} 对漏极电压具有较强的依赖性,并且精确的模型应该考虑该情况。

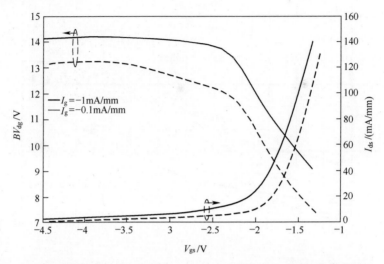

图 2.4 I_g 电流在-0.1mA/mm 和-1.0mA/mm 两种条件下的漏极击穿电压(V_{ds})和 I_d 与 V_g 的关系。通过固定 I_g,扫描 I_d 进行测量,监测 V_{gs} 和 V_{ds}

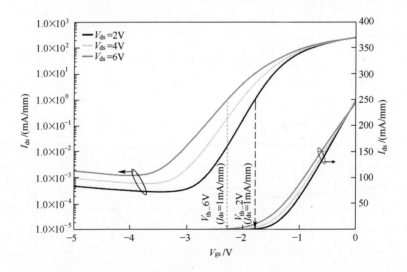

图 2.5 对数 I_d(左轴)和线性 I_d(右轴)对 V_{gs} 和在 2V 和 6V 的 V_{ds} 下 V_{th} 的定义

至此列举的参数描述了偏置空间的大致情况(或粗略边界),并且通常使用直流数据的一阶导数(g_m 和 g_{ds})来进一步微调模型参数。对于直流 g_m 和直流 g_{ds},

数据如图 2.6 所示。由于大多数Ⅲ-Ⅴ族 FET 模型使用漏极电流的经验定义（如多项式函数），大部分提取直流模型的工作时间都花费在绘制这两个图上，图 2.5、图 2.6 对于在确定偏压范围内取得增益准确性（在低频处的 S_{21}）以及输出匹配（在低频率处的 S_{22}）之间希望的折中是至关重要的。

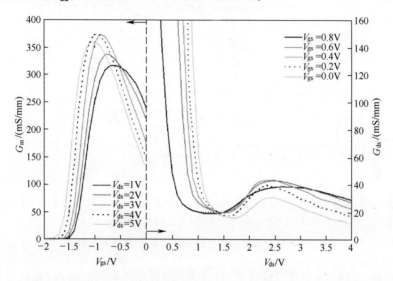

图 2.6　直流导数 g_m（左轴）和 g_{ds}（右轴）分别对应 V_{gs} 和 V_{ds} 的关系。
不同的线代表图例中描述的不同偏置条件

工业界中使用的商用Ⅲ-Ⅴ族模型有 Angelov[4] 和 EEFET（EEHEMT）[5] 模型。文献[6] 给出了对 20 世纪 90 年代之前开发的大信号Ⅲ-Ⅴ族 FET 模型较为宽泛的概述。

2.4　HBT 直流参数和建模

GaAs HBT 器件的正向和反向 Gummel 曲线如图 2.7 所示。各电流分量的饱和电流（IS_x）和理想因子（N_x）在图中标注出。同 FET 的栅极二极管电流参数类似，饱和电流是在垂直轴上截取的，理想因子与对数线性 I—V 曲线的斜率相关。

通常考虑的电流分量有 3 个，主要的集电极-发射极电流 I_{ce} 已经在式（2.1）中给出；基极-发射极二极管电流（是基极-发射极电压的函数）是高电流（"理想"）和低电流项（"非理想"或"$n=2$"）的和。

$$I_{be} = I_{be\_high} + I_{be\_low} = \mathrm{ISH}(\exp(V_{be}/(\mathrm{NH} \times V_t)) - 1)$$
$$+ \mathrm{ISE}(\exp(V_{be}/(\mathrm{NE} \times V_t)) - 1) \qquad (2.3)$$

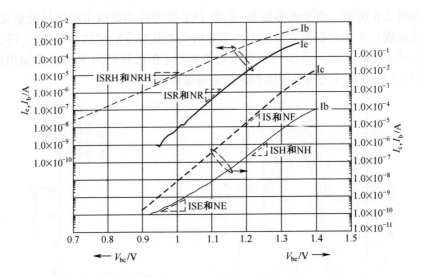

图 2.7 正向 Gummel 图（右轴）和反向 Gummel 图（左轴）。三角形旁的直流参数值表示
"二极管"方程的饱和电流(I_{Sx})和理想因子(N_x)，
它们分别与该对数线性图上的 y 截距和斜率相关

类似地，基极–集电极二极管电流（是基极–集电极电压的函数）是高电流和低
电流的和（注：低电流项未在图 2.7 中显示）：

$$I_{bc} = I_{bc\_high} + I_{bc\_low} = ISCH(\exp(V_{bc}/(NCH \times V_t)) - 1) +$$
$$ISC(\exp(V_{bc}/(NC \times V_t)) - 1) \tag{2.4}$$

电流增益 β 是描述器件性能的一个重要参数，但在近来的双极性模型中，例如
VBIC[7]和 HICUM[8]，β 并不是模型参数之一，原因在于其与偏置之间存在强烈的
相关性。但是，β 可以用式（2.2）和式（2.3）从 I_{ce}/I_{be} 的商推导得到。相似地，正向
导通电压 V_{bef} 也是重要的器件参数，但却并非是模型参数，同样可以在集电极电流
目标值处根据式（2.2）推导而得。

到目前为止所描述的 DC 电流对于基于 Si 基的 BJT 模型（其中许多基于
Gummel-Poon 的电荷控制模型[3]）是通用的，并且通常在考虑异质结和高电流效应
的 HBT 模型中实现进一步的改善。例如，UCSD 模型[9]考虑了在基极–发射极（单异
质结）和基极–集电极（双异质结）结中的导带势垒（阻挡）效应。Agilent HBT[10]模
型经验地模拟了在低集电极电压区域产生"软膝点"的高电流效应[11]。图 2.8(a)和
图 2.8(b)给出的是 Gummel 图以及展示"软膝点"效应结果的 I_c—V_{ce} 曲线族。

基于 Si 的模型仍然是常见的，如用于Ⅲ-Ⅴ族 HBT 设计的 VBIC（包括自热）
和 Gummel-Poon（无自热）模型。然而，有商业上可用的Ⅲ-Ⅴ族专用集约模型，例
如上述 UCSD 和 Agilent HBT 模型以及 FBH HBT 模型[12]。

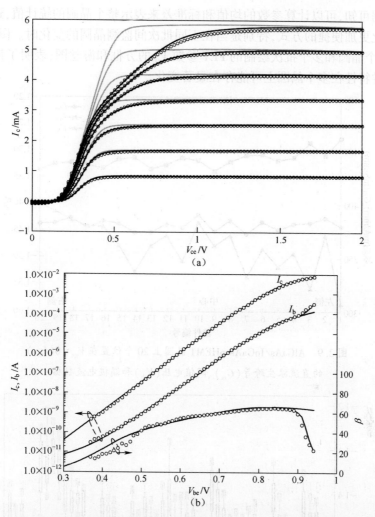

图 2.8 1×3μm² InP HBT 的数据在低电压（"软拐"效应）下表现出显着的高电流压缩效应。测量（符号），具有软拐效应的仿真模型（黑色实线）和没有软拐效应的仿真模型（浅色实线）

2.5 工艺控制监测

在晶圆生产过程中，获取晶体管器件直流和 S 参数的统计数据是标准程序，广泛地称为工艺控制监测（PCM）。由于直流测试速度快且效率高，因此通常情况下在每片晶圆上的测量不超过 20 个器件（位置），对于统计分析已经是足够的。

图 2.9 所示为 pHEMT 的 3 个直流参数（G_m，I_{dss} 和 V_{th}）。通过标线位置绘制数据有助于显示器件性能的空间关系，有时可以暴露出晶圆内的工艺变化问题。

从该数据可知,可以计算参数的均值和标准差来表示整个晶圆的统计值,这是监测晶圆变化更加便捷的方式,特别是当在不同批次间监测晶圆的变化时。图 2.10 是跨越 53 个晶圆和多个批次绘制的 FET 参数 V_{th} 的方框和游丝图,表明了该模型参数和器件特性在多个晶圆上可能存在显著变化。

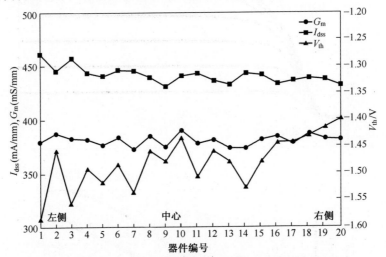

图 2.9 AlGaAs/InGaAs pHEMT 晶圆上 20 个位置在 $V_{gs}=0(I_{dss})$ 的直流派生跨导(G_m)、阈值电压(V_{th})和漏极电流数据

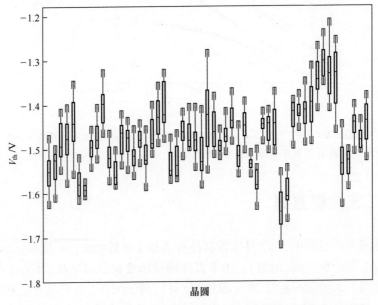

图 2.10 参数 V_{th} 在 53 个 AlGaAs/InGaAs pHEMT 晶圆上的框和游丝图,图 2.9 中的器件是从左边开始的第四个器件。

　　PCM 数据可以在预期的工艺控制目的之外使用。例如，电路性能变化可以通过统计器件建模预测（详见第 9 章）。在器件可靠性方面，对于 PCM 数据，通过击穿电压和电压斜率用于预测 SiN 电容器寿命[13]在现在是非常常见的。最近研究表明，在单个晶圆上有成千的器件需要测量时，电流增益 β 是 GaAs HBT 初期（短期）失效率的预测因子[15]，因为某些形式的初期失效依赖于衬底位错密度。研究已经证明，异常器件可以用于估计高集成水平 HBT IC（如大于 500 个 HBT 的电路）的初期失效率。

2.6　热建模概述

　　AlGaAs/InGaAs pHEMT 器件（I_{ds}—V_{ds}）和 InP HBT 器件（I_c—V_{be}）对环境温度的依赖性如图 2.11 所示。一般来说，FET 集约模型考虑了沟道中电子迁移率对温度的依赖关系（在固定 V_{gs} 下，电流随着温度降低而减小），而 HBT 集约模型则考虑了扩散电流的温度依赖性（在固定 V_{be} 处，电流随温度增加而升高）。由于Ⅲ-Ⅴ族晶体管置于低热导率衬底（例如，GaAs 为 0.46W/K · cm^{-1}，InP = 0.68 W/K · cm^{-1}，Si = 1.5W/K · cm^{-1}），使得 IC 电路在功耗高时易受自热效应影响。在诸如基于 GaAs HBT 的功率放大器、微波 GaAs FET 放大器和基于 InP HBT 的数字电路等应用中是至关重要的。

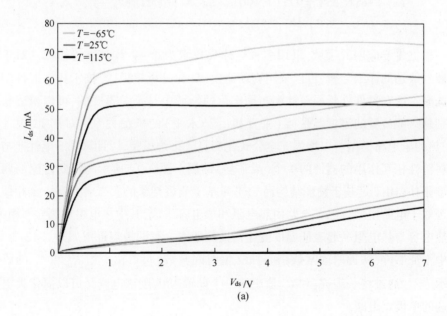

(a)

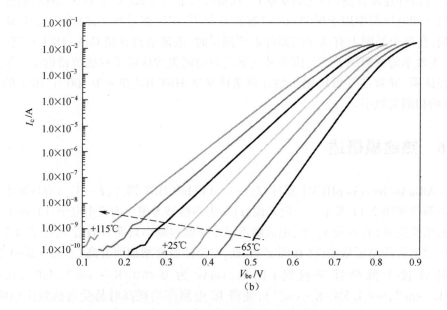

图 2.11　FET 和 HBT 器件的环境温度依赖性测试结果

(a)在-65℃、25℃和 115℃时 AlGaAs/InGaAs pHEMT 的 I_{ds}—V_{ds} 曲线族；

(b)在-65℃,-35℃,-5℃,25℃,55℃,85℃和 115℃的 InP HBT Gummel 图。

根据将要应用的领域,采用多种热建模技术为Ⅲ-Ⅴ族晶体管建模。对于单个器件级别的详细分析,可以采用物理建模[16]和分析建模[17]技术找到器件的热点区域。这在器件外延层设计和布局优化的领域中是至关重要的,可以精确获得特别感兴趣位置的温度与位置(垂直和(或)水平)的依赖关系。对于 IC 设计应用,热的子电路模型可以增强完全公式化的直流集约模型,以计算基于电性能与热材料特性相互作用的器件的单个(或平均)结温。图 2.12 所示为将要讨论的两种模型拓扑(HBT 是基于物理结构而 FET 是基于测量结果的),二者共享一个相似的热等效子电路模型。热子电路由热电阻和热电容组成,其中热电阻与热导率相关,而热电容与热电阻一起表征温度变化传播的速率。其两极点近似如图 2.12 所示,其中本征器件(快速时间常数)和衬底(慢时间常数)可以由一组 R_{th} 和 C_{th} 的值来表示[18]。通过将一组 R_{th} 和 C_{th} 值中的一个设置为 0,则该电路又可以简化为更受欢迎的单极点电路。

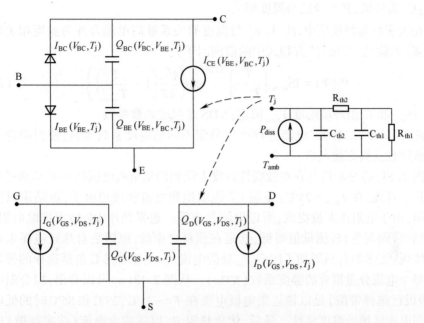

图 2.12 基于物理结构的 HBT 和基于测量的 FET 模型拓扑,并给出了热子电路

2.7 基于物理的 HBT 热缩放模型

标准双极型晶体管的主要集电极电流可以通过假设其机理与基极中的少数载流子扩散有关而导出:

$$I_C = A_E q D_n \frac{dn}{dx} \qquad (2.5)$$

式中:A_E 为发射极面积;D_n 为 p 掺杂基极材料的电子扩散率;n 为少数载流子浓度。

对于正向集电极电流项,可以近似为

$$I_C \approx \left(\frac{A_E q D_n n_i^2}{p_B W_B} \right) \exp\left(-\frac{q V_{be}}{\eta k T} \right) \qquad (2.6)$$

式中:n_i 为本征载流子浓度;p_B 为基极掺杂;W_B 为基极厚度。

式(2.2)中的正向饱和电流(ISf)模型参数主要与式(2.6)中最左侧乘积项相关。集电极电流温度相关性与 n_i^2、D_n 和指数项有关,D_n 与温度的相关性不强,而 n_i^2 则与温度之间具有非常强的相关性,其与温度的关系可表示为

$$n_i^2 = N_C N_V \exp\left(-\frac{q E_g}{k T} \right) \propto T^3 \exp\left(-\frac{q E_g(T)}{k T} \right) \qquad (2.7)$$

式中：E_g 为带隙，其本身已与温度相关。

在大多数集约模型中，D_n 和 n_i^2 与温度的关系被简单地合并为温度相关的饱和电流（也就是"二极管"方程式中的前向因子）：

$$\text{IS}(T) = \text{IS}_{\text{nom}} \left(\frac{T}{T_{\text{nom}}} \right)^{\text{XTIS}} \exp\left(\frac{qE_g}{kT} \left(1 - \frac{T}{T_{\text{nom}}} \right) \right) \tag{2.8}$$

式中：IS_{nom} 和 E_g 由环境温度 T_{nom} 限定；XTIS 是温度系数参数。

此外，每个"二极管"电流方程可以分配不同的温度系数参数，使得拟合电流的热依赖性变得方便灵活。

图 2.13（a）显示的是在对数线性标度上绘制的集电极电流的直流和热压缩建模过程。首先，在 $T_{\text{nom}} = 25\,^\circ\!\text{C}$（室温）下提取饱和电流和理想因子，该结果以浅灰色示出，由于电阻还未被提取，所以电流是直线。通常使用 RF 技术提取电阻后，仿真结果（深灰色）较测量值要低，这是在预料之中的，原因是自热效应还未在模型中体现（更多的自热增加了固定 V_{be} 处的电流）。热缩放参数包括选择的带隙值和为每个电流分量拟合的温度系数（XTIx）。从图 2.13（a）可以看出，拟合温度系数（假设已选择带隙）足以描述集电极电流在 $T = -35\,^\circ\!\text{C}$，$25\,^\circ\!\text{C}$ 和 $85\,^\circ\!\text{C}$ 时的低电流至中间电流区域的温度特性。最后，优化热阻 R_{th} 以适应大电流（功率耗散）区域中的集电极电流。R_{th} 参数的影响在图 2.13b 的 I_c-V_{ce} 曲线中更明显，当施加恒定的基极电流时自热使得集电极电流减小。提取基于物理的集约模型的一个优点就是可以简单并且明确地提取如 R_{th} 这样的关键器件参数。R_{th} 也可以使用直流电测量技术提取[13,19]，但这些技术涉及定制测量和数值优化。

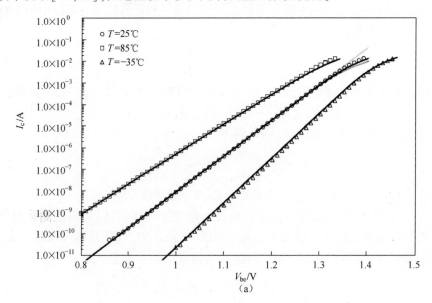

（a）

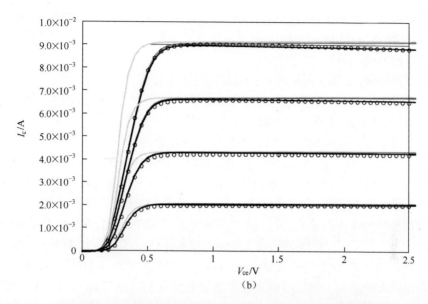

图 2.13　GaAs HBT 数据测量(符号)和 3 种不同的提取情况

①浅灰色实线:没有提取电阻和热参数的直流电流模型,②较深的灰色实线:带有电阻提取的直流模型,
但没有提取热参数,③黑色实线:提取具有电阻和热参数的直流模型。

(a)在 3 个不同温度下仅有 I_c 的 Gummel 图。仅在温度 $T = 25℃$ 情况下显示了上述 3 种仿真情形;

(b) $T = 25℃$ 下的 I_c—V_{ce} 曲线族。

2.8　基于测量的 FET 热模型

2.7 节中基于物理学的模型是自下而上的器件建模方法的一个实例。模型中包含的每个不同的电气机制具有其各自由物理学支配的显性热依赖关系(通常是非线性的)。一种互补的方法是这里将要介绍的基于测量或倒推的 FET 热集约模型。该方法中,在不同的热条件下(通常在不同的背景环境或壳体温度 T_{amb})大规模地测量电特性。不需要假设电方程或其热依赖性的先验闭合表达式,仅假设器件的所有可观察的电和热的状态包含在此类测试数据中。存在的主要问题是如何分析这些数据。

基于测量的 FET 动态自热模型的拓扑如图 2.12 所示。电流由总栅极(I_g)和漏极(I_d)电流表示,其分别由独立变量 V_{ds}、V_{gs} 以及器件或"结温" T_j 定义。由于 I_d 是表征器件性能的主要参数(并且是产生自热影响的主要电流),所以讨论和建模将主要集中在该电流项上。热等效电路和电等效电路之间的耦合表现为电等效电路耗散功率驱动热等效电路中的温度升高,而电等效电路中的电流又取决于热等

晶体管非线性模型参数提取技术

效电路的温度。仿真器自适应地解决耦合子电路(以及器件连接的电路网络)的自洽性,使得在仿真过程中能正确计算动态自热效应,该效应是仿真中器件模型对特定信号的响应。

由于热阻 R_{th} 在基于测量的热模型参数提取中起到关键性的作用,因此在讨论热 FET 模型细节之前,需要先提取该参数的值。目前,有多种提取 FET 热阻的技术,包括直流测量分析[20]、基于物理或分析热模型的计算[21]。这里讨论的技术可能是在概念上最直接的[22],但需要更复杂设备以测量脉冲 $I—V$。当在捕获效应和热效应最小(如 $V_{gs}=0$、$V_{ds}=0$)的静态偏置点处采集快速脉冲 $I—V$ 数据时,漏极电流数据分别在 V_{gs} 和 V_{ds} 点表现出等温结果(等于环境温度)。这种测量可以在各种环境温度下进行,因此需要收集契合相应环境温度的等温 $I—V$ 数据。直流数据也在相同的偏置点采集,并且叠加在脉冲 $I—V$ 数据上。图 2.14 所示即为这种情况的一个例子,其中 V_{gs} 固定在 0.6V,直流数据在 25℃ 的环境温度下获取。直流和脉冲 $I—V$ 数据交点的意义重大,因为在交点处脉冲 $I—V$ 数据的环境温度近似为直流数据的结温。然后可以将交点绘制在温度与直流功耗之间的关系图上,则该曲线的斜率(dT/dP)近似于热阻(并且得到如下情况,即温度等于零功耗时的环境温度)。

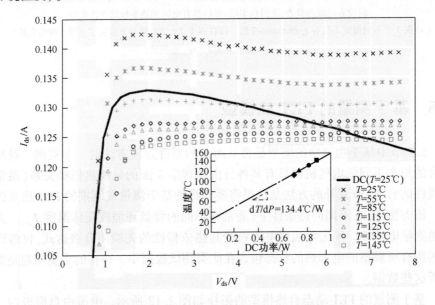

图 2.14 在各种环境温度下,在 $T=25℃$ 下用直流 $I—V$ 数据获得的脉冲 $I—V$ 数据。
脉冲宽度为 0.5μs,静态偏置点为 $V_{ds}=0$ 和 $V_{gs}=0.5V$,
插图显示了从直流和脉冲 $I—V$ 数据的交点推测而提取的热阻

　　在找到热阻(或至少有了设想的初值)之后,应在不同 T_{amb} 的偏置点处获取电测数据。难点在于在这些静态(直流工作点)测试条件下,通过以下简单等式,结温 T_j 完全由每个工作点的电数据确定,即

$$T_j = T_{amb} + R_{th} \sum_{i=1}^{2} \tilde{I}_i(V_{gs}, V_{ds}, T_{amb}) \cdot V_i \tag{2.9}$$

($i=1$ 和 $i=2$ 分别表示栅极和漏极),其中 T_j 不像基于物理的模型那样是个独立变量。式(2.9)中电流上标"~"用以强调该电流为依赖于电压的测量值,同时它也取决于实验环境参数,即背景温度 T_{amb}。基于测量建模的训练目的是将这种"非等温"数据转换成等温模型函数,该等温模型函数定义在一组合理的独立变量 V_{ds}、V_{gs} 和 T_j 上,这样就可以实现如前所述等效电气和热电路一样的自洽电热模型。流程上,首先通过式(2.9)根据每组测量的电流值计算 T_j,然后对新的一组变量 V_{ds}、V_{gs}、T_j 拟合模型函数(本构关系)。在此,T_j 可以认为是独立变量且与等效电路中的"等温"电流源相关联。数学上等效于通过式(2.10)连同式(2.9)的条件来定义新的模型函数 $I(V_{gs}, V_{ds}, T_j)$

$$I(V_{gs}, V_{ds}, T_j) = \tilde{I}(V_{gs}, V_{ds}, T_{amb}) \tag{2.10}$$

　　在实现上,可以使用人工神经网络(ANN)[23]在与端电压和结温的值相对应的 I 的离散集合值内来拟合式(2.9)和式(2.10)定义的函数。如果一组背景温度值 T_{amb} 是均匀分布的,则相对应的 T_j 值将不具有均匀分布特性。这不是与神经网络拟合的问题,因为对神经网络而言,在分散数据与网格数据上训练是同样容易的。采用其他基函数或基于表的方法来拟合可能需要附加的步骤将新的 T_j 独立变量放在网格上。变量的非线性变化意味着：对于恢复模型函数 $I(V_{gs}, V_{ds}, T_j)$,固定 T_j 的形状与偏置不同于固定 T_{amb} 下的非等温数据 $I(V_{gs}, V_{ds}, T_{amb})$ 的形状。

　　重要的是确保这组测量数据在足够宽的背景温度 T_{amb} 下采集,使得模型在动态仿真中所需的任何 T_j 结果都涵盖在式(2.10)的训练范围内；也就是说,我们不希望在仿真期间将模型外推(向更高或更低的结温)。给定一个已知的热阻值 R_{th},对固定的 T_j,通过求解式(2.9)(该式为隐式非线性方程),可以估计合适的背景温度 T_{amb}。实际测量 3 个背景温度下 I—V 特性和 S 参数(对于电荷)与偏置电压的关系已经足够了。所选的温度从低于常温 25℃(如果需要的话,可以是 0℃甚至更低)到预计使用的最高温度情况,通常在 85℃以上。

　　对于 0.125μm 栅长的 AlGaAs/InGaAs pHEMT 器件,人工神经网络自热模型的实例结果如图 2.15 所示。该模型能够同时预测图 2.15(a)中 I_{ds}—V_{ds} 的高功耗区域的自热,也能预测图 2.15(b)中亚阈值电流对环境温度依赖性。这种基于测量方法的最大好处是,它天然地将复杂的热依赖性包括在器件模型内而不管其中所涉及的机理。模型自动地将迁移率随温度变化而降低的影响包括在内,迁移率降低导致漏极电流的减小,而漏极电流是引起自热的主要因素。同

时,这种模型表现出随着温度的升高,夹断电压降低(V_{th}变得更负)的特性,导致在亚阈值和刚好超过阈值电压的工作区域的漏极电流增大。已知的基于物理或具体经验/现象的模型及其假设的热依赖关系忽略了可能导致仿真模型性能出现显著误差的一些效应。

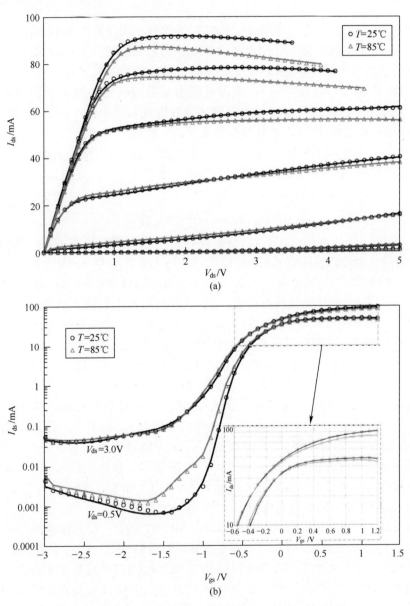

图 2.15 $T=25\,℃$ 和 $T=85\,℃$ 时基于测量的热模型的直流验证
(a)I_{ds}—V_{ds}曲线族;(b)I_{ds}—V_{gs}曲线族,细节图为 $10\sim100\mathrm{mA}$。

2.9 晶体管可靠性评估

保持长期(例如大于 30 年)的可靠性对任何用于生产Ⅲ-Ⅴ族器件的集成电路(IC)技术而言是一项非常重要的特征。为了评估器件的可靠性,必须在高温下对一组具有代表性的器件施加应力,以加速器件的老化,同时监测器件的性能[24]。通常,加速温度应力是可行的,因为使用状态($time_{use}$)和应力状态($time_{stress}$)之间的无故障工作时间是经由激活能量(基于电迁移的布莱克定律[25])通过温度"缩放"的,即

$$time_{use} = time_{stress} \cdot \exp\left(\frac{E_a(1/T_{use} - 1/T_{stress})}{k}\right) \cdot \left(\frac{I_{stress}}{I_{use}}\right)^{n_j} \qquad (2.11)$$

式中：E_a 为失效机理的激活能；n_j 为电流加速因子；T_{use}, T_{stress} 分别为在使用中及应力状态下的温度。

图 2.16(a)所示为在 $T_j = 275℃$ 时应力作用下的 14 个 InP HBT 器件的 β 和基极电流理想值与时间的关系图。对于可靠性评估,由于参数漂移会有一定的分布或变率,如图 2.16(a)所示,所以必须强制测量大量的器件。在室温下,参数测量每隔一定的间隔进行,以便监测各个直流参数。虽然对 HBT,电流增益 β 是典型的主要失效机理,但是还有其他直流参数,如漏电流和电阻会随时间漂移。图 2.16(b)所示为图 2.16(a)中的一个器件(带符号的数据)的详细的正向 Gummel 曲线图,深刻反映了该特定器件的失效机理。显然,低电流基极电流项(在式(2.3)中由 ISE 和 NE 表示)是随应力漂移的 HBT 直流模型参数。从物理器件的角度来看,该器件的失效可能是由于随时间的增加,有效发射极"凸缘"退化造成的。

如图 2.16(a)所示,单个温度和偏置点应力实验足以提取平均失效时间(MTTF)和分布参数 sigma(σ),假设失效为对数正态累积分布函数或累积失效函数(CFF)：

$$CFF(t) = \int_0^t \frac{1}{t\sigma\sqrt{2\pi}}\exp\left[-\frac{1}{2\sigma^2}\left(\ln\frac{t}{MTTF}\right)^2\right]dt \qquad (2.12)$$

参数 σ 能用于估计在不是 50 的百分位数(其中第 50 百分位数就是 MTTF)上的失效时间。

为了提取式(2.11)中的 E_a 和 n_j,有必要在不同温度条件下(通常是 3 个温度)和电流密度下进行一组应力实验。从文献[26]中获取的图 2.17 显示了 InGaP/GaAs HBT 可靠性评估的结果,其中失效分布适合于计算在各种应力条件下的 MTTF,前提是假设在所有 4 个测试条件下具有固定的 σ,然后在每个应力条

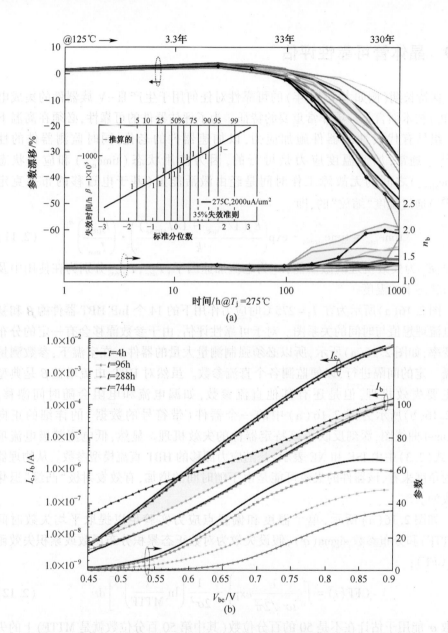

图 2.16　在 $T_j = 275℃$ 下受应力的 14 个 InP HBT 器件的示例应力测试结果，

所示参数数据在室温下进行

(a) β 浮动百分率和基极电流理想因子(n_b)与时间的关系。

顶部 x 轴表示在 $T_j = 125℃$ 下的等效时间，假设器件激活能量为 1.0eV(该技术的典型值)；

(b) 在(a) 中由符号表示的器件的各种应力时间下的前向 Gummel 图和 β 对 V_{be} 瞬像。

件下的 MTTF 依次用于提取 E_a(通过 Arrhenius 图) 和 n_j。

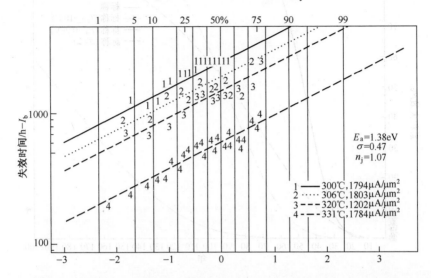

图 2.17　文献[26]中在 4 个温度和电流条件下 GaAs HBT 失效分布图。
该数据用于提取图中所示的激活能(E_a)、对数正态分布(σ)和电流加速因子(n_j)

对于工艺已知的典型的 E_a 和 n_j,当使用式(2.11)已知在应力条件的 MTTF 时,可以在任何温度和偏置条件下(在 T_{use} 和 I_{use})外推单个器件在使用条件时的 MTTF。此外,计算集成电路(IC)的 MTTF 时,电路中包含的多个器件偏置在不同的结温和栅流密度下,因此需要采用对数正态分布参数 σ。由于 σ 描述的是单个器件的失效时间分布,一旦已知单个器件的结温和电流密度,就可以计算 IC 的累积失效时间。例如,通过使用前面章节中描述的模型进行直流和热仿真,即可得到每个器件的温度和电流密度。图 2.18 所示为一个含 75 个晶体管 GaAs HBT 的分压器电路在不同环境温度、E_a 和 σ 情况下的寿命计算(失效与时间的百分比关系)的示例。环境温度变化是封装设计和鲁棒性影响 IC 寿命实际需要面对的问题。IC 寿命与 E_a 和 σ 之间的依赖关系表明,在这些可靠性模型参数的提取中任何的误差或不确定性将导致 IC 寿命估计的明显不同。该应用实例强调的是在器件可靠性评估中,准确的直流、热建模(用来估计偏置条件和结温)和参数提取(用来定义失效准则)是非常重要的,并且可以同时使用不同仿真和提取方法来估计 IC 的寿命。

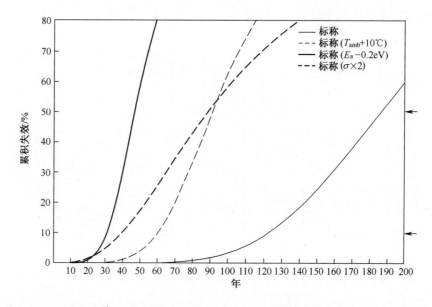

图 2.18　75 个晶体管 GaAs HBT 分压器 IC 在 T_{amb} = 95℃ 时的累积失效与时间的关系，使用以下"额定"可靠性测试参数：MTTF = 100h, σ = 0.5, E_a = 1.2eV, n_j = 2.0, T_j = 316℃，J_e = 1.8mA/μm^2。该图显示四种情况：①标称；② T_{amb} 比标称（ T_{amb} = 105℃ ）高 10℃；（3）激活能比标称（ E_a = 1.0eV ）低 0.2eV；④对数正态分布参数是标称值的两倍（ σ = 1.0 ）。

致谢

　　感谢安捷伦科技公司的 Bob Yeats 博士（现已退休）提出的关于 III－V 族器件可靠性评估方法的概念和想法，感谢加利福尼亚大学圣地亚哥分校的 Peter Asbeck 教授提供的 HBT 模型器件方程的资料，我们还要感谢安捷伦在美国加利福尼亚州圣罗莎的晶圆制造人员，是他们生产制造了本章讨论使用的器件。

参 考 文 献

［1］ W. R. Curtice, "A MESFET model for use in the design of GaAs integrated circuits," IEEE Trans. Microw. Theory Tech., vol. 28, pp. 448–456, 1980.

［2］ R. Van Tuyl and C. Liechti, "Gallium arsenide digital integrated circuits," Techn. Rep. AFL-TR-74-40, Air Force Avionics Lab., Mar. 1974.

［3］ H. K. Gummel and R. C. Poon, "An integral charge control model of bipolar transistors," Bell

Syst. Tech. J. ,vol. 49,pp. 827-852,May-June 1970.

[4] I. Angelov, H. Zirath, and N. Rosman, "A new empirical nonlinear model for HEMT and MESFET devices," IEEE Trans. Microw. Theory Tech. ,vol. 40,1992,pp. 2258-2266.

[5] Agilent Technologies, "Circuit components：nonlinear devices," Advanced Design System 2008 Manual,pp. 261-308,2008.

[6] J. M Golio,Microwave MESFETs & HEMTs,Norwood,MA：Artech House,1991,ch. 2.

[7] C. C. McAndrew,J. A. Seitchik,D. F. Bowers,M. Dunn,M. Foisy,I. Getreu,M. McSwain, S. Moinian, J. Parker, D. J. Roulston, M. Schroter, P. van Wijnen, and L. F. Wagner, "VBIC95,The Vertical Bipolar Inter-Company Model," IEEE J. Solid/state Circuits,vol. 31, pp. 1476-1483,Oct. 1996.

[8] M. Schr"oter and T-Y. Lee, "Physics-based minority charge and transit time modeling for bipolar transistors," IEEE Trans. Electron Devices,vol. 46,pp. 288-300,Feb. 1999.

[9] M. Rudolph,Introduction to Modeling HBTs,Norwood,MA：Artech House,2006,pp. 232-250.

[10] M. Rudolph,Introduction to Modeling HBTs,Norwood,MA：Artech House,2006,pp. 250-263.

[11] S. Tiwari, "Aneweffect at high currents in heterostructure bipolar transistors," IEEE Electron Device Lett. ,vol. 9,pp. 142-144,Mar. 1999.

[12] M. Rudolph,Introduction to Modeling HBTs,Norwood,MA：Artech House,2006,pp. 263-276.

[13] B. Yeats, "Inclusion of topsidemetal heat spreading in the determination of HBT temperatures by electrical and geometrical methods," IEEE GaAs IC Symp. ,pp. 59-62,1999.

[14] B. Yeats, "Assessing the reliability of silicon nitride capacitors in a GaAs IC process," IEEE Trans. Electron Devices,vol. 45,pp. 939-946,Apr. 1998.

[15] K. Alt,T. Shirley,C. Hutchinson,M. Iwamoto,B. Yeats,B. Gierhart,M. Bonse,R. Shimon, F. Kellert,and D. D'Avanzo, "Use of a transistor array to predict infant transistor mortality rate in InGaP/GaAs HBT technology," Reliability of Compound Semiconductor Workshop, Oct. 2008.

[16] J. C. Li,T. Hussain,D. A. Hitko,P. A. Asbeck,and M. Sokolich, "Characterization and modeling of thermal effects in sub-micron InP HBTs," IEEE Compound Semiconductor IC Symp. ,pp. 65-68,Nov. 2005.

[17] D. H. Smith,A. Fraser,and J. O'Neil,"Measurement and prediction of operating temperatures for GaAs ICs," Proc. SEMITHERM,pp. 1-20,Dec. 1986.

[18] W. R. Curtice,V. M. Hietala,E. Gebara,and J. Laskar, "The thermal gain effect in GaAs-based HBTs," IEEE Int. Microw. Symp. Dig. ,pp. 639-641,June 2003.

[19] D. E. Dawson,A. K. Gupta,and M. L. Salib, "CW measurement of HBT thermal resistance," IEEE Trans. Electron Devices,vol. 39,pp. 2235-2239,1992.

[20] B. Yeats,1992 GaAs Rel Workshop,paper Ⅳ-Ⅰ.

[21] D. E. Dawson, "Thermal modeling,measurements and design considerations of GaAs microwave devices," IEEE GaAs IC Symp. ,pp. 285-290,1994.

[22] K. A. Jenkins and K. Rim, "Measurement of the effect of self-heating in strained-silicon MOS-

FETs," IEEE Electron Device Lett. ,vol. 23,pp. 360–362,June 2002.

[23] Q. J. Zhang and K. C. Gupta,Neural Networks for RF and Microwave Design,Norwood,MA： Artech House,2000.

[24] J. V. DiLorenzo and D. D. Khandelwal,GaAs FET Principles and Technology,Dedham,MA： Artech House,1982,ch. 6.

[25] J. R. Black,"Electromigration – a brief survey and some recent results," IEEE Trans. Electron Devices,vol. 16,pp. 338–347,1969.

[26] B. Yeats,P. Chandler,M. Culver,D. D'Avanzo,G. Essilfie,C. Hutchinson,D. Kuhn,T. Low,T. Shirley,S. Thomas,and W. Whiteley,"Reliability of InGaP–Emitter HBTs," GaAs Manufacuring Technology Conf. ,2000,pp. 131–135.

第3章

Ⅲ-V族HBT和HEMT器件的非本征参数和寄生元件建模

Sonja R.Nedeljkovic,William J.Clausen,Faramaiz Kharabi,
John R.F.McMacken和Joseph M.Gering

3.1 引言

为了提供满足设计师要求的优良模型,第一步是建立基于器件物理特性的模型公式,并且保证模型能够在不同的仿真平台上具有良好的收敛性。参数提取的复杂度直接取决于模型的选取,但不管每一种建模过程的复杂度如何,模型的准确度都依赖于精确的器件测量、可靠的去嵌技术和参数提取方法。

本章主要介绍非本征参数提取。在建模过程中,首先要做的就是将器件参数从探针接触焊盘的寄生元件中分离出来。因此3.2节将综述器件 S 参数测量的RF测试构架,然后分析可用于Ⅲ-V族HBT和HEMT器件建模的测量校准和寄生元件去嵌方法。

参考面从探针触点转移到器件端口后,下一步就是提取非本征参数。3.3节将综述HBT中所采用的非本征参数提取方法,3.4节则综述GaAs基pHEMT和GaN基HEMT器件采用的参数提取方法。

3.3节和3.4节介绍的非本征参数提取方法主要适用于单胞器件,为获得所需的发射极面积(HBT)或栅极尺寸(pHEMT/HEMT),通过复制单胞器件可得到大的晶体管管胞。管胞的精确建模不仅取决于单胞模型的精度,而且取决于缩放方法和包含的寄生参数,这些寄生参数因金属互连、过孔和键合焊盘而产生,而它们改变了管胞的阻抗。3.5节将对多胞管胞的一个实用而精确的模型缩放方法仿真结果和大信号测试数据进行比较。

3.2 测试、校准和去嵌的构架

准确的器件测量对器件非本征参数和寄生元件的提取和对模型有源部分的提取同等重要。对于Ⅲ-Ⅴ族 HBT 和 HEMT 的建模,器件测量的最大挑战在于剥离触点或连接带来的寄生效应,而仅对被测器件(DUT)进行宽带 S 参数测量。尽管这对于直流测试也很重要,但大多数半导体特性分析仪和电源具备分离的施加线和感知线,从而可以更直接地进行精确的 Kelvin 型测试。在 Kelvin 测试不可行的情况下,巧妙地利用欧姆定律可以进行直流测试去嵌,这对器件建模已经足够。因此,本节仅仅论及器件建模的 S 参数测量。

对器件级测量,通常有两类 S 参数测试架构,如图 3.1 所示。两种架构都包括地-信号-地(GSG)在片探测。图 3.1(a)所示为一种基于共面波导(CPW)的更为紧凑的架构,不需要连接晶圆背面,所以在器件制作过程中需要进行测试时,该方法更加灵活。同时,因为结构紧凑,可以允许晶圆有效区域包含更多的器件。图 3.1(b)所示为基于微带(MS)的更大的结构,这种结构需要贯通晶圆的通孔以连接地,其优点在于它提供了连接器件的均匀传输线。这样,就可以通过更精确的在片校准将误差修正测量面向 DUT 推得更近。

用 CPW 和 MS 结构进行 S 参数测量的方法都涉及两步,第一步采用传统误差修正方法将网络分析仪的校准参考面拓展至图 3.1 中的实线处;第二步是用简化的电路表征从校准参考面到 DUT(图 3.1 中所示的框)的其他连接。所以,上述两种结构之间的权衡首先就是在结构尺寸和 DUT 的 S 参数精度之间进行权衡,而在MS 结构测试中第二步难以进行去嵌。需要注意的是,通常情况下紧缩结构测试选择 CPW 测试,而微带结构测试时按传输线一致原则选择 MS 测试。当然,其他的测试配置如果方便也可以采用。同时,任何测试结构都需要尽量降低给 DUT 的馈线引入的扰动,所以要尽可能保证测试结构中 CPW 和 MS 的端口阻抗为50Ω。

有许多方法可以进行探针或在片的第一层校准,文献[1]讨论了其中一些方法,其中有些可以通过现代矢量网络分析仪(VNA)实现,有些则需通过商用软件包或免费软件包实现。实验室常用的方法是短路-开路-负载-直通(SOLT)法和延迟-反射-反射-匹配(LRRM)法。

SOLT 是一种直接映射法,其中假设标准阻抗确切已知。误差校正把 VNA 测量转移到校准参考面,在此过程中标准阻抗将转换到已知值。定义标准阻抗时的任何偏差都将导致误差校正结果的偏差。SOLT 方法通常用于通过商用陶瓷校准片为射频探针提供校准,因此常用于 CPW 类的结构。由于应用了精确校准片,标准阻抗的定义精度得到显著提高,金属形状可以重复制备,而负载电阻可用激光修正为需要的精确值。遗憾的是,标准精度的提高需要付出代价,基板材料的类型会影响探针针尖邻近的电场,于是电特性的不连续性通过校准得到修正。SOLT 标准中基板材料与 DUT 基板材料不同会在高频引入误差[2],而且如果校准基板的标准过于靠近探针针尖,其形状的差异将影响探针针尖处的电场,从而带来附加误差[3]。SOLT 校准在高达 15~20GHz 的范围都获得了成功,而且 SOLT 校准也从根本上纳入每一台 VNA,使之更易于实现,尤其是标准定义通常在与给定 VNA 匹配的校准基板上提供。

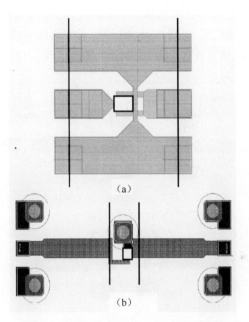

图 3.1　两种器件级 GSG S 参数测试结构
(a)应用共面波导方法;(b)应用微带方法。
(标注线表示典型的网络分析仪校准参考面,方框表示被测器件)

　　LRRM 法是一种内部一致的误差校正方法,其中标准不必确知(除了匹配阻抗的实部,它可用直流电阻近似)。在测量过程中,利用标准测量中的冗余可以计算误差项和其他的标准值(包括匹配负载的虚部)。LRRM 法不如 SOLT 法那样常用,且不能在 VNA 中直接实现,而是通过外部软件完成。无论怎样,LRRM 法已经得到深入研究,并与其他校准方法相比对[5-8]。尽管 LRRM 法还可通过商用校准基板来提供探针针尖校准,但却更多地用于上面讨论的通过微带型测试结构提供真正的在片校准。图 3.2 所示为微带结构的 LRRM 测试标准件,其中延迟线是长度为零的直通,反射是短路和开路,匹配一般是 50Ω 薄膜电阻。值得注意的是,这套标准件可通过不同长度的延迟线来加强,使之可作为直通-反射-延迟(TRL)校准件使用。虽然 TRL 法是最精确的,但却在带宽上受到限制,并且使用多条线而占用很多空间。因而 LRRM 法是个很好的折中,既提供内部一致的校准,又占用较小的晶圆面积。实际上,因为 LRRM 法只用一个匹配标件[8],因此只要在晶圆上放置两个匹配结构中的一个即可。最后,通过使用远离射频探针触点的片上标准件,用微带结构进行 LRRM 法校准消除了上述用 SOLT 法带来的一些误差,这使微带 LRRM 法得以在更高频率应用。

一旦 VNA 经过精确校准,第二层次去嵌就可以消除任何残余的焊点或连接效应。尽管去嵌可在任意校准过程后应用,但实际上,如果被测件是微带结构实现的,就不需要进一步去嵌了。这显然是条捷径,只要可能就应该采用微带结构。如此一来,去嵌的重点就聚焦在用上述的共面波导来实现。

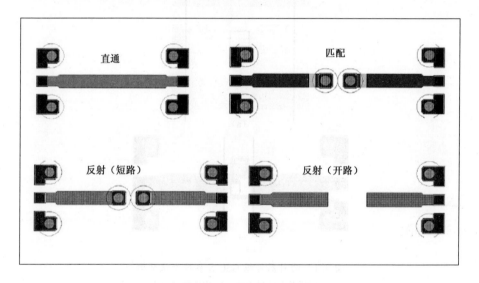

图 3.2　用于微带测试结构的 LRRM 校准件

最常用的去嵌是用两个"虚拟"的测试结构完成的,即开路和短路[9]。图 3.3 所示为用于共面波导结构的去嵌结构件。最常用的去嵌方法是"Y 参数/Z 参数减除"法。假设焊点和连接的嵌入网络如图 3.4 所示,这种方法之所以称为 Y 参数/Z 参数减除法,是因为通过将测得的开路和短路的 S 参数转换为 Y 参数和 Z 参数,并在每个测试频率上减掉这些参数矩阵而轻易实现去嵌。该方法基于两个基本假设:①图 3.4 结构的电路拓扑代表了主要的焊点、连接效应。任何无源电路分支都可以用 3 元件的 π 形或 T 形网络表示,而图 3.4 中的电路近似于 2 元件分枝。②短路和开路都是理想的。如果被测件是电小尺寸的,这一假设就合情合理,但如果要测大的晶体管阵列时就一定要注意。这种去嵌方法的算法在表 3.1 中给出。

短路   开路

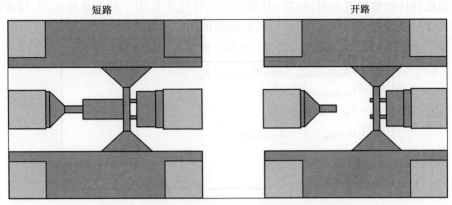

图 3.3   用于共面波导结构的短路和开路去嵌结构

表 3.1   开路-短路去嵌算法

将测得的 S 参数转换为 Y 参数	$S_{\text{MEAS-DUT}} \rightarrow Y_{\text{MEAS-DUT}}$ $S_{\text{MEAS-OPEN}} \rightarrow Y_{\text{MEAS-OPEN}}$ $S_{\text{MEAS-SHORT}} \rightarrow Y_{\text{MEAS-SHORT}}$
用开路校正被测件和短路	$Y_{\text{2-DUT}} = Y_{\text{MEAS-DUT}} - Y_{\text{MEAS-OPEN}}$ $Y_{\text{2-SHORT}} = Y_{\text{MEAS-SHORT}} - Y_{\text{MEAS-OPEN}}$
将处理得到的 Y 参数转换为 Z 参数	$Y_{\text{2-DUT}} \rightarrow Z_{\text{2-DUT}}$ $Y_{\text{2-SHORT}} \rightarrow Z_{\text{2-SHORT}}$
用处理得到的短路校正处理得到的被测件	$Z_{\text{DE-EMBEDDED-DUT}} = Z_{\text{2-DUT}} - Z_{\text{2-SHORT}}$
将经过去嵌的被测件转换为 S 参数	$Z_{\text{DE-EMBEDDED-DUT}} \rightarrow Z_{\text{DE-EMBEDDED-DUT}}$

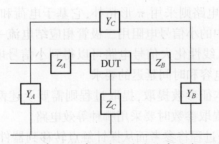

图 3.4   Y 参数/Z 参数减除去嵌法中的嵌入网络

有时建立如图 3.4 所示的等效电路是有用的。表 3.2 所列为计算图 3.4 电路元件的公式,这些元件来自表 3.1 的算法。同时,因为电路中大部分元件是电抗性的,往往可以把导纳和阻抗转化为电容和电感: $Y = j\omega C$, $Z = j\omega L$ 。

如前所述,图 3.4 所示的电路拓扑只是选择之一,还可以交换导纳和阻抗的次序以形成短路-开路去嵌和开路-短路去嵌的置换。当要去嵌的主要的寄生电容是靠近器件的叠层电容时,短路－开路去嵌法往往更常用。对于某些应用,可能需要更详尽的电路拓扑,这也需要替代的或附加的标准件[10-14]。

表 3.2　开路－短路去嵌电路元件方程

$$Y_C = - Y_{\text{MEAS-OPEN}(1,2)} = - Y_{\text{MEAS-OPEN}(2,1)}$$

$$Y_A = Y_{\text{MEAS-OPEN}(1,1)} - Y_C$$

$$Y_B = Y_{\text{MEAS-OPEN}(2,2)} - Y_C$$

$$Z_C = Z_{\text{2-SHORT}(1,2)} = Z_{\text{2-SHORT}(2,1)}$$

$$Z_A = Z_{\text{2-SHORT}(1,1)} - Z_C$$

$$Z_B = Z_{\text{2-SHORT}(2,2)} - Z_C$$

本节讨论了器件 S 参数测量所用的射频测试结构,以及校准和去嵌方法,配合合理的 VNA 校准技术和器件去嵌方法,可以实现器件的精确测量,并作为器件建模的起点。

3.3　HBT 非本征参数提取方法

3.3.1　等效电路拓扑

有不少小信号等效电路可用于 HBT 建模,主要分为两大类:T 形拓扑和 π 形拓扑。(图 3.5(a)、(b))[15-17]。两类方法的区别在于非本征元件位置、寄生元件位置和基极阻抗的表征。π 形拓扑易于与小信号(Y 参数)测量关联,而 T 形网络则更能匹配 HBT 的物理结构。

另外,大信号等效电路则采用 π 形拓扑,它基于电荷和电流而不是电容和电阻。大信号等效电路中的小信号电阻用二极管相应结电流－电压特性来表征。基于文献[8-12],显然从线性化大信号电路可以得到小信号电路,并满足由电荷源的总微分得到小信号电容和时间延迟的要求。

本节的主题是非本征参数提取,提取过程则需要上述两种小信号电路拓扑。HBT 工作原理决定了提取参数时要采用哪种等效电路。

3.2 节描述的去嵌过程将参考面从探针触点转移到器件端口。触点电容和引线电感都被去嵌之后,HBT 的等效电路如图 3.6 所示。该电路分为两部分:与偏置无关的非本征元件的外围部分和与偏置相关的本征元件的内核部分。非本征元件会显著影响本征元件的提取,因此,非本征元件值的精确提取非常重要。

非本征元件包括终端电阻或电抗及叠层电容。根据终端类型的不同,终端电阻或阻抗可分为发射极电阻、基极电阻和集电极电阻。

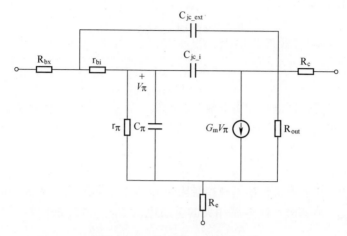

图 3.5(a) 小信号 π 形等效电路

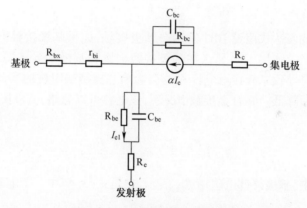

图 3.5(b) 小信号 T 形等效电路

3.3.2 接触电阻和叠层电容的物理描述

终端电阻或阻抗由三部分组成:金属线、金属半导体接触、半导体材料和本征器件的接触。第三部分主要指发射极帽层半导体材料(介于发射极和金属接触之间)及基极材料和集电极下方的材料,这些材料位于接触面和内部晶体管之间[15]。这些元件在小信号等效电路中的物理意义已经有学者研究过[17]。

3 种接触的电流流动方式不尽相同。发射极属于纵向电流,接触电容可以忽略不计。集电极和基极则属于横向电流,将引入接触电容[22,23]。由于基极接触电阻较大,导致电流的一部分在高频时流过容性元件,因而集电极接触电阻可以忽略。

发射极和集电极电阻 R_E 和 R_C 可用欧姆电阻模型表示,且都包含因接触和几个外延层引起的分量：

$$R_E = R_{E(epi)} + R_{EE} + R_{Em} \tag{3.1}$$

式中：$R_{E(epi)}$ 为发射极外延电阻；R_{EE} 为发射极接触电阻；R_{Em} 为发射极金属电阻[15]。

集电极外部电阻可分为三部分，即 $R_{C(epi)}$、$R_{SC(epi)}$ 和 R_{CC}，分别代表 n 型集电极电阻、n^+ 型接触区电阻和集电极接触电阻。集电极本征电阻用 R_{ci} 表示，表征基-集电结在集电极一侧的分布效应特性。

$$R_{CX} = R_{C(epi)} + \frac{R_{CC}}{2} + \frac{R_{SC(epi)}}{2} \tag{3.2}$$

如前所述，基极阻抗包括基极接触阻抗和基极本征阻抗。基极外部电阻包括接触电阻 R_{BB}，与基极互连金属相关的金属电阻 R_{Bm}，因外部外延层产生的接触电阻 $R_{Bx(epi)}$：

$$Z_B = \frac{R_{Bx(epi)}}{2} + \frac{Z_{BB}}{2} + \frac{R_{Bm}}{2} \tag{3.3}$$

该基极阻抗表达式假设 HBT 有两个基极接触，如果基极接触不是合金（金属直接置于基极半导体层上），那么在基极接触金属和基极半导体层之间就会形成界面层。界面层导致基极接触电容 C_B，会影响基极接触阻抗的实部，而该阻抗会随着频率升高而降低。在合金接触情况下，该电容可以忽略，基极接触阻抗可视为一个电阻：

$$R_B = \frac{R_{Bx(epi)}}{2} + \frac{R_{BB}}{2} + \frac{R_{Bm}}{2} \tag{3.4}$$

在图 3.6 中，基极外部电阻用 R_{bx} 表示，它是式(3.4)中 3 个电阻的和。

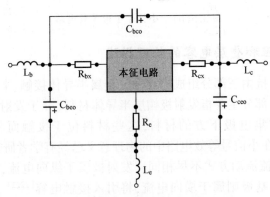

图 3.6　触点寄生参数去嵌后的等效电路

通常叠层电容取决于互连层和接触金属的小交叠面积。除了发射极-集电极叠层电容，叠层电容依赖于互连金属的走线方式。如图 3.6 所示特定的 HBT 技术还可能存在其他叠层电容。

为了提取叠层电容,应使 HBT 反向偏置。在此条件下,HBT 可视为简单的 π 形拓扑(图 3.7),而且只包含电容。将测得的 S 参数转换成 Y 参数即可用于计算这些电容值:

$$C_{be} = \mathrm{Im}(Y_{11} + Y_{21})/2\pi f$$
$$C_{bc} = -\mathrm{Im}(Y_{12})/2\pi f \tag{3.5}$$
$$C_{ce} = \mathrm{Im}(Y_{22} + Y_{12})/2\pi f$$

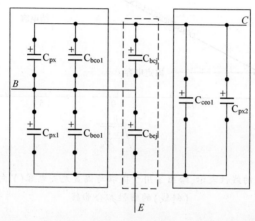

图 3.7　反偏器件的等效电路,虚线框内是结电容,实线框内是与偏置无关的电容

在低频率下进行电容的提取,此时电阻和电感效应可以忽略(约 1~3GHz)。

式(3.5)表明,总电容包括结电容和与偏置无关的电容,并且在非本征参数模型提取中有必要区分这两类元件。与偏置无关的电容包括触点电容和叠层电容。触点电容可在 3.2 节所述的触点寄生参数去嵌过程中提取,因此应该从与偏置无关的总电容中将其减去。由文献[15,18]可知,由突变 p-n 结的耗尽区引起的结电容可表示为反偏电压的函数:

$$C_j = \frac{A}{\sqrt{\dfrac{2}{q\varepsilon_s N}\Phi_b}} \tag{3.6}$$

式中:A 为结面积,N 为掺杂水平(cm^{-3});ε_s 为介电常数;Φ_b 为内部电压。

因此,一个结(基极－发射极或基极－集电极)的总电容可表示为

$$C_{tot} = C_{const} + \frac{C_j}{\sqrt{1 - \dfrac{V_b}{\Phi_b}}} \tag{3.7}$$

式中:V_b 为施加的反偏电压,C_j 为结电容,C_{const} 为某个结总电容(C_{tot})中与偏置

无关的部分。

为了将与偏置无关的电容和结电容区分开来,式(3.7)的线性表示可画在 X 轴为平方根的倒数、Y 轴为总电容的图中,如图 3.8 所示。

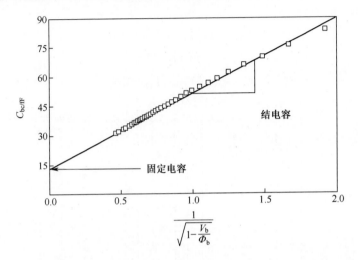

图 3.8　式(3.7)的线性表示,给出了用于提取与偏置无关电容(Y 向截取)和结电容
(斜线)的线性拟合曲线

图 3.8 中的曲线给出了测试数据的线性表达。在 HBT/BJT 的模型中[24-29],
该式表示为

$$C_{tot\_model} = C_{const} + C_j \cdot \left(1 - \frac{V_b}{V_j} \right)^{-M_j} \tag{3.8}$$

式中:C_j 为结电容,C_{const} 为叠层电容和触点电容的和;V_j 为内部电势;M_j 为分级因子。

通过迭代调整参数 M_j 和 V_j,用获得的曲线拟合测试数据所绘的直线,这样就可以提取结电容。

因此,假设内建电势(基极-发射极和基极-集电极)采用的值接近理论预测[20-23],这些直线外插交截的纵坐标就是与偏置无关的电容,而直线的斜率代表与偏置相关的结电容。从外插交截点减去触点电容,就可算出叠层电容。这些电容在本征参数提取过程中都将需要去嵌。

3.3.3　外部电阻和电感的提取

寄生电阻提取的最常用方法是"返驰法"[15,31,32](基于直流测试)和"集电极开路法"[30,32,33](基于 S 参数测试)。

运用返驰法,在集电极悬空($I_c = 0$)条件下,确定集电极–发射极电压 V_{ce} 与基极电流 I_b 之间的关系,就可以提取发射极电阻。

在这些条件下,电流从基极流向发射极,而集电极–发射极电压 V_{ce} 将等于导通电压[32]:

$$V_{ce\_Ic=0} = R_e \cdot I_b + V_{th} \cdot \ln\left[\left(\frac{I_b}{I_s}\right)^{n_f} \cdot \left(\frac{I_{SC}}{I_b}\right)^{n_c}\right] \tag{3.9}$$

式中: $V_{th} = (kT)/q$ 为热电压, I_s , I_{sc} 为饱和电流, n_f , n_c 分别为集电极–发射极和基极–集电集电流的理想因子。

由式(3.9)可以看出,由于 $R_e \cdot I_b$ 项将作为主导, V_{ce} 在 I_b 较小时将会减小,而在基极电流较大时则会增大。因此基极电流较大时, V_{ce} 和基极电流是线性关系,斜率则代表着发射极电阻,如图 3.9 所示。

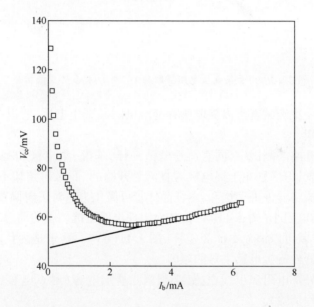

图 3.9　用直流返驰法提取发射极电阻:令集电极悬空($I_c = 0$),取 V_{ce} 对 I_b 的斜率

为了从直流测试中提取集电极电阻,必须保持发射极电流为零,可以通过同步扫描基极电流和集电极电流且使 $I_b = -I_c$ 实现。在此条件下, V_{ce} 将因导通电压而偏移 $R_c I_c$:

$$V_{ce} = R_e \cdot I_e + R_c \cdot I_c + V_{th} \cdot \ln\left[\left(\frac{I_c + I_b}{I_s}\right)^{n_f} \cdot \left(\frac{I_{SC}}{I_b}\right)^{n_c}\right] \tag{3.10}$$

集电极电阻由集电极电压与基极电流拟合的直线斜率来提取(图 3.10)。

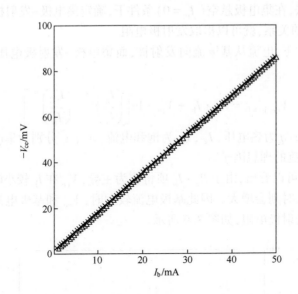

图 3.10　用于集电极电阻提取的 V_{ce} 与 I_b 关系的直线拟合

因为通过一次测试就可以提取所有终端电阻和寄生电感,所以基于 S 参数测试的方法更实用。

在集电极开路法测试中,同直流返驰法一样,基极–集电极和基极–发射极的结处于正向偏置,但区别在于集电极对直流是开路的,而对射频却不是。因此,增大基极直流电流将器件推至饱和,本征晶体管可简化为一对正向偏置的二极管,结电容大,动态结电阻小(图 3.11(a)),从而表现出低阻抗。小的动态结电阻会将结电容短路,这样就可以消除本征 Z 矩阵(图 3.11(b))。这正是为什么等效电路 Z 参数的虚部由器件寄生电感主导的原因。

为了计算外部电阻和引线电感,必须消除叠层电容(触点电容已通过 3.2 节中所述去嵌过程消除):

$$
\begin{aligned}
Y_{11i} &= Y_{11} - j\omega(C_{be0} + C_{bc0}) \\
Y_{12i} &= Y_{12} + j\omega(C_{bc0}) \\
Y_{21i} &= Y_{21} + j\omega(C_{bc0}) \\
Y_{22i} &= Y_{22} - j\omega(C_{bc0} + C_{ce0})
\end{aligned}
\tag{3.11}
$$

这些 Y 参数将被转换为 Z 参数,然后用于提取非本征参数。

在集电极开路法原理中,HBT 的等效电路(图 3.11)可用简单的 T 形电路建模,其 Z 矩阵可写为

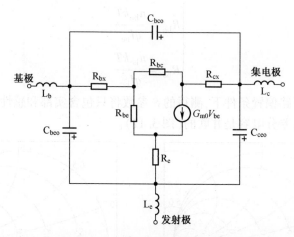

图 3. 11(a)　集电极开路原理的含低动态结电阻的 T 型等效电路

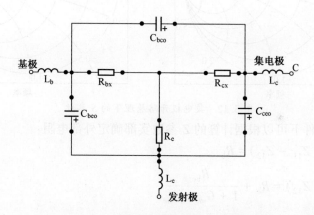

图 3. 11(b)　集电极开路原理的 T 形等效电路

$$
\begin{cases}
Z_{11} = R_{\mathrm{b}} + R_{\mathrm{e}} + \dfrac{R_{\mathrm{be}}}{1 + G_{\mathrm{m0}} \cdot R_{\mathrm{e}}} - \mathrm{j}\omega \cdot (L_{\mathrm{b}} + L_{\mathrm{e}}) \\[3mm]
Z_{12} = R_{\mathrm{e}} + \dfrac{R_{\mathrm{be}}}{1 + G_{\mathrm{m0}} \cdot R_{\mathrm{be}}} + \mathrm{j}\omega \cdot L_{\mathrm{e}} \\[3mm]
Z_{21} = R_{\mathrm{e}} + (1 - G_{\mathrm{m0}} \cdot R_{\mathrm{bc}}) \cdot \dfrac{R_{\mathrm{be}}}{1 + G_{\mathrm{m0}} \cdot R_{\mathrm{be}}} + \mathrm{j}\omega \cdot L_{\mathrm{e}} \\[3mm]
Z_{22} = R_{\mathrm{c}} + R_{\mathrm{e}} + \dfrac{R_{\mathrm{be}}}{1 + G_{\mathrm{m0}} \cdot R_{\mathrm{be}}} \cdot \left(1 + \dfrac{R_{\mathrm{be}}}{R_{\mathrm{bc}}}\right) + \mathrm{j}\omega \cdot (L_{\mathrm{c}} + L_{\mathrm{e}})
\end{cases}
\tag{3.12}
$$

式中：G_{m0} 为直流跨导；R_{be}，R_{bc} 分别为基极-发射极结和基极-集电极结的动态电阻,其表达式如下：

$$\begin{cases} R_{be} = \dfrac{n_{be}kT}{qI_{be}} \\[3mm] R_{bc} = \dfrac{n_{bc}kT}{qI_{bc}} \end{cases} \qquad (3.13)$$

在集电极开路偏置条件下,测得的 S 参数将只包含实部和感性分量,证明上述两个结和对应的差分电容是并联的(图 3.12)。

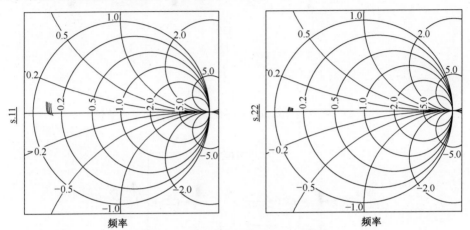

图 3.12 集电极开路原理下的 S 参数

在低频条件下可以根据计算的 **Z** 参数实部确定外部电阻:

$$\mathrm{Re}(Z_{11} - Z_{12}) = R_b$$

$$\mathrm{Re}(Z_{12}) = R_e + \frac{R_{be}}{1 + G_{m0} \cdot R_{be}} \qquad (3.14)$$

$$\mathrm{Re}(Z_{22} - Z_{21}) = R_c + \frac{1}{1 + G_{m0} \cdot R_{be}}(R_{bc} + G_{m0} \cdot R_{bc} \cdot R_{be})$$

如上所述,在高电流密度下总的基极电阻 R_b 渐近趋向基极接入电阻,而 R_{be} 和 R_{bc} 变得很小,Z_{12}、Z_{21} 和 $Z_{22} - Z_{21}$ 的实部随 $1/I_b$ 线性增大;这样,等效电路就如图 3.11(b)所示。在纵坐标($I_b - \infty$)外插交截直线就得到电阻 R_e、R_b 和 R_c 的值(图 3.13(a))。

如果器件的寄生电感本身包含在模型里,首先就必须将引线电感(用短路去嵌结构提取)消除,并接着由去嵌过的 **Z** 参数实部计算终端电阻,由其虚部计算器件电感(图 3.13(b)):

$$\mathrm{Im}(Z_{11} - Z_{12}) = L_b$$

$$\mathrm{Im}(Z_{12}) = L_e \qquad (3.15)$$

$$\mathrm{Im}(Z_{22} - Z_{21}) = L_c$$

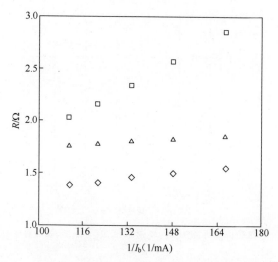

图 3.13(a)　由式(3.14)的外插交截($I_b \approx \infty$)提取发射极电阻(◇)、

基极外部电阻(□)、集电极外部电阻(△)

　　器件电阻对温度的依赖关系可通过电阻和温度的下列模型表达式
获得[24-29]:

$$R - T = R \cdot \left(\frac{T_{amb}}{T_{nom}} \right)^X \tag{3.16}$$

式中: T_{amb} 为环境温度; T_{nom} 为模型标称温度(通常为25℃); X 为温度系数,其由
图 3.14 各个电阻曲线的斜率分别提取得到。

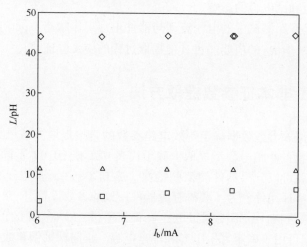

图 3.13(b)　根据式(3.15)在高频率(5GHz 以上)计算发射极电感(◇)、

基极电感(△)、集电极电感(□)

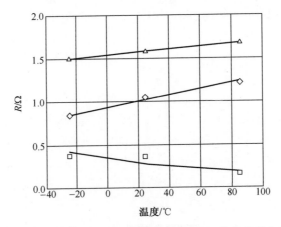

图 3.14　电阻的温度系数提取:发射极电阻($\diamondsuit$)、基极外部电阻($\triangle$)、
集电极外部电阻($\square$)

作为结论,基于集电极开路测量的非本征参数提取可获得:

(1) 所有外部电阻的阻值。

(2) 大多情况下提取的电阻值有唯一解,但在直流返驰法中往往不是这样。

(3) 由集电极开路测量进行电感提取,可用于确定器件电感(引线电容去嵌之后)。

(4) 终端电阻的温度依赖关系。

该方法的缺点在于:

(1) 对某些器件,基极比较薄,大的基极电流容易引起器件损坏,因此,就不可能避免动态电阻和结电容的影响。

(2) 集电极开路测试中的电流流动与器件正常工作状态不同。在 R_{rx} 提取时将不会产生误差,但 R_e 的值要经过其他提取过程的交叉验证[34]。

3.4　HEMT 非本征参数提取方法

近年来,根据 S 参数数据确定等效电路参数的直接提取方法已经发表了不少文章[35-37]。典型的小信号模型提取依赖于代表 FET 或 HEMT 不同工作区域的 S 参数数据,这样就可以分离器件的某些特性。热 FET——漏极电压不为零时的数据,可用于提取本征元件。为了获得有源器件一致的参数设置,依赖于外部偏置的元件需要首先被去嵌。这需要漏极电压设置为零(冷 FET),栅极正向导通,沟道夹断。阈下数据可用于确定寄生电容和焊盘电容。正向栅极偏置数据可用于提取诸如栅极、源极和漏极的电阻和电感等非本征参数。

图 3.15 所示为基本的小信号电路模型,典型的提取本征参数和非本征参数的

方法是将 S 参数转换为 Y 参数和 Z 参数。首先,将夹断 FET 的 S 参数转换为 Y 参数以提取并联焊盘电容。然后,正向栅极偏置冷 FET 的 S 参数转换为 Z 参数以提取 R_g、R_d、R_s、L_g、L_d 和 L_s。

3.4.1　冷 FET 方法

在冷 FET 方法中,在 $V_{ds} = 0$ 和 $V_g \gg 0$ 条件下测量 S 参数[37]。将 V_{ds} 设置为 0 可以简化为如图 3.15 所示的等效电路。正向偏置肖特基结具有足够大的电流密度,因此可以克服栅极电容效应。一般情况下,$I_g \approx 150\text{mA/mm}$（而对大多 GaAs HEMT 来说只有几毫安）,对应 $V_g \leqslant 1\text{V}$。

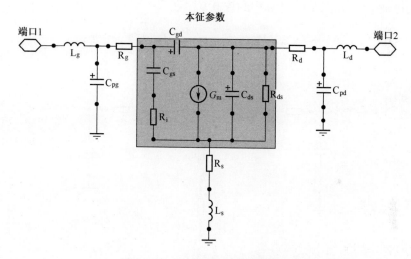

图 3.15　小信号等效电路模型拓扑

得到的简化等效电路如图 3.16 所示,在高栅极电流下得到如下方程:

$$\begin{cases} Z_{11} = R_s + R_g + \dfrac{R_c}{3} + \dfrac{nKT}{qI_g} = j\omega(L_g + L_s) \\[2mm] Z_{12} = R_s + \dfrac{R_c}{2} + j\omega L_s \\[2mm] Z_{22} = R_s + R_d + R_c + j\omega(L_s + L_d) \end{cases} \tag{3.17}$$

其中系数 1/2 和 1/3 为聚集在栅极边缘栅极电流分布效应的结果,由 Vogel 确定[39],R_c 为沟道电阻。电感值可以从 Z 参数的虚部得到。例如,L_g 可由 $\text{Im}\{Z_{11}\}$ 对频率的斜率提取。重复同样的步骤,可以由 $\text{Im}\{Z_{22}\}$ 和 $\text{Im}\{Z_{12}\}$ 对频率的斜率分别确定 L_d 和 L_s。对纯阻性和感性的 Z 参数在几个正向偏置栅极电压上取平均,可用于提取一致的值。在图 3.17 中,S_{11} 和 S_{22} 在 Smith 圆图的左上部分都是感性的, 在 Smith 圆图上以实部的形式表现出阻性。

电阻值非常难确定,因为有 4 个未知电阻而只有 3 个方程。同时,寄生电容的值可能很小,以至于式(3.17)中对 I_g 的依赖会存在问题。在电阻提取中,简化 Z_{12} 的表达式是用于使未知量最少的推荐手段。还有几种其他方法可以更加可靠地确定电阻,一个例子是从沟道技术参数计算 R_c,而不是通过反复拟合来优化该阻值。由 Yang 和 Long 提出的步骤[40]已经用于源极电阻提取。这些步骤在两个设定的漏极电流下跟踪正向偏置栅压,同时保持栅极电流恒定。如果假设 $V_{ds} \gg nkt/q$,且通过限定 V_{ds} 而使器件工作在线性区,从而使沟道电阻在两个漏极电流之间并无变化,那么在不必知道器件的漏源电压情况下就可以进行这一测试。由式(3.18)对漏极电流和栅极电压进行差分可以求解源极电阻。F_2/F_1 是因漏源电压引起的栅极电流校正因子,计算中约取 0.9。

$$R_s = \frac{V_{g2} - V_{g1} + \dfrac{nkt}{q} \cdot \ln\left(\dfrac{F_2}{F_1}\right)}{I_2 - I_1} \tag{3.18}$$

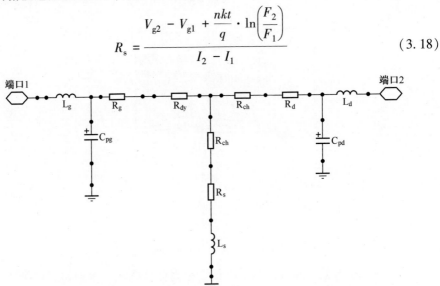

图 3.16　冷 FET 测量的等效电路模型,取 $V_{ds} = 0$ 和 $V_{gs} \gg 0$ [38]

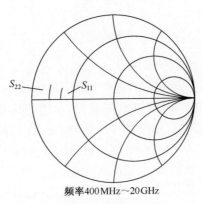

频率 400 MHz ～ 20 GHz

　　　　图 3.17　举例:S_{11} 和 S_{22} 的冷 FET 测量

定义 Z_{11} 时，结果可以用不同正向偏置栅压实部的斜率来检验结果。同时，可以用初步 DC 拟合和无偏置 S 参数检验一致性。该方法可能存在的问题是必须给栅极施加额外的电压(导致栅极电流)以消除电容效应。这可能导致金属迁移和可靠性问题。同时，α 因子(1/2 和 1/3)的确切值也存在争论。最后，对于耗尽型 HEMT，$V_{gs} \leqslant 0V$，所以如果 $V_{gs} \gg 0V$，则器件不是正常工作状态，除非在高功率工作方式下。总之，这种方法对电感提取和电阻的初步确定是有用的。

在夹断 FET 状态下，即 $V_{ds} = 0V$ 和 $V_g \ll V_{pinchoff}$ 时进行一次附加的 S 参数测量，可以有效地消除沟道电导和栅极本征电容。简化的等效电路如图 3.18 所示，其中 C_{pg} 和 C_{pd} 为焊点电容，C_b 为边缘电容，或者说延伸至沟道的栅极下耗尽层电容。White 和 Healy 基于对称设想分析了对 C_b 的等效分割[41]。在数吉赫兹以下的频率，电感和电阻对等效 Y 矩阵的虚部影响甚微，如下式所示：

$$\text{Im}(Y_{11}) = j\omega\left(C_{pg} + \frac{2}{3}C_b\right)$$

$$\text{Im}(Y_{12}) = \frac{j\omega C_b}{3} \tag{3.19}$$

$$\text{Im}(Y_{22}) = j\omega\left(C_{pd} + C_{ds} + \frac{2}{3}C_b\right)$$

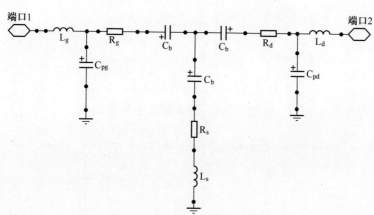

图 3.18　GaAs HEMT 夹断点的等效电路模型，取 $V_{ds} = 0$ 和 $V_{gs} < V_{pinchoff}$

将 $\text{Im}(Y)$ 对频率和偏置求平均可得 C_{pd} 和 C_{pg}，注意 C_{ds} 不能单独分离出来，而是与 C_{pd} 一并集总。可以假设 C_{pd} 占了 C_{ds} 的固定比例[38]。图 3.19 所示为 HEMT 夹断时的测量结果。

3.4.2　无偏置方法

另一种提取非本征参数的方法是在 $V_{gs} = V_{ds} = 0$ 的条件下测量 S 参数[42]。该

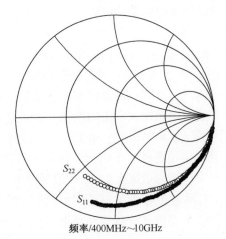

频率/400MHz～10GHz

图 3.19 举例：FET 夹断时 S_{11} 和 S_{22} 测量结果

方法考虑了 HEMT 更为现实的栅极工作模式。因为不需要栅极正向偏置，所以可以避免由大电流引起的栅极损伤。同时，所有寄生电阻可通过无偏置和夹断下的测量（如前所述）直接获得。此时，器件的等效电路模型如图 3.20 所示。由下列方程可得

$$Z_{11} = R_s + \frac{1}{3}R_c + R_g + j\omega(L_g + L_s) - \frac{1}{\omega C_g}$$

$$Z_{12} = R_s + \frac{1}{2}R_c + j\omega L_s \qquad (3.20)$$

$$Z_{22} = R_s + R_d + R_c + j\omega(L_s + L_d)$$

式中：R_c 为沟道电阻，C_g 为栅极电容，两者都已不能忽略。

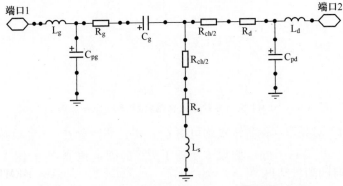

图 3.20 GaAs HEMT 在 $V_{gs} = V_{ds} = 0$ 时的等效电路

首先在 5GHz 以上频率从 (Z_s) 虚部提取 L_s 和 L_d，然后在 2 个频点从 $\mathrm{Im}(Z_{11})$ 提取 L_g 和 C_g。由 Z 参数的实部，得

$$\mathrm{Re}(Z_{11}) = R_s + \frac{1}{2}R_c + R_g \tag{3.21a}$$

$$\mathrm{Re}(Z_{12}) = R_s + \frac{1}{2}R_c \tag{3.21b}$$

$$\mathrm{Re}(Z_{22}) = R_s + R_d + R_c \tag{3.21c}$$

$$\mathrm{Re}(Z_{11}) = R_s + R_g \tag{3.22a}$$

$$\mathrm{Re}(Z_{12}) = R_s \tag{3.22b}$$

对于夹断的 FET,等效电路仍包含 L_s 和 C_s ,它们在冷 FET 法中是被忽略的。这样就得到更精确的焊点电容提取结果以及更多确定电阻的方程。考虑图 3.20 中的 L_s 和 R_s ,尽管 R_s 对测量校准系统的精度非常敏感,它可由式(3.22b)直接决定,并且外围小的器件经 TRL 校准后其值很准确[2]。同时,式(3.5a)和(3.65a)可用于确定 R_c ,式(3.21b)、式(3.21a)和式(3.21c)可分别确定 R_s 、R_g 和 R_d 。可以对电阻的频率特性进行检验,在 $f > 5\mathrm{GHz} \sim 6\mathrm{GHz}$ 时提取 R_s 要特别注意,此时电容的电抗(X_c)不会与 R_s 混淆。

用户验证了所有非本征参数值之后,就可以进行内部参数提取了。如果寄生参数值不理想,热 FET 法提取也不会得到理想的结果。这些提取的结果不足以匹配和产生与器件拓扑一致的提取值。如前所述,对寄生参数提取不当可能导致负值或根本无解。

从 Y 参数中消除了外部影响之后,所得到的方程是针对本征电路的。根据 Dambrine[37] 的观点,因为 R_i 和 C_{gs} 的值都很小,低噪声器件在低频时 $D = 1$ 。

$$Y_{11} = \frac{R_i C_{gs}^2 \omega^2}{D} + \mathrm{j}\omega\left(\frac{C_{gs}}{D} + C_{gd}\right)$$

$$Y_{12} = -\mathrm{j}\omega C_{gd}$$

$$Y_{21} = \frac{g_m \exp(-\mathrm{j}\omega\tau)}{1 + \mathrm{j}R_i C_{gs}\omega} - \mathrm{j}\omega C_{gd} \tag{3.23}$$

$$Y_{22} = \frac{1}{R_{ds}} + \mathrm{j}\omega(C_{ds} + C_{gd})$$

$$D = 1 + \omega^2 C_{gs}^2 R_i^2$$

3.4.3　GaN HEMT 的特别之处

除了少许区别以外,提取 GaN 基 HEMT 非本征参数与 GaAs HEMT 的步骤大致相同。GaN HEMT 的导带比 GaAs HEMT 宽得多,这在基于栅源正向偏置提取参数时可能存在问题,详见后面论述。此外,鉴于 GaN 高功率 HEMT 的结构布局,可能不得不在经典等效电路上附加分布效应。文献[43-45]提出了一种新方法解决上述问题,包括栅极参数提取方法以及为应对多指 GaN 功率单元分布效应而附加的提取步骤。同时,由于大激励工作时电流密度很大,如文献[46]所述,R_s 可能急剧增大。一般而言,基于适应 GaN 器件的经典冷 FET 测量结果[47]至少是一个良好的起点,可以得到完整小信号提取后续优化的初始值。

正如 3.2 节所言,若要校准到探针针尖,需要对给定的版图进行短路和开路去嵌。同时还必须仔细选取探针结构以充分考虑触点和附加栅源寄生参数,这些寄生参数可能只适用于特定布局,例如图 3.21 所示的 GaN 功率器件。接下来,还将论及经典方法的修正以及其他 GaN HEMT 非本征参数提取技术。

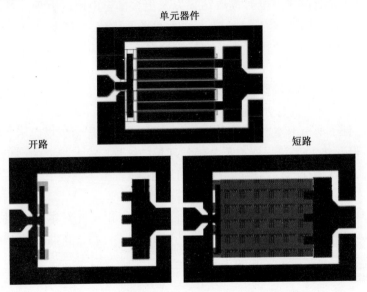

图 3.21　GaN HEMT 单元及其开路、短路去嵌结构

如前所述,冷 FET 方法中栅极正向偏置部分的改进在文献 [45]中已有论述,改进的原因在于通过强化栅源正向偏置消除栅极二极管电容时存在问题。改进后转而在栅极加低 DC 电压,而将漏极悬空。然后选择 I_g 低的正值区间,以使 $V_{bi} > V_g > 0$,并进行 S 参数测量(图 3.22)。

该方法与经典方法的区别在于器件工作于低 I_g 区,这使得对栅极的损伤最小,并有助于根据如图 3.23 所示的等效电路计算肖特基二极管电容(C_g)和动态电阻(R_0)。该方法与无偏置方法中的表达式也类似,对后者有 $V_{gs} = 0V$,且 I_g 非常小,因此肖特基动态电阻可以忽略,而只包含电容(C_g),如图 3.20 所示。采用该方法需要对 $\mathrm{Im}(Z_{11})$ 进行更多数学处理,才能提取出有意义的肖特基电阻、电容以及 R_g 的值。由于包含了肖特基栅极的 R_0 和 C_g,且以不同方式划分沟道电阻 R_c(图 3.23),等效电路输入端的公式更复杂,如式(3.24)所示。

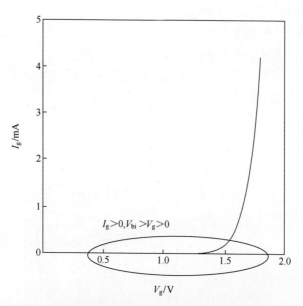

图 3.22　冷 FET 状态 GaN HEMT 的栅极 I—V 曲线

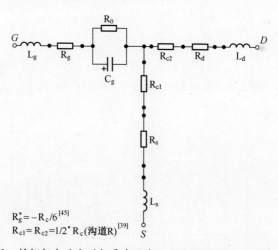

图 3.23　低栅极电流和漏极悬空状态 GaN HEMT 的小信号等效电路

$$\begin{cases} Z_{11} = R_s + 0.5R_c + R_g - R_c/6 + \dfrac{R_0}{1 + (\omega R_0 C_g)^2} + j\omega\left[L_g + L_s - \dfrac{C_g R_0^2}{1 + (\omega R_0 C_g)^2}\right] \\ Z_{12} = Z_{21} = R_s + 0.5R_c + j\omega L_s \\ Z_{22} = R_s + R_c + R_d + j\omega(L_d + L_s) \end{cases}$$

$$(3.24)$$

如果冷 FET 法不适用,就建议采用上述方法。以作者的经验,通过正向偏置 GaN HEMT 栅极二极管来消除输入电容并不是"常见"的问题,而由此导致的大栅极电流却成为问题。例如对于某个约 2mm 的器件,必须施加大于 2V 的栅极电压来减小电容,如图 3.24 所示。尽管栅极电流较大,提取的电感和电阻只当成是初始猜测值,下一步再通过无偏置方法进行修正。GaN 器件的典型值如图 3.25 所示。

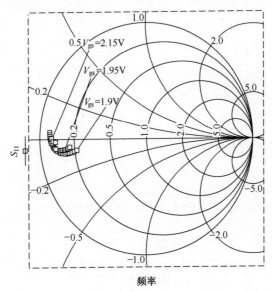

图 3.24 大栅源电流状态 GaN HEMT 的输入特性

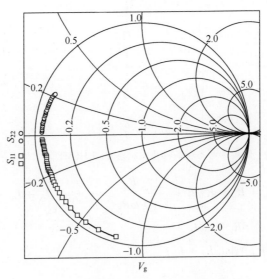

图 3.25 $V_g = V_d = 0$ 时 GaN HEMT 的特性

　　文献[43],[44]提出的另一个问题与更为复杂的多指功率 GaN HEMT 有关。在有些情况下,源极采用的空气桥离漏指和栅指很近,结果导致有影响的额外的非本征电容。这些分布式电容沿由栅指和漏指向源极的方向形成。文献[43]提出的另一种等效电路考虑了极间电容 C_{pgi}、C_{pdi} 和 C_{gdi},如图 3.26 所示。

　　一般来讲,分布式问题与具体版图相关,除非采用多个栅指,否则问题不会变严重。以图 3.21 所示的功率单元为例,漏极侧没有采用空气桥,栅极侧的源极结构对所有分布式电容都没有明显的影响。同样,如果模型、短路和开路选得好,也会消除给所选器件参考面带来的任何附加寄生参数。

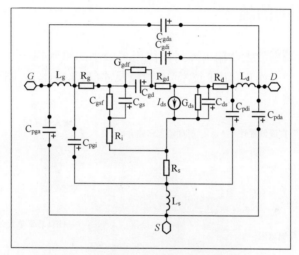

图 3.26　GaN HEMT 的 22 元件有源模型[43]

　　最后,夹断 FET 测量将以深度夹断方式应用于 GaN 器件,对于典型的 GaN HEMT,偏置电压不大于-6V,如图 3.27 所示为深度夹断 GaN HEMT 的特性。

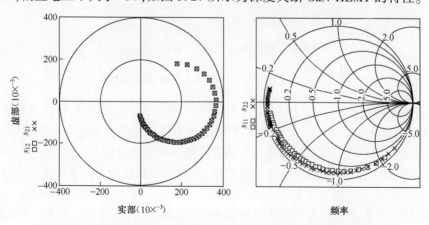

图 3.27　深度夹断(V_{ds} = 0V, V_{gs} < - 6V)状态 GaN HEMT 的特性

文献[43]的表 1 给出了功率 GaN HEMT 的典型非本征参数。注意这些值先用前述方法提取,然后在小信号等效电路完整参数提取过程中优化得到,优化是针对偏置和所需频段进行的。

总之,提取的参数值对特定尺寸的器件在自洽框架内有意义。必须注意,不要过于相信一种方法或途径。考虑到 GaN HEMT 的唯一性和应用的不同以及随之而来的高功率相关的结构,必须仔细检验该器件的特性,然后应用一种或多种非本征参数提取方法的组合来建立可靠的小信号和大信号模型。

3.5 多胞阵列的缩放

大的晶体管功率放大器输出阵列往往用多个小的单胞构成,它们重复排列可以提供所需的发射极面积(HBT 技术)或栅极尺寸(FET 技术)。图 3.28 所示为此类阵列的一个范例。

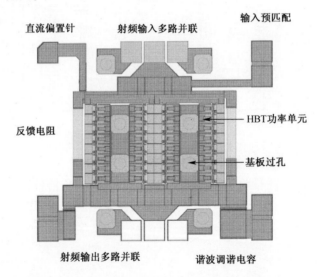

图 3.28 包含过孔和在片无源元件的 HBT 器件阵列

图中的版图给出了 32 胞 HBT 输出级,用于蜂窝手持设备应用的技术评估,这些 HBT 功率胞围绕在 4 个衬底通孔周围,后者提供了连接背面射频地的通道。每个器件包含一个输入隔直电容和一个偏置电阻。用两级金属互连形成连接多胞的输入和输出多路并联结构。除了互连之外,版图上还包括用于封装的键合点、用于反馈稳定和谐波调控的片上无源结构。

上述设计中采用的互连方式对有源器件看到的阻抗有着重要影响,因此必须包含在阵列模型中。可以应用多种方法加以考虑,最直接的方法是集总元件法,用合适的电容和电感代替互联结构。这种方法在低频时很有效,但却不能反映微波频段经常出现的分布效应。估计这些效应的值既不方便也不准确,而且常见的商用高频 CAD 软件也未见得能很好地提取。

另一种方法是应用微带传输线模型。结合物理衬底的概念,这些情况就可以建立隔离线、耦合线、弯折和渐变线的分布效应模型。这对通过正规传输线实现的设计是有效的,但对蜂窝通信或无线 LAN 频带应用中一般的版图设计就不那么奏效了。在这些应用中,分布效应在较小的裸片上并不突出,但在传输线和部件之间仍然存在复杂耦合,必须加以关注。

最常用的方法是用某种平面或准三维(3D)电磁仿真获得互连(如果需要,还包括片上无源器件)的 S 参数。互连部分和器件的接口用紧缩模型(无论有源还是无源)表示,并用一个电磁端口代替,用软件生成 S 参数模块,这样就可以将其调用到原理图中。该方法已应用于 HBT 和 FET 阵列[48-51],如图 3.29 所示的一个简单的例子。

图 3.29(a)所示为一个 HBT 输出胞阵列的实际版图,HBT 和通孔都将被紧缩模型代替,元件被删除,而它们之间的连接和留下的版图部分用电磁端口代替(图 3.29(b))。注意,放置端口时必须与紧缩模型的参考面相对应。然后在所需的频率范围内进行电磁仿真。如果多路并联结构上有 DC 偏置电流流过,那么在扫频仿真里必须包含 0Hz 频率,这可能在某些解决方法中造成问题。

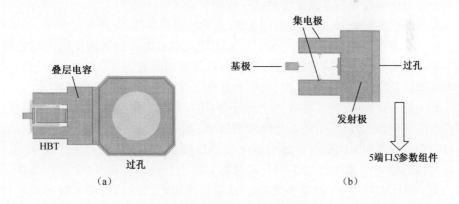

图 3.29　HBT 及其互连和基板过孔

仿真结果导出为包含各频点 S 参数的文件,它通常是一个多端口数据包,一个 S_{xx} 对应着每个端口"x"及所有交叉项。然后该文件可导入原理图,端口连接到紧缩模型的对应参考面上。

上述方法在很宽频率范围内都适用,并可处理分布效应和耦合问题,但是负面效应照例是需要很长的计算时间和很大的内存。好在摩尔定律为我们带来更快的

CPU 和更大的内存,软件商也在不遗余力地发展算法,因而至少在裸片层面,可以用台式机在 1h 以内完成复杂的互连和完备的无源元件分析。物理版图转换为仿真软件输入的相关工作也在 CAD 设计流程中简化了。

这里将给出一种用电磁仿真软件从单个功率晶体管向包含在片寄生元件扩展的方法[51]。基于功率阵列核的物理特性,该方法建立了包括互连的几个器件的多胞模型。在原理图层面重复放置多胞模型以形成阵列,然后与输入输出多路并联结构的仿真结果连接起来,从而形成完整模型。

介绍之前还必须做些特殊说明。首先,要针对特定工艺对仿真软件进行校正,通常包括制备和测试一些被测结构,如传输线、电容、电感。还要规定要考虑一般工艺变化的影响,如金属导体和绝缘体厚度、材料特性以及最终晶圆厚度。建模工程师通过被测结构的横截面可以很好地理解获得的样件。

其次还应注意,器件周围的电磁场在器件移走之后会发生变化,在端口形成明确的连续传输线且传输模式已知的情况下,电磁仿真软件的效能最好,但内部版图切割后,在相应位置插入端口却不属于上述情况。因此必须做一些近似,不同的仿真软件所做的近似可能也不尽同。没有简单的处理方法,最好的办法是以不同的方式试着放置端口并检验对仿真结果的影响。

最后,必须决定是否在电磁仿真里包含一些过孔,以及是否用它们的集总模型。平面仿真软件对处理过孔问题总是不那么得心应手,往往有几种办法来进行模拟。恰当的特性分析有助于应对这一问题。

现在开始多胞拓展,首先考虑图 3.30 所示的简单版图,电路中包含 8 个 HBT,围绕在一个公共通孔周围,每个 HBT 与 1 个输入隔直电容和直流偏置电阻相连。接下来讨论两种研究该问题的方法,每种方法都应用电磁仿真软件处置隔直电容、寄生互连以及晶体管的紧缩模型、电阻和通孔。得到的版图如图 3.31 所示。

对于第一种方法,只需将版图中的每个 HBT 用连接多路并联结构相应端口的原理图模型代替,最后完全用 8 个原理图模型。而对于第二种方法,只用一个晶体管模型并设置复用 8 次即可。适当的电磁端口(8 个集电极、8 个发射极等)被短路并连接到对应的晶体管端子。上述两种方法的原理图如图 3.32 和图 3.33 所示。为了评估两种方法,制备了带 GSG 微带压焊盘的测试结构用于射频馈电,然后采用 Maury 公司的 MT4463A 大信号网络分析仪进行功率扫描,从而对其进行在片特征评估。用电磁仿真工具对射频馈线进行仿真,其 S 参数数据包放在每个原理图中。

选用哪种方法取决于几方面的因素:一般来讲,包含的晶体管数目越多原理图仿真的时间就越长(收敛过程遇到困难的可能也越大)。考虑到阵列中各器件端口的分布效应,应该采用分离的模型图,热效应也必须给予关注。如果只涉及一个晶体管模型图,必须按比例处理热阻以给出该部分正确的等效温度。同样,如果要仿真阵列的温度分布,就需要将分立的模型图与热耦合网络结合起来。

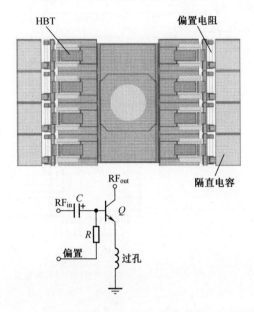

图 3.30　包含隔直电容、偏置电阻和过孔的 4×2 器件阵列

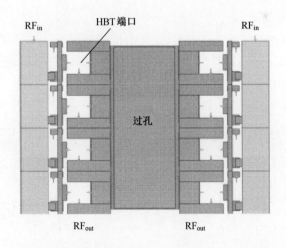

图 3.31　供 EM 仿真的图 3.30 结构的多路并联结构

　　作为比较,在第二种方法中,将用版图中寄生互联的集总元件近似代替电磁仿真结果。

　　阵列偏置状态在集电极电流为 30mA,电压为 3.5V,扫描输入功率直到阵列压缩 8dB,基波频率为 1.95GHz。图 3.34 所示为仿真结果和测试数据。

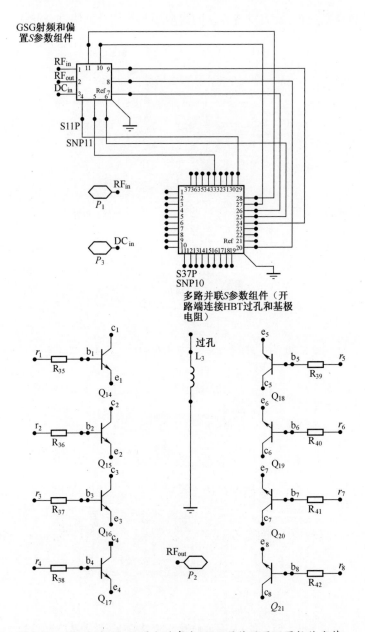

图 3.32 EM 方法 1—版图上的每个 HBT 器件用原理图控件代替

在该图中,画出了集电极电流、功率增益、功率附加效率、反射系数与源极可用功率的关系。不出所料,集总元件法比起电磁仿真法明显遇到更多的困难,功率增益高了 2 dB,尤其是在饱和状态,输入匹配也发生偏离。这都为功率附加效率仿

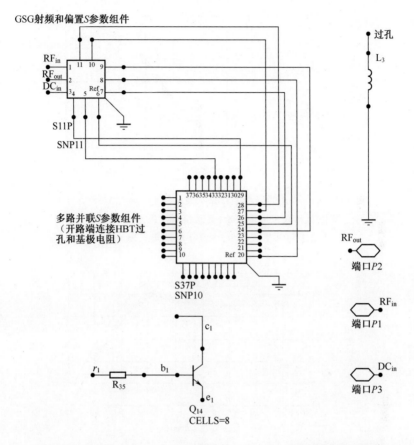

图 3.33　EM 方法 2—8 个 HBT 器件用一个八合一的原理图控件代替

真带来误差。与之相比,采用电磁仿真构建互联的 S 参数数据包得到的结果更加符合测试数据。注意两种电磁方法得到的结果差异不大,这并不在意料之外:阵列太小以至于分布效应不明显,在这些电流等级上产生的自热,也不会出现大的热梯度。

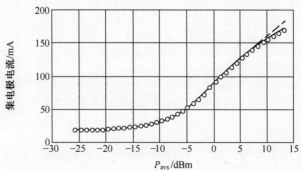

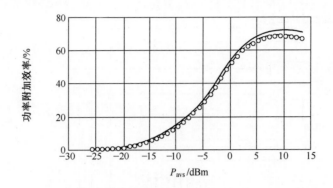

图 3.34(a)　8 元阵列功率扫描下集电极电流和 PAE 结果比较
（测试结果用圆圈表示，集总模型结果用实线表示，
方法 1 结果用点表示，方法 2 结果用点划线表示）

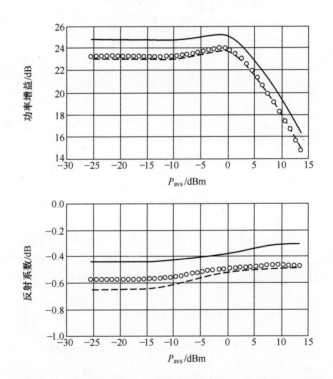

图 3.34(b)　8 元阵列功率扫描下功率增益和反射系数结果比较
（测试结果用圆圈表示，集总模型结果用实线表示，
方法 1 结果用点表示，方法 2 结果用点划线表示）

为了说明上述方法如何用于大规模阵列，用方法 2 建立了图 3.30 的输出阵列

模型。图 3.35 对应的原理图去掉 GSG 射频输入和输出馈点,作为新的多胞单元使用。将其连同输入和输出多路并联结构电磁仿真得到的 S 参数数据文件放在原理图中,并将复用次数设置为 4。因此,原理图中总共包含了 4 个分立的晶体管模型,而不是 32 个模型,见图 3.35 和图 3.36。

上述处理可以显著节省 CPU 计算时间,避免大规模晶体管阵列推入深饱和区时遇到的收敛问题。注意,这里并没有试图提供胞间热耦合网络。对于上述应用实例,可以利用自热模型的内部热缩放方法。

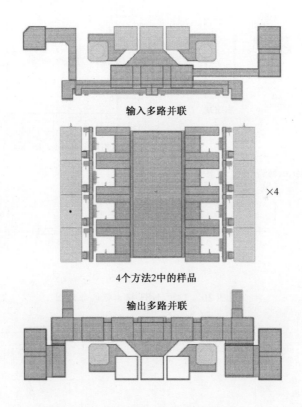

图 3.35　32 元 HBT 阵列的扩展方法

应用前述 8 胞结构的测试系统,对 32 胞阵列在 1.95GHz 进行特征提取,偏置电流为 80mA,偏置电压 3.5V。结果如图 3.37 和图 3.38 所示。仿真得到的峰值功率附加效率与测试值相比误差在 5% 以内,输出功率误差在 0.7dBm 以内,三次谐波误差在 2.5dBm 以内。

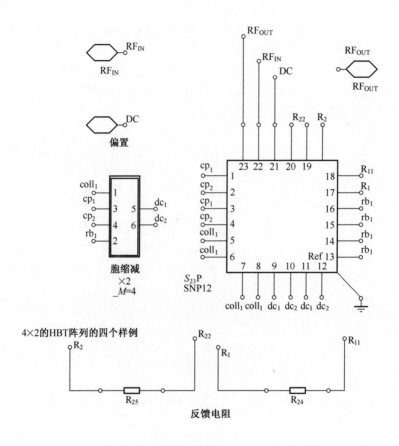

图 3.36　32 元 HBT 输出级的原理图

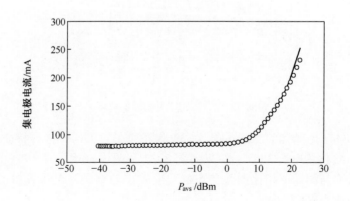

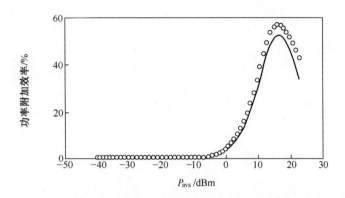

图 3.37(a)　32 元阵列功率扫描下集电极电流和 PAE 结果比较
（测试结果用圆圈表示，模型结果用实线表示）

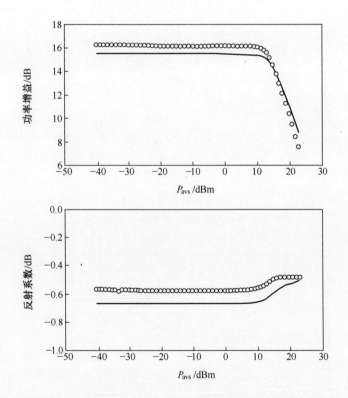

图 3.37(b)　32 元阵列功率扫描下功率增益和反射系数结果比较
（测试结果用圆圈表示，模型结果用实线表示）

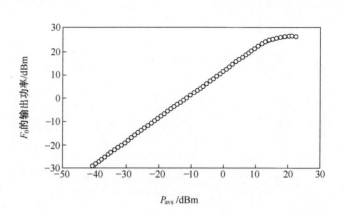

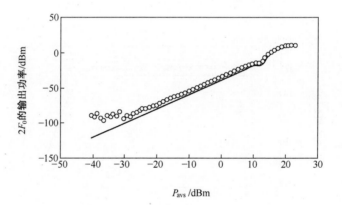

图 3.38(a)　32 元阵 LSNA 结果比较,含基波和二次谐波输出功率
(测试数据用圆圈表示,模型结果用实线表示)

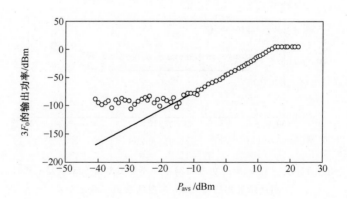

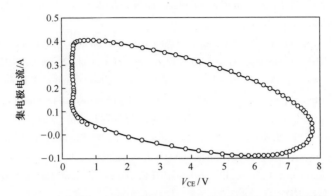

图 3.38(b)　32 元阵 LSNA 结果比较,含三次谐波输出功率和动态负载线
(测试数据用圆圈表示,模型结果用实线表示)

上述方法的可用性取决于几方面的因素。很明显,确定合理的可重复多胞是关键。该方法对于规则的器件阵列最有效。对于特定应用实例,设计师还必须清楚自热模型可以缩比处理到什么程度。这一因素比起其他因素对多胞大小的限制更大,从而影响 CPU 资源的节约情况。

参 考 文 献

[1] M. Golio and J. Golio, Eds., RF and Microwave Handbook, 2nd ed.: RF and Microwave Circuits, Measurements, and Modeling, Abingdon, Oxon: CRC Press, 2008.

[2] R. B. Marks, "On-wafer millimeter-wave characterization," in GAAS 98 Amsterdam Conf.Dig., 1998, pp. 21-26.

[3] J. C. Rautio, "A possible source of error in on-wafer calibration," in 34th ARFTG Conf. Dig., Dec.1989, pp. 118-126.

[4] A. J. Lord, "Comparing the accuracy and repeatability of on-wafer calibration techniques to 110GHz," in 29th European Microw. Conf. Dig., Oct.1999, pp. 28-31.

[5] R. B.Marks, "Wafer-level ANA calibration at NIST," in 34th ARFTG Conf. Dig., Dec.1989, pp. 11-25.

[6] D. F.Williams, R. B. Marks, and D. Andrew, "Comparison of on-wafer calibrations," in 38th ARFTG Conf. Dig., Dec. 1991, pp. 68-81.

[7] A. Davidson, E. Strid, and K. Jones, "Achieving greater on-wafer S-parameter accuracy with the LRM calibration technique," in 34th ARFTG Conf. Dig., Dec. 1989, pp. 61-66.

[8] A. Davidson, K. Jones, and E. Strid, "LRM and LRRM calibrations with automatic determination of load inductance," in 36th ARFTG Conf. Dig., Dec.1990, pp. 57-63.

[9] F. Sischka, IC-CAP Characterization and Modeling Handbook.Santa Clara,CA. Agilent Technologies Inc., 2002.

[10] S. Lee and A. Gopinath, "New circuit model for RF probe pads and interconnections for the extraction of HBT equivalent circuits,"IEEE Elec. Dev. Lett., vol.12, pp. 521-523, Oct.1991.

[11] E. P. Vandamme, D. M. M.-P. Schreurs, and C. van Dinther, "Improved three-step deembedding method to accurately account for the influence of pad parasitics in silicon onwafer RF test-structures," IEEE Trans. Elec. Dev., vol. 48, pp. 737-742, Apr. 2001.

[12] L. F. Tiemeijer, R. J. Havens, A. B. M. Jansman, and Y. Bouttement, "Comparison of the 'Pad-Open-Short' and 'Open-Short-Load' deembedding techniques for accurate on-wafer RF characterization of high-quality passives,"IEEE Trans. Microw. Theory Tech., vol. 53,pp. 723-729, Feb. 2005.

[13] J. Tao, P. Findley, and G. A. Rezvani, "Novel realistic short structure sonstruction for parasitic resistance de-embedding and on-wafer inductor characterization," in Proc. IEEE 2005 Int. Conf. on Microelectron. Test Structures, Apr. 2005, pp. 187-190.

[14] R. Torres-Torres, R. Murphy-Arteaga, and J. A. Reynoso-Hernandez, "Analytical model and parameter extraction to account for the pad parasitics in RF-CMOS," IEEE Trans. Electron.Devicer, vol. 52, pp. 1335-1342, July 2005.

[15] W. Liu, Handbook of Ⅲ－Ⅴ Heterojunction Bipolar Transistors, New York: Wiley－Interscience, 1981.

[16] M. Dvorak and C. Bolognesi, "On the accuracy of direct extraction of the heterojunctionbipolar-transistor equivalent circuit model," IEEE Trans. Microw. Theory Tech., vol. 51, no. 6, pp. 1640-1649, 2003.

[17] B. Li and S. Prasad, "Basic expressions and approximations in small-signal parameter extraction for HBT's," IEEE Trans. Microw. Theory Tech.,vol. 47, no. 5, pp. 534-539, 1999.

[18] G. Massobrio and P. Antognetti, "Semiconductor device modeling with SPICE," New York: McGraw-Hill, 1993.

[19] K. Morizuka,R.Katoh, K. Tsuda,M.Asaka,N. Iizuka, and M. Obara, "Electron space-charge effects on high-frequency performance of AlGaAs/GaAs HBT's under high-current-density operation," IEEE Electron Device Lett., vol. 9, no. 11, Nov. 1988.

[20] R. van der Toorn, J. Paasschens, and R. J. Havens, "Physically based analytical modeling of base-collector charge, capacitance and transit time of Ⅲ－Ⅴ HBT's," in IEEE CSIC Dig.,2004.

[21] L. H. Camnitz, S. Kofol, and T. Low, "An accurate large signal, high frequency model for GaAs HBTs," in IEEE GaAs IC Symp., 1996.

[22] D. Costa,W. Liu, and J. S. Harris Jr., "Anew direct method for determining the heterojunction bipolar transistor equivalent circuit model," IEEE 1990 Bipolar Circuits and Technology Meeting, pp. 118-121.

[23] S. Bousnina, P. Mandeville, A. B. Kouki, R. Surridge, and F. M. Ghannouchi, "Direct param-

eter-extraction method for HBT small-signal model," IEEE Trans. Microw. Theory Tech., vol. 50, no. 2, pp. 529-536, Feb. 2002.

[24] C. C. McAndrew, J. A. Seitchik, D. F. Bowers, M. Dunn, M. Foisy, I. Getreu, M. McSwain, S. Moinian, J. Parker, D. J. Roulston, M. Schroter, P. van Wijnen, and L. F. Wagner, "VBIC95, the vertical bipolar inter-company model," IEEE J. Solid-State Circuits, vol. 31, no. 10, pp. 1476-1483, 1996.

[25] "HBT model equations," http://hbt.ucsd.edu.

[26] "HICUM documentation," http://www.iee.et.tu-dresden.de/iee/eb/hic new/hic doc.html.

[27] "The Mextram bipolar transistor model," http://www.nxp.com/acrobat download/other/philipsmodels/nlur2000811.pdf.

[28] "Documentation of the FBH HBT model," http://www.designers-guide.org/VerilogAMS/semiconductors/fbh-hbt/fbh-hbt 2 1.pdf.

[29] "Agilent heterojunction bipolar transistor model," Agilent Advanced Design System Documentation 2006A, Nonlinear Devices, Chapter 2, pp. 4-33.

[30] Y. Gobert, P. J. Tasker, and K. H. Bachem, "A physical, yet simple, small-signal equivalent circuit for the heterojunction bipolar transistor," IEEE Trans. Microw. Theory Tech., vol. 45, no. 1, pp. 149-153, Jan. 1997.

[31] L. J. Giacolleto, "Measurement of emitter and collector series resistances," IEEE Trans. Microw. Theory Tech., May 1972.

[32] M. Rudolph, "Introduction to modeling HBTs," Artech House, 2006.

[33] C. J. Wei, J. C. M. Hwang, "Direct extraction of equivalent circuit parameters for heterojunction bipolar transistors," IEEE Trans. Microw. Theory Techs., vol. 43, No. 5, Sept. 1995.

[34] S. A. Maas and D. Tait, "Parameter-extraction method for heterojunction bipolar transistors," IEEE Trans. Microw. Guid. Wave Lett., vol. 2, no. 12, Dec. 1992.

[35] E. Arnold, M. Golio, M. Miller, and B. Beckwith, "Direct extraction of GaAs MESFET intrinsic element and parasitic inductance values," IEEE Microw. Theory Tech. Symp. Dig., pp. 359-362, May 1990.

[36] M. Berroth and R. Bosch, "High-frequency equivalent circuit of GaAs FET's for large-signal applications," IEEE Trans. Microw. Theory Tech., vol. 39, pp. 224-229, Feb. 1991.

[37] G. Dambrine, A. Cappy, F. Heliodore, and E. Playez, "A new method for determining FET small-signal equivalent circuits," IEEE Trans. Microw. Theory Tech., vol. 36, pp. 1151-1159, July 1988.

[38] R. Tayrani, J. E. Gerber, T. Daniel, R. S. Pengelly, and U. L. Rohde, "A new and reliable direct parasitic extraction method for MESFETs and HEMTs," in Proc. 23rd Eur. Microwave Conf., 1993, pp. 451-453.

[39] R. Vogel, "Application of RF wafer probing to MESFET modeling," Microw. J., pp. 153-162, Nov. 1988.

[40] L. Yang and S. Long, "New method to measure the source and drain resistance of the GaAs

MESFET," IEEE Electron. Devices Lett., vol. EDL-7, Feb. 1986.

[41] P. M. White and R. M. Healy, "Improved equivalent circuit for determination of MESFET and HEMT parasitic capacitances from 'cold FET measurements,'" IEEE Microw. Guided Weave Lett., vol. 3, no. 12, pp. 453-454, Dec. 1993.

[42] F. Diamand and M. Laviron, "Measurement of extrinsic series elements of a microwave MESFET under zero current conditions," in Proc. 12th Eur. Microwave Conf., (Finland), Sept. 1982, pp. 451-465.

[43] A. Jarndal and G. Kompa, "A new small-signal modeling approach applied to GaN devices," IEEE Trans. Microw. Theory Tech., vol. 53, no. 11, pp. 3440-3448, Nov. 2005.

[44] E. S. Mengistu, "Large-signal modeling of GaN HEMTs for linear power amplifier design," Ph. D. dissertation, Dept. High Freq. Eng., Univ. Kassel, Germany, 2008.

[45] A. Zárate-de Landa, J. E. Zúñiga-Juárez, J. A. Reynoso-Hernández, M. C. Maya-Sánchez, E. L. Piner, and K. J. Linthicum, "A new and better method for extracting the parasitic elements of the on-wafer GaN transistors," in IEEE MTT-S Symp. Dig., Honolulu, Hawaii, June 3-8, 2007, pp. 791-794.

[46] W. Kuang, R. J. Trew, G. I. Bilbro, Y. Liu, and H. Yin, "Impedance anamolies and RF performance limitations in AlGaN/GaN HFET's," WAMICON 2006.

[47] F. Kharabi, M. Poulton, D. Halchin and D. Green, "A classic nonlinear FET model for GaN HEMT devices," Compound Semiconductor Integrated Circuit Symp., 2007. CSIC 2007.IEEE, Oct. 14-17, 2007, pp. 1-4.

[48] D. Resca, A. Santarelli, A. Raffo, R. Cignani, G. Vannini, and F. Filicori, "Scalable equivalent circuit pHEMT modeling using an EM-based parasitic network description," Proc. 2nd Eur. Microw. Integrated Circuits Conf., Oct. 2007, pp. 60-63.

[49] D. Resca, A. Santarelli, A. Raffo, R. Cignani, G. Vannini, F. Filicori, and A. Cidronali, "A distributed approach for millimeter-wave electron device modeling," Proc. 1st Eur. Microwave Integrated Circuits Conf., Sept. 2006, pp. 257-260.

[50] A. Cidronali, G. Colloddi, A. Santarelli, G. Vannini, and G. Manes, "Millimeter-wave FET modeling using on-wafer measurements and EM simulation," IEEE Trans. Microw. Theory Tech., vol. 50, no. 2, pp. 425-432, Feb. 2002.

[51] S. Nedeljkovic, J.McMacken, J.Gering, and D. Halchin, "Ascalable compact model for Ⅲ-Ⅴ heterojunction bipolar transistors," 2008 IEEE MTT-S Int. Microw. Symp. Dig., pp. 479-491, June 2008.

第4章

小信号等效电路建模的不确定性

Christian Fager,Kristoffer Andersson和Matthias Ferndahl

4.1　介绍

几乎所有计算机辅助的射频和微波电路设计都依赖于小信号等效电路模型[1]（见第3章和第5章）。这些模型用来尽可能精确地复现测试条件下得到的器件线性化电性能。然而,尽管研究人员在获得正确的物理模型拓扑方面花费了巨大的努力,但奇怪的是对如何精确提取这些参数的研究报道却寥寥无几。

在建模及其参数估计过程中,有许多不确定来源造成模型的不准确,通过使用认可微波和射频测量确实与不确定性相关联这一事实的随机方法,并将随机方法与现有模型提取方法结合,就可以量化所建模型中的不确定性。本章中采用的统计方法将用作统计参数估计法的应用框架,统计参数估计法常用于其他领域但在微波和射频小型化建模方面还没有应用。结果显示,与传统方法相比,采用该方法获得的模型准确度显著提高。

下面将通过几个不同的简单建模实例来说明当采用不同的提取方法时,如何将测量不确定性传递到模型及其参数的不确定性中。由于小信号晶体管模型是大信号晶体管建模的基础,并且在设计复杂有源电路时,将会对电路性能产生间接的影响（详见第5章）,因此将着重关注小信号晶体管模型。而半导体厂商也通过小信号模型的参数本身来监测工艺偏差[2],他们需要给出晶体管性能的详细信息（见第9章）。

在详细介绍模型参数估计的各种统计方法之前,先确定在建模过程中造成模型不准确的来源是非常重要的。

4.1.1 建模中的不确定性来源

造成建模结果不确定性的几个不确定性来源如图 4.1 所示,测量不确定性、模型假设和参数估计方法都会影响所获得模型的精度。

本章后续提出使用统计方法来使参数估计算法带来的不确定性最小化。但是,这些方法的前提条件都是在假设测量噪声的统计特性已知的情况下进行的。

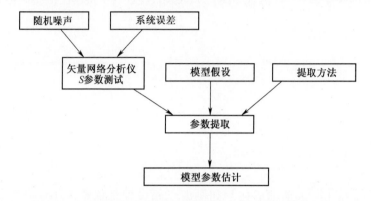

图 4.1 对模型提取结果产生影响的各种不确定性来源概况

4.1.2 测量不确定性

测量 S 参数的不确定性最终取决于所使用矢量网络分析仪(VNA)的性能。仪器制造商会给出粗略的使用说明书,但不确定性很大程度上取决于使用时的校准。在测量期间测量不确定性也会受到影响,例如,测量参考面中的不确定性。因此,对于普遍情况,S 参数测量中的不确定性是不容易预测的。然而,作为建立统计提取方法和评估模型不确定性的先决条件,需要量化 S 参数的不确定性。因此,将使用诸如方差和协方差等随机度量,而所有 S 参数测量数据必须包含相应不确定性。

图 4.2 所示为特定设备 Agilent 8510C VNA 的 S 参数不确定性的实例[3],分别为反射和传输测量的不确定性。有趣的是相对幅度不确定性和绝对相位不确定性量值是相等的,并且如期望一般,对于低反射系数以及低端口到端口传输的情况,相对不确定性增加。

根据使用说明,认为 99.7% 的置信区间是最差的情况,因此图 4.2 中给出的是不确定最差的情况。假设测量噪声为正态分布,对应于 $\pm 3\sigma$。于是说明书能用来预测给定测量 S 参数的不确定性,S 参数的幅度和相位以方差和协方差表征如下:

$$\text{Var}[\Delta|S|/S] = f_{|S|}(|S|) \tag{4.1}$$

$$\text{Var}[\Delta\angle S] = f_{\angle S}(|S|) \tag{4.2}$$

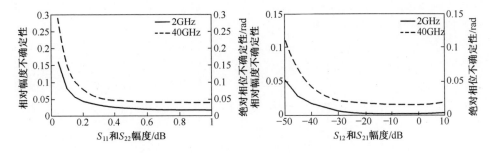

图 4.2　由 VNA 得到的 S 参数不确定性实例

在特定测试场景下,有许多因素导致总的不确定性。因此,实际上很难将不确定性量化到非常精准。虽然这可能导致对模型参数不确定性的过高或过低估计,但通常不会对模型参数估计本身的质量产生严重的影响。

以下章节的结果是基于经验的不确定性模型,近似图 4.2 所示的仪器参数。通过采用诸如 Williams 等[4]提出的统计校准方法,很容易由更准确的不确定性估计替代这些结果,并用额外的校准标准来形成超定方程组,用于确定校准系数。附加信息用于评估测量的不确定性。该算法在软件 StatistiCAL[5]中实现,得到的结果可以直接用于本章中的方法,从而进一步提高获得的不确定性估计的质量。

4.2　直接提取方法的不确定性

直接提取方法依赖于基于测量数据的模型参数闭合表达式。此类表达式可用于特定模型拓扑,特定模型拓扑包括标准 FET 小信号模型[6],可以提供快速、可靠的提取结果(见第 3 章)。本节介绍如何在直接提取方法中使用统计方法。

4.2.1　直接提取的简单例子

在本节中使用简单的 R-C 电路来说明统计模型参数估计方法①,使用的是增加了正态分布噪声的人工测量数据,这里真正的参数值是已知的并且用来评估参数估计的质量。虽然这是一个理想化的情况,仍然可以用来说明等效电路模型的统计模型参数估计方法背后的基本思想。

4.2.1.1　电路和测量实例

对于用图 4.3 所示的简单 R-C 电路建模的器件,假设有噪 S 参数测量在一个

---

①参数估计从此以后将用于强调准确参数值永远不能从实际测量中提取这个事实。

较宽的频率范围上可用,这可以代表在 FET 模型中 C_{ds} 和 g_{ds} 组合电路上对输出反射系数 S_{22} 的测量结果(参见图 4.9)。

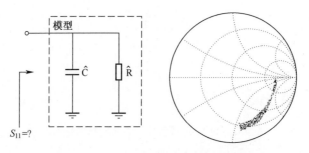

图 4.3　R-C 电路模型及 S 参数测量实例

　　直观地,电阻应该从低频测量估计,因为高频下它会通过电容被短路掉。另一方面,电容在低频下具有高电抗,因此会被并联电阻屏蔽掉。而在高频下,测量不确定性变大,电容接近短路。因此,电容应当在中间频率范围进行估计。

　　模型参数 R 和 C 很容易从 Y_{11} 的实部和虚部计算出来(Y_{11} 很容易从测量的 S_{11} 计算而得):

$$R = 1/\mathrm{Re}Y_{11} \tag{4.3}$$

$$C = \mathrm{Im}Y_{11}/2\pi f \tag{4.4}$$

图 4.4 所示为计算的模型参数值与频率的关系。显然,在该实例中 $R \approx 250\Omega$,$C \approx 50\mathrm{fF}$。然而,还不能从测量中唯一确定它们的真实值,而仅仅是给出具有某些不确定性的估计值。这些不确定性应该通过置信区间来量化,并与 R 和 C 的估计值一起给出。为此,以下章节需要进行不确定性分析。

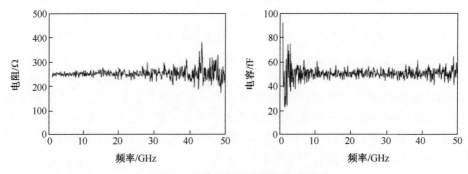

图 4.4　计算的模型参数与频率关系

4.2.1.2　不确定性分析

　　为了进行以下分析,我们需要考虑将真实的模型参数值作为已知要素。图 4.4 中观察到的变化是真实 R 和 C 数值的随机偏差。

　　模型参数的偏差从测量 S 参数的偏差中变换得来,这种变换是非线性的,但是由于偏差通常很小,因此可以使用线性化方法。一阶敏感性分析可以用于关联 S_{11} 的偏差与 R 和 C 的偏差。

　　敏感性分析通常包括在电子计算机辅助设计(CAD)程序中,用于量化输出信号对内部电路参数偏差的敏感程度[7]。然而一般来说,这些敏感性分析不能用于实现我们期望的目的。我们感兴趣的是相反的情况,即内部电路参数(R 和 C)对输出信号的偏差(S_{11})的敏感程度如何。

　　这里将使用的相对敏感性①(K)是基于直接提取方程的线性化,并进行归一化以给出的百分比变化,例如 R 相对于 $|S_{11}|$ 1% 的变化,在数学上表示为

$$\frac{\Delta R}{R} \approx \frac{\partial R}{\partial |S_{11}|} \frac{1/R}{1/|S_{11}|} \frac{\Delta |S_{11}|}{|S_{11}|} = K^R_{|S_{11}|} \frac{\Delta |S_{11}|}{|S_{11}|} \qquad (4.5)$$

该式同样给出了 R 相对 S_{11} 幅度偏差敏感性的定义 $K^R_{|S_{11}|}$。相位敏感性也有类似的表达式。由于相位已经是弧长到半径的相对量度,因此使用绝对相位偏差。

$$\frac{\Delta R}{R} \approx \frac{\partial R}{\partial \angle S_{11}} \cdot \frac{1}{R} \cdot \Delta \angle S_{11} = K^R_{\angle S_{11}} \Delta \angle S_{11} \qquad (4.6)$$

　　图 4.5 说明了如何使用敏感性从 S 参数偏差中计算模型参数的偏差。如图所示,Y 参数用作中间步骤以简化敏感性的计算。图 4.6 所示为模型参数对 S_{11} 幅度和相位偏差的敏感性随频率变化的关系。跟预期的一样,R 对 $|S_{11}|$ 偏差非常敏感,而 C 对 $\angle S_{11}$ 中的偏差更敏感。为了更好地界定参数范围,其敏感性应该很低,因为对测量噪声的敏感性自然也将变低。

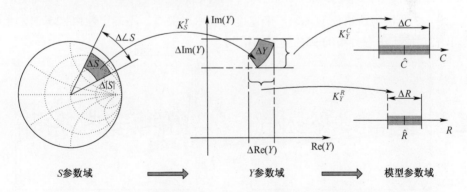

图 4.5　说明如何使用敏感性(K)从 S 参数测量偏差中计算模型参数的偏差,
Y 参数用作中间过渡来简化敏感性计算

　　在图 4.6 中,尽管电阻敏感性在整个频率范围内已经相当低了,但其在低频段

---

①此后,将仅讨论相对敏感性,因而省略修饰词“相对”。

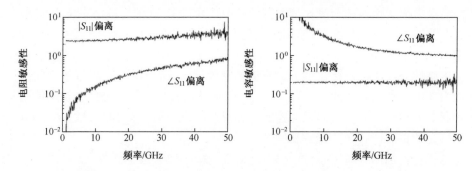

图 4.6 相对模型参数敏感性与 S 参数幅度、相位偏差和频率的关系

范围会更小。另外,电容则在较高频率下敏感性降低,表明其在高频段能得到更好的确定。然而,要想了解在哪个频段确定的最准确,必须要考虑测量的不确定性。

S 参数偏差源于随机的测量不确定性,因此可以由概率分布描述。确切的分布通常并不能确定,但是在实际中通常假设其为正态分布,原因在于它们中的每一个都是由大量较小并且合理的非相关不确定性贡献组成的[8],这可以部分地由中心极限定理证明。

在该实例中,S 参数的幅度和相位偏差设为零均值和已知方差(σ^2)的正态分布,同时假设这些偏差是不相关的。然后可以使用式(4.5)和式(4.6)中的敏感性公式以及众所周知的方差公式计算模型参数的方差[8]:

$$\sigma_R^2 = (K_{|S_{11}|}^R)^2 \sigma_{|S_{11}|}^2 + (K_{\angle S_{11}}^R)^2 \sigma_{\angle S_{11}}^2 \tag{4.7}$$

$$\sigma_C^2 = (K_{|S_{11}|}^C)^2 \sigma_{|S_{11}|}^2 + (K_{\angle S_{11}}^C)^2 \sigma_{\angle S_{11}}^2 \tag{4.8}$$

图 4.7 所示为所得模型参数不确定度与频率的关系。不确定性由 $\pm 2\sigma$ 误差条线表示,对应于正态分布的 95% 的置信区间。

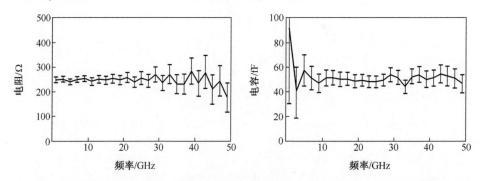

图 4.7 计算的模型参数及其不确定性估计与频率关系,误差条线显示 $2\sigma(95\%)$ 置信区间

4.2.1.3 参数估计

在传统的估计方法中,计算的模型参数值是简单地在预定频率范围上进行平

均。可是,根据参数不确定性的知识,可以执行加权平均以改进估计。通过将较少的权重分配给不确定性更大的提取,较大的权重分配给不确定性更小的提取,可以最小化估计的不确定性。文献[9]的附录描述了具体做法。

如前所述,不确定性分析需要模型参数的真实值。最初,我们使用图4.4中的与频率相关的值来进行不确定性分析。然而,随着新的估计的进行,不确定性分析也许会改进。模型参数估计对不确定性分析结果并不是很敏感,通常经过3次迭代就足够了。

此实例的结果参数估计变为

$$
\begin{cases}
\hat{R} = 249.72 \pm 0.91\,(\Omega) \\
\hat{C} = 49.82 \pm 0.28\,(\text{fF})
\end{cases}
\tag{4.9}
$$

其中,置信区间仍为95%。因为S参数是正态分布并且只使用线性运算,因此估计模型参数也同样是正态分布,其均值和方差由式(4.9)给出。

用于生成人工测量数据是真实值:$R = 250\,\Omega$ 和 $C = 50\,\text{fF}$,模型参数估计得到的值与之符合良好。

4.2.1.4　参数相关性

虽然在式(4.9)中给出的$\hat{R}$和$\hat{C}$的置信区间能够很好地理解参数估计不确定性,但它不是一个完整的统计表示法。事实上,还需要考虑它们的相关性。估计参数之间的相关性可以通过将先前的分析扩展为广义的矩阵形式。式(4.5)的扩展形式为

$$
\begin{bmatrix}
\Delta R/R \\
\Delta C/C
\end{bmatrix}
=
\begin{bmatrix}
K^R_{|S|} & K^R_{\angle S} \\
K^C_{|S|} & K^C_{\angle S}
\end{bmatrix}
\begin{bmatrix}
\Delta |S|/|S| \\
\Delta \angle S
\end{bmatrix}
\tag{4.10}
$$

$$
\Delta x = K^x_S \Delta S
$$

式中:Δx 为模型参数偏差的向量;K^x_S 为敏感性矩阵;ΔS 为S参数偏差。在每个测量频率处,S参数测量的不确定性通过协方差矩阵来确定:

$$
C_s =
\begin{bmatrix}
\text{Var}[\Delta S/S] & \text{cov}[\Delta S/S, \Delta \angle S] \\
\text{cov}[\Delta S/S, \Delta \angle S] & \text{Var}[\Delta \angle S]
\end{bmatrix}
=
\begin{bmatrix}
\sigma^2_{|S|} & 0 \\
0 & \sigma^2_{\angle S}
\end{bmatrix}
\tag{4.11}
$$

其中在最后一步中假设幅度和相位不确定性是不相关的,这通常是一个有利的近似。

敏感性使得测量协方差矩阵传递到模型参数中[10],

$$
C_x =
\begin{bmatrix}
\sigma^2_R & \text{cov}[\Delta R/R, \Delta C/C] \\
\text{cov}[\Delta R/R, \Delta C/C] & \sigma^2_C
\end{bmatrix}
= K^x_S C_S (K^x_S)^T
\tag{4.12}
$$

其中式(4.12)中的广义表达式使得模型参数不确定性及其协方差具有完整的统计表示。

4.2.2 晶体管测量结果

上述实例中用于估计 R-C 模型参数的方法同样可用于估计 FET 模型参数及其不确定性[9]，后续还会给出 HBT 模型的类似分析[11,12]。

4.2.2.1 不确定性贡献

直接提取本征晶体管模型参数通常分为两步，其中在第一步中模型与寄生以及偏置不相关的部分是从单独的一系列测量中提取得到的。对于 FET 器件，通常测量 $V_{DS}=0V$ 时的反向和正向偏置[6]，类似的方法也同样适用于 HBT 晶体管[13]。

寄生元件一旦确定就固化了，并从后续直接提取本征偏置相关的模型参数测量中去嵌。直接提取晶体管模型参数的不确定性传递概括如图 4.8 所示。

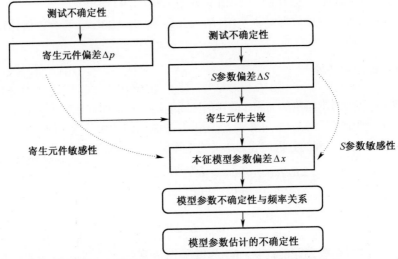

图 4.8 直接提取本征晶体管模型参数的不确定性传递

在许多实际的情况中发现，来自寄生元件的不确定性影响很小，可以忽略[11]。特别是对于片上测量，其中寄生效应的影响通常很小。因此，这里提出的分析将集中于本征模型参数及其不确定性①。本征 FET 模型参数的测量和提取将用来阐明典型的结果。

4.2.2.2 本征模型参数敏感性

作为不确定性计算的第一步，需要得到相对敏感性。与式（4.5）和式（4.6）中的表达式类似，可以得到本征模型参数敏感性对 S 参数偏差的分析表达式。对于 FET

①考虑了寄生元件不确定性的完整分析列在下一节的基于优化的提取方法内。

晶体管,表达式在文献[9]中给出;而对于 HBT,类似的表达式在文献[12]给出。

下面以商业代工厂的晶圆上的 GaAs pHEMT 晶体管小信号建模为例来说明晶体管的典型性能。通过晶圆上 S 参数测量刻画晶体管的特征,测量使用的是 Agilent 8510C 矢量网络分析仪。图 4.9 所示为已在使用的本征小信号模型。该模型及其变体可以预测多种器件的测量 S 参数[6,14,15],并且可以覆盖到非常高的频段。这些相关参考文献也给出了关于用来计算本征模型参数与频率关系的直接提取方法的详细信息。

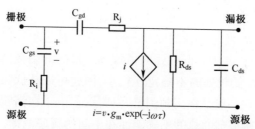

图 4.9　晶体管小信号本征参数模型

图 4.10 所示为敏感性的实例,对应的是图 4.9 中使用的两个本征模型参数:跨导 g_m 以及栅极—漏极串联电阻 R_j。其中 g_m 比较好定义并且比较容易从测量中提取,但是想要精确提取 R_j 却是很困难的[14]。通过观察计算的敏感性也可以发现这一明显的事实。g_m 的敏感性远小于 R_j 的敏感性,这意味着 g_m 受 S 参数测量偏差的影响较少,即 g_m 对测量噪声不太敏感。g_m 对于 S_{21} 的模值是最敏感的,意味着 S_{21} 模值的幅度对提取 g_m 的值影响最大。而另一方面,R_j 最敏感的是 S_{21} 的相位角($\angle S_{12}$)。在低频下,R_j 的敏感性几乎比 g_m 大 100 倍,表明对测量噪声有很大的敏感性。而在较高频率下敏感性降低,表明 R_j 大多可自高频 $\angle S_{12}$ 测量中准确提取。然而,测量的不确定性也随着频率升高而增加,在下面的章节如果不给出不确定性分析,就难以确定可以进行参数估计的最佳频率范围。

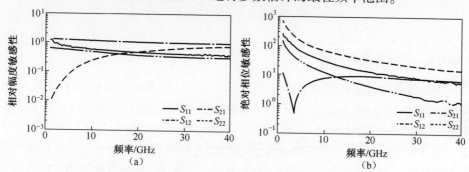

图 4.10　计算的相对于 S 参数偏差的本征模型参数敏感性

(a)跨导敏感性 $K_{|S|}^{g_m}$;(b)R_j 敏感性 $K_{|S|}^{R_j}$。

4.2.2.3 本征模型参数不确定性

可以通过结合 4.2.1 节所述的敏感性和测量不确定性模型来计算小信号模型参数的不确定性。对于本征 FET 模型参数的情况,这意味着上面阐述的本征模型敏感性将与 4.1.2 节中描述的不确定性模型相结合。因此,可以估计参数不确定度与频率的关系。

图 4.11 所示为使用常规直接提取方法计算的 3 个模型参数 g_m、C_{gs} 和 R_j 的参数值,以及计算的与之相关的不确定性。请注意,R_j 的不确定性几乎是另外两个参数的 50 倍,因此 R_j 使用单独的纵轴显示。这一结论也在图 4.11(a)所示的估计参数值中清晰可见,其中在低频处的值偏离了最终的高频渐近线。该结果更进一步地证实了 g_m 在低频处的不确定性很小,因此可以从低频测量中对其值进行提取。而对于 C_{gs},它一般是在高频测量时估计,但由于在高频段测量的不确定性增加,在此例子中,所得到的总的不确定性在中间的频率范围,即大约 20GHz 附近最小,而这些数据是很难从直接提取的值本身得到的。

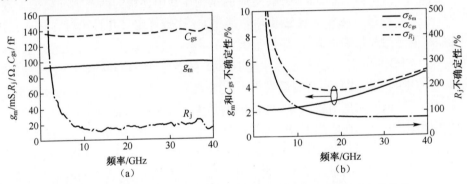

图 4.11 提取的本征小信号模型参数值与频率关系及其不确定性估计

(a)提取的模型参数值;(b)估计的模型不确定性。

4.2.2.4 多偏置提取结果

上面的晶体管实例说明了如何运用不确定性计算来确定最佳频率范围,在此范围内可以对本征参数模型进行可靠和精确估计。文献[9]通过分析,推导了模型参数不确定性计算的整个过程。表明,不确定性可以很容易与模型参数估计本身一起计算,使得其非常适合包含在自动多偏置模型提取方案中。不确定性必定取决于器件及选用的偏置点,但前面提到的方法总是在最优、最小不确定性条件下估计参数,于是能够提供可靠的模型提取结果,该结果可用于大信号建模(参见第5章)等使用。然后获得的不确定性知识即作为该方法的一个冗余的值,亦或是将其直接融合到统计和蒙特卡罗仿真中,如此就可以将模型参数提取造成的不确定性纳入考虑之内。

图 4.12 所示为使用前面概述的基于不确定性方法,模型参数及其自动估计的不确定性与偏置的关系。结果表明,在没有任何关于器件特性先验知识的情况下,能够实现非常平滑、准确的提取。研究获得模型参数不确定性与偏置的关系也非常有趣。然而,应当注意到当模型参数值趋向于 0 时,例如 g_m 低于夹断电压的情况,那么相对不确定性可能会令人误解,尽管相对不确定在此处会迅速增大,但绝对不确定性仍将为有限值,其影响在可控范围内。

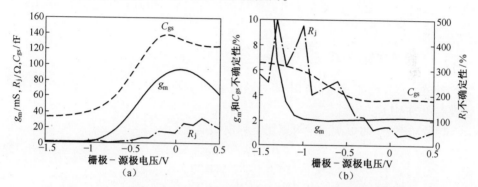

图 4.12 提取的本征小信号模型参数值与偏置及关系其不确定性估计
(a)提取的模型参数值;(b)估计的模型参数不确定性。

4.3 基于优化器的估计技巧

在 4.2.1 节,对于简单 R-C 电路实例,使用带有直接提取方法的估计器是非常成功的。同时,在某些情况下,该方法同样可以用于晶体管建模[6,15]。然而,对于涉及数十个参数,并且模型不能用闭合形式表达的更复杂的问题,通常情况下是不可能找到这样的估计方法的,评估其性能也很困难。

基于优化器的提取方法是通过最小化误差函数来找到参数的,其中最小化误差函数表示的是测量的和建模的 S 参数之间的差。基于优化器的方法优点是非常灵活,可以很容易地改变模型拓扑以适应独特的器件结构;另一个优点是优化器通常集成在微波 CAD 软件中,因此所有工作可以在同一个软件环境下完成。而主要的缺点是寻找误差函数的全局最小值非常困难,这使得结果对初始值很敏感。另一个不足之处是最小的曲率通常相当平缓,即问题是病态的。已经有几种方法提出用来解决病态以及起始值变化的鲁棒性[16-19]。

这些基于优化器的方法使用的是确定性的方法,即假设所有的测量都是理想的。这些方法类似于常用的直接提取方法,因此不可能提供所得结果的不确定性估计。

在本节中,我们将展示在 RF 和微波建模应用中,如何使用最大似然估计(MLE)实施基于优化的通用统计方法。该方法的目的是找到模型参数估计,可以给出最小可能的建模不确定性。将在晶体管建模和去嵌应用中验证该方法。

4.3.1 最大似然估计

MLE 是一种比较常用且成熟的统计估计器,它是渐进无偏的也是渐近有效的[10]。渐近效率意味着随着测量值数量的增加,估计的方差接近 Cramer-Rao 给出的理论极限的下限[10,3.4节]。

4.3.1.1 简单实例

考虑一个我们能够测量到电阻电路耗散功率的例子,见图 4.13,来说明我们建模应用的 MLE 方法。

耗散功率 P_n 的单次测量可以用下列模型描述:

$$P_n = RI^2 + \omega_n \tag{4.13}$$

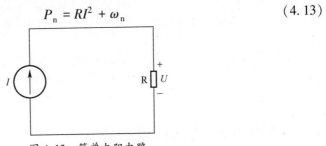

图 4.13 简单电阻电路

式中:R 为电路电阻;I 为通过电路的电流;ω_n 为测量设备拾取的噪声。

为完成模型建立,假设测量噪声为零期望正态分布,并且连续的测量均是非相关的,则 ω_n 的概率密度函数(pdf)为

$$p(\omega_n) = \frac{1}{\sqrt{2\pi\sigma^2}}\exp\left[-\frac{1}{2\sigma^2}\omega_n^2\right] \tag{4.14}$$

其中:σ^2 为噪声方差,其与噪声功率成正比。

在 MLE 中,需要协同考虑一组完整的测量,对于我们的实例,用 $\boldsymbol{P} = [P_0, P_1, \cdots, P_{N-1}]^T$ 表示。然后将 N 个测量的联合 pdf 表示成一个带有未知参数 x 的函数。符号 $p(\boldsymbol{P}) = p(\boldsymbol{P};x)$ 用于表示这种依存关系,并被称为似然函数。对于独立的测量,通常可以假设联合 pdf 是各独立 pdf 的乘积:

$$p(\boldsymbol{P};x) = \prod_{n=0}^{N-1} p(P_n;x) \tag{4.15}$$

然后通过使带自变量 x 的似然函数最大来找到 x 的 MLE。估计用 $\hat{x}$ 表示:

$$\hat{x} = \arg \max_x p(\boldsymbol{P};x) \tag{4.16}$$

这意味着通过观察实际的测量集,来寻找到使概率最大的 x 的值。在图 4.14 中,绘制了具有定值 pdf 与参数 x 的关系。由图可知,x 的真值不太可能是 2 或 10,最可能的值接近 6,因此我们选择 $\hat{x} = 6$ 作为 MLE。

回到测试实例,记录测量的似然函数为

$$p(\boldsymbol{P};x) = \prod_{n=0}^{N-1} \frac{1}{\sqrt{2\pi\sigma^2}} \exp\left[-\frac{1}{2\sigma^2} (P_n - RI^2)^2 \right] \tag{4.17}$$

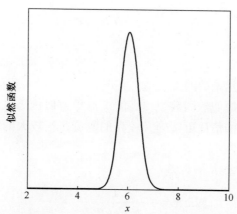

图 4.14 对应未知参数 x 的似然函数

式中: $\boldsymbol{x} = [R,I]^{\mathrm{T}}$ 为参量。

现在考虑似然函数的自然对数:

$$\ln p(\boldsymbol{P};\boldsymbol{x}) = -\frac{n}{2}\ln(2\pi\sigma^2) - \sum_{n=0}^{N-1} \frac{1}{2\sigma^2} (P_n - RI^2)^2 \tag{4.18}$$

因为对数是严格单调的函数,因此对数似然函数的最大值等效于似然函数的最大值。则可以假设一个已知的电流 I,从而通过设置偏导数(对 R)等于零而获得最大值:

$$\frac{\partial \ln p(\boldsymbol{P};R)}{\partial R} = \sum_{n=0}^{N-1} \frac{I^2}{\sigma^2}(P_n - RI^2) = 0 \tag{4.19}$$

则 R 的 MLE 估计为

$$\hat{R} = \frac{1}{I^2 N} \sum_{n=0}^{N-1} P_n \tag{4.20}$$

对于这个简单的例子,解决方案是简单、直观的,用样本测量的平均功率除以

电流的平方即可。对于未知电流的情况，重复以上步骤就可以给出电流 I 的 MLE:

$$\hat{I} = \pm \sqrt{\frac{1}{R} \frac{1}{N} \sum_{n=0}^{N-1} P_n} \tag{4.21}$$

在这种情况下也是非常直观的估计量。

4.3.1.2 MLE 不确定性

$\hat{R}$ 的估计的准确度直接与似然函数曲率有关，MLE 的渐近方差在文献[10]的 7.5 节和 7.8 节给出:

$$\mathrm{Var}[\hat{x}] = \frac{1}{-\dfrac{\partial^2 \ln p(\boldsymbol{P};x)}{\partial x^2}} \tag{4.22}$$

这促使我们计算负对数似然函数而不是似然函数，并且如上所述，对数似然函数的最大值等同于似然函数的最大值。在图 4.15 中，针对我们的实例绘制了 3 组不同电流幅值的负对数似然函数。较高的电流导致似然函数更尖锐，意味着与低电流相比高电流给出的估计更精确。较高的电流产生较大的功耗，从而改善了动态范围。

使用式(4.22)计算 $\hat{R}$ 的方差:

$$\mathrm{Var}\hat{R} = \frac{1}{-\dfrac{\partial^2 \ln p(\boldsymbol{P};R)}{\partial R^2}} = \frac{\sigma^2}{I^4} \tag{4.23}$$

对于向量估计器，可以进一步推广，从而使 MLE 的协方差矩阵等于负对数似然函数的 Hessian 矩阵。

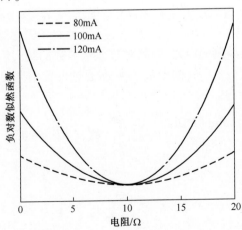

图 4.15 功耗测量的负对数似然函数。不同的曲线对应于不同的电流值。电阻的真值为 10Ω

4.3.2　小信号晶体管模型参数的 MLE

下面描述晶体管建模应用中 MLE 的使用。与前面简化的实例相反,小信号晶体管模型的估计过程通常分两步。首先,估计寄生元件及其协方差,然后将这些数据用于估计本征模型参数。通常实现方法是从测量数据中去嵌寄生元件,然后对去嵌数据集应用拟合算法;可惜的是这也意味着本征元件将取决于寄生效应(参见图 4.1)。

在这项工作中,寄生元件视为与 pdf 相关的随机变量,并使用 MLE 法估计。因此,用于确定本征元件的似然函数也将取决于寄生元件。该部分内容将在随后进行论述。

4.3.2.1　寄生参数估计

寄生估计通常基于两个或更多冷偏置点的测量结果(见第 3 章)。用每个偏置点 k 的 S 参数测量结果可以获得一个堆叠列向量 $\boldsymbol{S}_k$:

$$
\boldsymbol{S}_k = \begin{bmatrix} \mathrm{Re}\{S_{k,11}\} \\ \mathrm{Im}\{S_{k,11}\} \\ \mathrm{Re}\{S_{k,21}\} \\ \mathrm{Im}\{S_{k,21}\} \\ \mathrm{Re}\{S_{k,12}\} \\ \mathrm{Im}\{S_{k,12}\} \\ \mathrm{Re}\{S_{k,22}\} \\ \mathrm{Im}\{S_{k,22}\} \end{bmatrix} \tag{4.24}
$$

其中每一个元素 $s_{k,ij}$ 是在所有频率上测量数据的列向量。同样地,在偏置点 k 处的模型响应记为 $\boldsymbol{g}_k(\boldsymbol{p})$,其中 $\boldsymbol{p}$ 为寄生模型 S 参数的参数向量。

偏置点 k 处的残余误差 $\boldsymbol{h}_k(\boldsymbol{p})$ 定义为建模和测量的 S 参数之间的向量差:

$$
\boldsymbol{h}_k(\boldsymbol{p}) = \boldsymbol{s}_k - \boldsymbol{g}_k(\boldsymbol{p}) + \boldsymbol{w}_k \tag{4.25}
$$

式中:$\boldsymbol{w}_k$ 为包含未知测量噪声的向量。

用于寄生参数提取的 K 个偏置点的联合残差可以表示为

$$
\boldsymbol{h}(\boldsymbol{p}) = \begin{bmatrix} \boldsymbol{h}_1(\boldsymbol{p}) \\ \boldsymbol{h}_2(\boldsymbol{p}) \\ \vdots \\ \boldsymbol{h}_k(\boldsymbol{p}) \end{bmatrix} = \boldsymbol{s} - \boldsymbol{g}(\boldsymbol{p}) + \boldsymbol{w} \tag{4.26}
$$

假设测量噪声 $\boldsymbol{w}$ 具有零期望正态分布,协方差矩阵为 $\boldsymbol{C}_w$,则联合似然函数变为[10]:

$$p(\boldsymbol{h};\boldsymbol{p}) = \mathrm{e}^{-\frac{1}{2}h(\boldsymbol{p})^{\mathrm{T}}\boldsymbol{C}_{\boldsymbol{w}}^{-1}h(\boldsymbol{p})} \qquad (4.27)$$

然后,模型参数的最大似然估计 $\hat{\boldsymbol{p}}$ 通过最大化似然函数的对数给出:

$$\hat{\boldsymbol{p}} = \underset{\boldsymbol{p}}{\mathrm{argmax}} \ -\frac{1}{2}\boldsymbol{h}(\boldsymbol{p})^{\mathrm{T}}\boldsymbol{C}_{\boldsymbol{w}}^{-1}\ \boldsymbol{h}(\boldsymbol{p}) \qquad (4.28)$$

将标量值最大化问题式(4.28)等同于用加权非线性最小二乘法拟合测量数据。这可以使得高效的牛顿方法可用。使用牛顿法所需的雅可比行列式通过敏感性计算使用伴随矩阵网络的方式构成[20]。该方案是非常高效的,通常在小于 20 次的迭代内即可找到估计值。MLE 参数估计的不确定性近似为[10]:

$$\boldsymbol{C}_{\hat{\boldsymbol{p}}} \approx \boldsymbol{H}^{-1} \qquad (4.29)$$

式中: $\boldsymbol{H}$ 为对数似然函数的 Hessian 矩阵,其元素为

$$H_{k,l} = \frac{\partial^2}{\partial p_k \partial p_l}\left(\frac{1}{2}\boldsymbol{h}(\boldsymbol{p})^{\mathrm{T}}\boldsymbol{C}_{\boldsymbol{w}}^{-1}\ \boldsymbol{h}(\boldsymbol{p})\right) \qquad (4.30)$$

并应在 $\boldsymbol{p} = \hat{\boldsymbol{P}}$ 时进行评估。这个 Hessian 矩阵在极值解的附近是有效的[17]。

4.3.2.2　寄生 FET 模型提取的应用

对于共源极耦合 FET 的典型晶圆上测量,焊盘和接触区域可以由图 4.16 中的等效电路描述。我们将这个模型作为封装模型,该模型可以很容易地进行修正,以便适应其他场景,如封装器件在固定装置内的测量等。

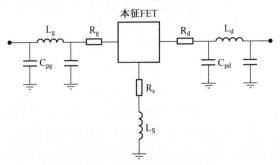

图 4.16　小信号 FET 寄生参数

本征 FET 是嵌入在封装中的,对于漏极-源极之间电压为零的情况,本征 FET 可以用图 4.17 中的等效电路描述。当栅极电压与夹断电压相当时,本征 FET 的行为特征可以看作 π 形电容网络。而当栅极电压大于 0V 时,本征 FET 可以看作肖特基二极管。事实上,两种情况下的 S 参数差异很大,但用在估计器中的寄生元件却可以共用。图 4.18 给出了截断和正向偏置情况下的典型的 S 参数。

与此同时估计寄生、夹断和正偏模型参数值可产生以下寄生模型参数向量:

$$\boldsymbol{p} = [C_{\mathrm{pg}} \quad L_{\mathrm{g}} \quad R_{\mathrm{g}} \quad R_{\mathrm{s}} \quad L_{\mathrm{s}} \quad C_{\mathrm{pd}} \quad L_{\mathrm{d}} \quad R_{\mathrm{d}} \quad C_{\mathrm{b}} \quad C_{\mathrm{ds}} \quad C_{\mathrm{dy}} \quad R_{\mathrm{dy}}]^{\mathrm{T}} \ (4.31)$$

这意味着总共 12 个参数可以通过两组测量中估计得到,与标准的直接方法相

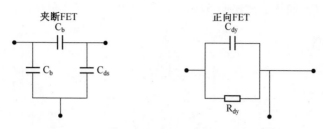

图 4.17　零漏–源电压的小信号本征 FET 模型

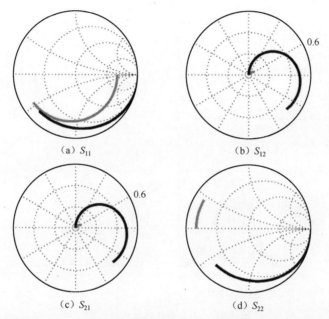

(a) S_{11}　　　　　(b) S_{12}

(c) S_{21}　　　　　(d) S_{22}

图 4.18　45MHz～50GHz 的典型冷 FET S 参数(夹断偏置—黑线,正向偏置—灰线)

比,能够提高估计值的准确性和鲁棒性。

式(4.28)中 MLE 解的准确性通过使用蒙特卡罗仿真来验证。从一组测量的晶体管夹断和正向偏压情况下的 S 参数数据中来估计寄生模型参数,在晶体管上测量频率从 45MHz～50GHz 范围内的 201 个点处的 S 参数,然后将估计的参数作为模板用于生成 1000 组合成测量数据,合成测量数据是通过将噪声叠加到计算的模型响应中产生的。噪声产生的依据是经验的 VNA 不确定性模型,该模型与 4.1.2 节中提出的模型相类似。对于每组合成数据,执行 MLE 的结果会产生总共 1000 组寄生参数估计以及相应的参数不确定性。根据合成估计可以构建直方图和散点图以评估 MLE 结果的有效性。

图 4.19 所示为寄生参数估计的直方图。估计是明显的正态分布,仿真和估计分布之间的拟合一致性非常好。通常情况下,寄生元件很容易提取,即不确定性很

小。然而对于 R_g，同从正常建模情况的预期一样，不确定性相对较大。

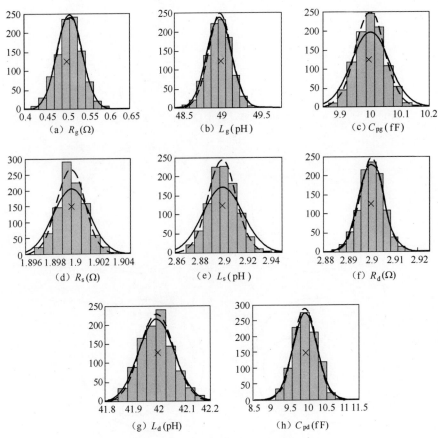

图 4.19　寄生参数估计的直方图

(实线为从 MLE 预测的分布；虚线为匹配直方图的正态分布；
交叉点为真值；纵轴是每个盒子中计数的数量(从1000开始)。)

　　为了直观地理解参数估计之间的相关性，用到了成对散点图。在这些图中，绘制了所有参数之间相互依存关系。因此可以看到任意参数之间的相关性。在每个散点图中，给出了预测和仿真的相关系数，并将对应于95%置信水平的椭圆区域叠加在了散点图上。如图4.20所示，大多数估计是不相关的，但是两对参数 R_s-C_{pg} 和 L_s-C_{pg} 之间可以看到一些相关性。两者的相关因子均使用式(4.29)中的 MLE 预测。

4.3.2.3　本征模型参数的 MLE

　　本征 FET 模型(图 4.9)嵌入在封装(图 4.16)电路模型中，因此所测量的 S 参数将不仅取决于本征元件，还将取决于寄生元件。然而，上述寄生参数值估计使用

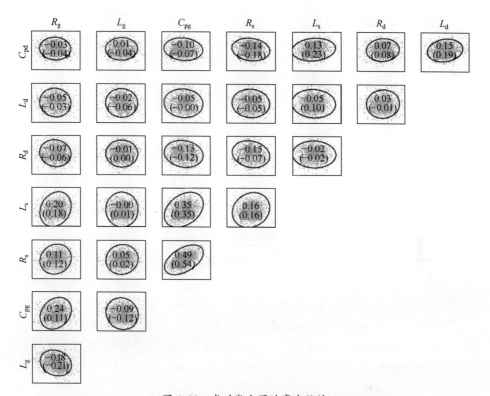

图 4.20　成对散点图的寄生估计

椭圆对应 95% 的置信区域。数字表示估计的相关因子,括号内的数字是真正的相关因子。

的 MLE 方法不是确定性的,而是与某些不确定性 C_p 相关,因此不可能从有源测量中将它们直接去嵌并从本征参数中提取估计。取而代之,构造了联合似然函数 $p(\boldsymbol{h};\boldsymbol{x},\boldsymbol{p})$,其中本征参数 $\boldsymbol{x}$ 和寄生参数 $\boldsymbol{p}$ 都是未知的。由于寄生参数的分布可从先前的提取步骤中获得,因此可以将其从似然函数中去除掉,预期的似然函数为

$$p(\boldsymbol{h};\boldsymbol{p}) = E[p(\boldsymbol{h};\boldsymbol{x},\boldsymbol{p})] \tag{4.32}$$

其中获得的期望值考虑了寄生参数 $\boldsymbol{p}$。新的似然函数可以认为是所有可能寄生元件参数的加权平均值。

使用与寄生 MLE 中相同的符号,联合似然函数可以写为

$$p(\boldsymbol{h};\boldsymbol{x},\boldsymbol{p}) = e^{-\frac{1}{2}h(x,p)^{\mathrm{T}}C_{\boldsymbol{e}}^{-1}h(x,p)} \tag{4.33}$$

如上所述,因为已经得到了寄生效应估计,那么通过对式(4.33)中所有可能的 $\boldsymbol{p}$ 值积分并使用 pdf 加权,则可以消除 $\boldsymbol{p}$ 的影响。于是,预期的似然函数变为

$$p(\boldsymbol{h};\boldsymbol{x}) = \int_{\Omega} e^{-\frac{1}{2}h(x,p)^{\mathrm{T}}C_{\boldsymbol{e}}^{-1}h(x,p)} f(\boldsymbol{p}) \mathrm{d}(\boldsymbol{p}) \tag{4.34}$$

式中: $f(\boldsymbol{p})$ 为寄生效应的 pdf;

Ω 为维度等于寄生参数数量的实数空间。

假设寄生参数不确定性相对较小并且是正态分布的,则可以得到该方程的解析解[21]。结果用于推导出以下本征模型参数 MLE 解的表达式:

$$\hat{x} = \operatorname*{argmax}_{x} \frac{e^{-\frac{1}{2}v(x)}}{\sqrt{|A(x)|}} = \operatorname*{argmax}_{x}\left(-\frac{v(x)}{2} - \frac{1}{2}\ln|A(x)|\right) \tag{4.35}$$

其中

$$A(x) = J_p(x)^{\mathrm{T}} C_w^{-1} J_p(x) + C_p^{-1} \tag{4.36}$$

$$v(x) = h_0(x)^{\mathrm{T}} C_w^{-1} h_0(x) - (J_p(x)^{\mathrm{T}} C_w^{-1} h_0(x))^{\mathrm{T}} A(x)^{-1} J_p(x)^{\mathrm{T}} C_w^{-1} h_0(x) \tag{4.37}$$

$$h_0(x) = h(x, \hat{p}) \tag{4.38}$$

$$J_p(x) = \frac{\partial h(x, p)}{\partial p} \tag{4.39}$$

对于寄生效应,找到渐近协方差矩阵作为逆 Hessian 矩阵的负对数似然函数。

然后使用 Levenberg-Marquardt 算法求解式(4.35)的最大值问题,以此来估计本征参数。需要的雅可比矩阵和最终 Hessian 矩阵均使用伴随矩阵方法来计算。为了提高求解效率,本征参数的初始值采用由 Dambrine 等提出的直接法计算[6]。

4.3.2.4 本征 FET 模型提取应用

使用蒙特卡罗仿真来验证本征 MLE 的精度,该方法同上述寄生 MLE 中使用的方法相同。得到的有源偏置点的 S 参数如图 4.21 所示。对于每组合成数据,分别执行本征 MLE,这将产生总共 1000 组本征参数估计。

对于本征参数(图 4.22),拟合结果与寄生元件的拟合一样好。虽然一些分布有点不对称,但它们仍然可以很好地用正态分布近似。有趣的是,两个参数 R_i 和 R_j 与最大相对误差相关。众所周知(在第 4.2 节验证),这两个参数难以准确估计,见图 4.11。使用提出的 MLE 方法直接计算不确定性的总量,因此可以很容易识别那些对 S 参数影响较弱的模型参数。

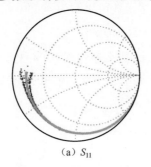
(a) S_{11}

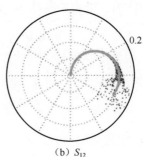
(b) S_{12}

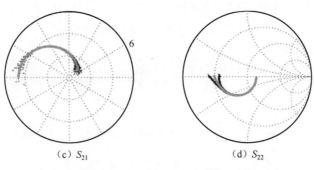

（c）S_{21}　　　　　　　　　　（d）S_{22}

图 4.21　45MHz～50GHz 有源 S 参数值（真实值—灰线，最差情况—黑线）

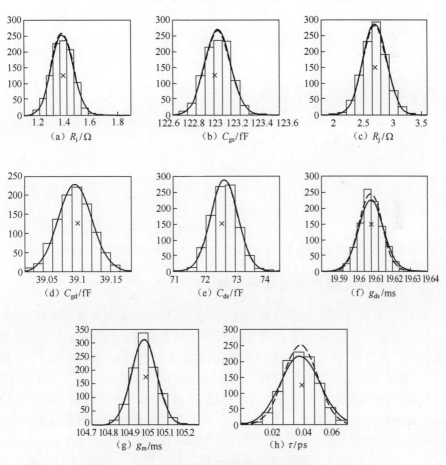

（a）R_i/Ω　　　　　（b）C_{gs}/fF　　　　　（c）R_j/Ω

（d）C_{gd}/fF　　　　　（e）C_{ds}/fF　　　　　（f）g_{ds}/ms

（g）g_m/ms　　　　　（h）τ/ps

图 4.22　本征参数估计的直方图

实线是用 MLE 预测的分布；虚线是匹配直方图的正态分布；交叉点
表示真实值；纵轴是每个盒子中计数的数量（从 1000）。

图 4.23 所示为本征参数的散点图。对于本征参数估计,两个最相关的一对参数是 $\tau - R_i$ 和 $C_{gd} - C_{gs}$,它们的相关性是通过 MLE 来预测的。

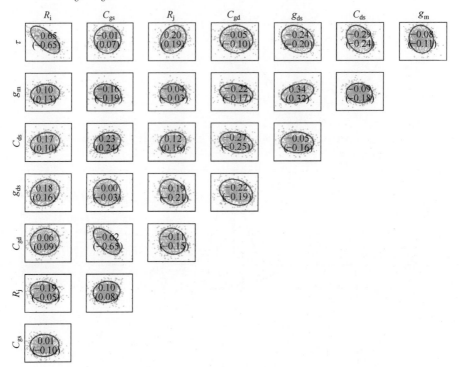

图 4.23　本征参数估计的成对散点图

椭圆对应 95% 的置信区域。数字表示估计的相关因子,括号内的数字是真正的相关因子。

4.3.3　MLE 与直接提取方法的比较

对 MLE 和直接提取方法[6]做了正面对比。两种方法的直方图如图 4.24 所示。与直接法相比,MLE 估计的所有模型参数都更准确,而直接法在估计中也有一些偏差。对于 R_d 和 C_{pd} 这两个寄生参数,两种方法的表现同样都很好。有趣的是,对于参数 R_i 和 R_j,直接法有时以负值结束,而 MLE 方法则不会出现这种情况。

显然,与常规使用的直接提取方法相比,当使用 MLE 时建模的不确定性显著降低。建模精度非常关键的一个例子是由模型参数本身导出的性能参数的估计。使用估计的参数协方差矩阵可以获得性能参数的置信区间。对于工艺工程师,可能需要评估某些处理工艺是否会严重影响最高振荡频率。例如,本征 f_T 和 f_{max} 对于以上每个提取的参数集合都适用。表 4.1 所列为不同估计方法和计算的置信区间。对于 f_{max},使用直接提取法时的不确定度几乎为 10%,而使用 MLE 时则小于 1%。

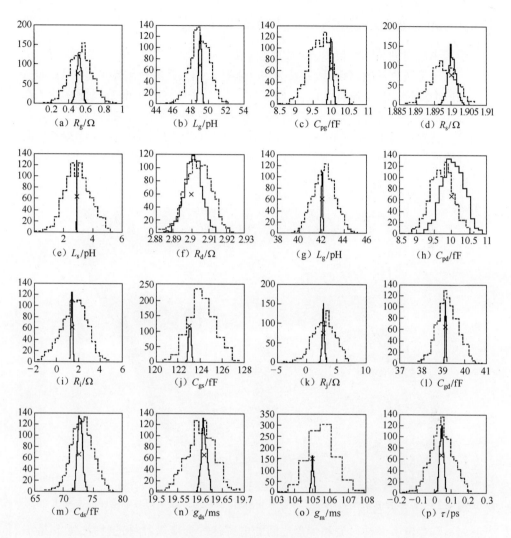

图 4.24　MLE 和直接法估计比较

垂直轴为计数点数(来自 1000 个数据),虚线—直接法,实线—MLE 法,交叉点处为真实值。

表 4.1　MLE 和直接提取法 f_T 和 f_{max} 比较,置信区间 95%

	f_T/GHz	f_{max}/GHz
真实值	103	107
MLE 方法	103±0.2	107±0.6
直接法	103±1	107±9

4.3.4 MLE 在 RF-CMOS 去嵌中的应用

不管采用何种晶体管技术,准确的测量都是所有微波设计和建模工作的先决条件。对于微波集成电路设计,通常是将仪器连接到实际的待测器件,使用共面探针在晶圆上测量。就直流特性而言,除了在去嵌布线和互连中电阻损耗之外不存在问题。而对于高频特性,如 S 参数、噪声参数和负载牵引测量,就可以列出好几个问题。特别是对于 RF-CMOS 的应用,有一系列的问题使得在晶体管参考平面找到准确的测量数据十分困难。这些问题可以分为 4 个不同的部分,如图 4.25所示。

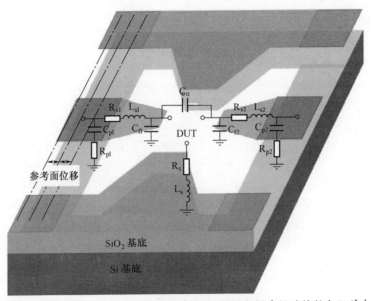

图 4.25　晶体管测试结构布局及典型封装网络,探针与焊盘间的接触电阻并未给出

(1) 焊盘电容。硅衬底和焊盘之间的电容往往会掩盖器件的性能,尤其是工作在高于 100GHz 的晶体管, C_{pad} 可以高于本征电容 C_{gs} 和 C_{ds} 的 10 倍。

(2) 接触电阻。由于接触焊盘由铝制成,因此在焊盘的顶部会形成硬的 AlO_2 层,这将大大增加接触电阻。

(3) 互连寄生元件。这些电感和电阻主要是来自焊盘和实际器件之间的布线,此外还包括边缘电容。

(4) 介电常数的差异。用于校准的基板和待测器件的基板通常是不同的,因此参考面往往会偏离探针针尖[22]。

因此,嵌入结构的效果和等效介电常数的差异必须通过适当的去嵌和(或)校准程序来处理,这样才能获得精确的本征数据。因此,此处论述的去嵌与 4.3.2 节中讨论的器件内的晶体管寄生效应的去嵌密切相关。

4.3.4.1　方法描述

"开路-短路法"[23]或"改进三步法"[24]是用于 RF-CMOS 测量最常见的去嵌方法,这两种方法可以作为后测量处理。这些方法使用的是一套专用的标准,用于找到并去嵌(除了器件测试结构)描述电气工作的固定网络。然而,这些方法存在某些缺陷,因此,提出了新的基于统计等效电路的方法,该方法基于 4.3.1 节中提到的统计 MLE 方法[25]。

文献[25]中的去嵌方法使用的是等效电路模型(封装模型)来描述嵌入的外围网络,如图 4.25 所示。然后将 4.3.1 节中描述的 MLE 算法与几种标准去嵌测量数据一起使用,用来估计具有最小不确定性的封装模型参数。该过程与 4.3.2 节中 FET 寄生参数提取的过程非常相似,不同的是用各种晶圆上去嵌标准来代替多个冷 FET 测量,每个标准为一个简单的本征模型,如图 4.26 所示。

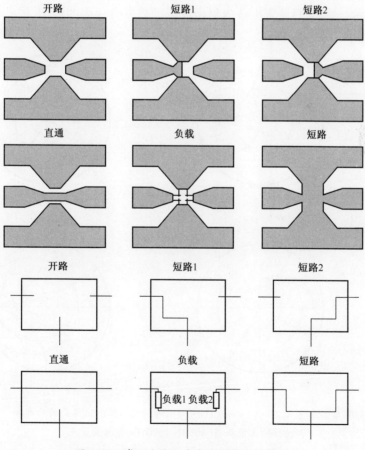

图 4.26　常用去嵌标准实例及其本征模型

如 4.4 节中进一步讨论的,太简单的封装模型不能体现封装的工作状态,这与预测一致,而包含了太多参数的模型过于复杂,会导致参数值的不确定性以及所谓的"过拟合"。因此,合理的模型选择一方面要足够复杂以描述封装的工作状态,但是又不能太过于复杂,因为太复杂的模型将导致参数估计的不确定性。

封装模型参数的不确定性也取决于使用的标准的数量。使用标准较少会导致封装参数不确定性增大,于是必须使用简化的模型,与此同时,大量的多样化标准能识别更多复杂的封装模型。因此,需要在使用的标准数量(以及因此消耗的晶圆面积)、最大的封装模型复杂度以及其精度之间进行权衡。

4.3.4.2 用于 130 nm RF-CMOS 测量的实例

在 130 nm CMOS 工艺中,晶体管和去嵌结构的测试数据已被用于研究实际情况下封装的影响。使用的封装模型如图 4.25 所示,其参数估计使用的是 MLE 方法,使用图 4.26 中的晶圆上标准的测量。封装去嵌前后的 S 参数数据对比如图 4.27 所示。显然,封装寄生效应对所获得的数据有很大的影响,因此准确的封装参数估计是必不可少的。

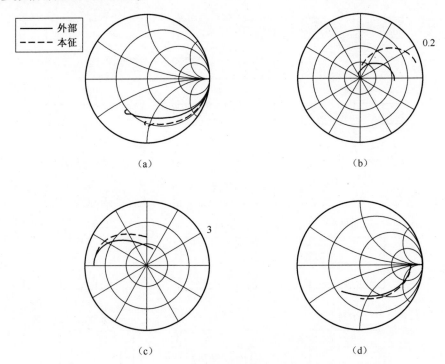

图 4.27 图 4.25 中 130nmCOMS 使用的封装模型测试得到的外部和去嵌后的本征数据(40MHz~50GHz,有源偏置点)

当在估计过程中加入不同的片上标准的组合时,一些封装参数估计的不确定性如图 4.28 所示。显而易见,当使用更多的标准时,封装参数的不确定性会得到改善。

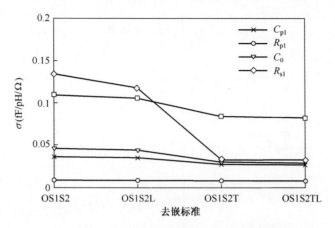

图 4.28　不同去嵌标准组合的封装模型参数估计的
标准偏差,测试数据来自 130nm CMOS 器件

4.3.4.3　不同去嵌方法比较

基于统计等效电路的去嵌方法与其他使用测量数据进行去嵌的方法难以直接比较,其原因有两个:①"真实"本征数据是未知的;②去嵌方法需要不同的标准。

为了比较这些方法,需要使用合成数据。在嵌入式晶体管和一些不同标准中已经创建了合成"测量"数据,并允许真实的结果是已知的,因此去嵌误差是可以计算的。从图 4.29 和图 4.30 可以看出,开路-短路法是一种行业标准,在大约30GHz 之下是准确的,而改进的三步法在高达 100GHz 的情况下仍然是相当准确的,基于统计 MLE 的等效电路法是最准确的方法。

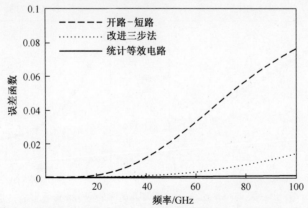

图 4.29　作为使用合成数据的不同去嵌方法的残差平方和误差与频率之间的关系

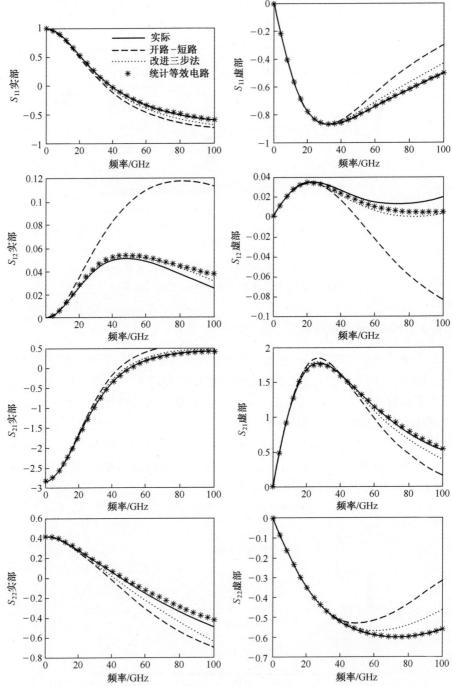

图 4.30 使用 MLE 方法[25]、开路-短路法[23]和基于合成/仿真数据的改进三步法[24]

4.3.5　讨论

本节中描述的基于 MLE 的模型提取方法提供了准确的参数估计及其协方差,并且估计的协方差也可以直接使用。与前面讨论的直接提取方法相比,基于优化器的 MLE 方法是普适的,进行些许的修正即可用于估计螺旋电感或任何其他无源器件的模型参数。

MLE 方法的灵活性也可通过晶圆去嵌问题应用来证明。在此类应用中,器件之间互连的精确去嵌是最重要的,特别是对于高频 RF-CMOS 的应用,其寄生参数的影响往往超过本征器件特性的影响。由于现在这些器件开始在毫米波频率范围内使用,其重要性同样也将会随之增加。

这里介绍的基于 MLE 的模型提取方法理论上也同样适用于模型拓扑的研究。例如,对于某些器件,R_i 和 R_j 的影响可以忽略不计,但是这样做将会通过较大的方差显现出来。也许那时元件 R_i 和 R_j 已经简化被舍弃掉了,而其对剩余估计的影响可能需要核对。因此,在下面的章节,当我们介绍用于寻找最佳模型拓扑的形式化方法时,基于 MLE 的提取方法将发挥关键作用。

4.4　等效电路建模中的复杂性与不确定性

本章中给出的统计方法考虑的是以较高精度估计给定小信号器件的模型参数,甚至给出获得的参数值的不确定性估计。然而在实际情况中,确信要考虑哪一种模型的拓扑是非常不容易的。例如,在 FET 和双极型晶体管的建模中,可以采用各种各样的模型,而不同的模型具有不同的复杂性和拓扑。一般而言,很难确定选择哪一个模型就能够得到最优的性能,或者可以最好地描述器件的物理现象。

本节将要表明:本章给出的统计模型参数估计的结果,提供了在不同模型间进行细致对比评估的基础,以用于确定最佳的模型拓扑,从给定的测量集合中,给出复杂性和准确度之间最佳的折中。

4.4.1　寻找最佳模型拓扑

模型的品质将通过其测量 S 参数的再现能力来评估,而均方误差(MSE)度量将用于量化模型的一致性。其次需要特别注意以下事实,即估计模型参数确实是不确定的,因此参数是随机变量而不是固定的数值。采用这种统计方法的 MSE 的表达式为

$$\mathrm{MSE}(\hat{\boldsymbol{x}}) = E\big[\,|S_{\mathrm{mod}}(\hat{\boldsymbol{x}}) - S_{\mathrm{meas}}|^2\,\big] = \underbrace{\mathrm{Var}\big[S_{\mathrm{mod}}(\hat{\boldsymbol{x}})\big]}_{\text{方差}} + \underbrace{|E[S_{\mathrm{mod}}(\hat{\boldsymbol{x}}) - S_{\mathrm{meas}}]|^2}_{\text{偏差}^2}$$

$$(4.40)$$

上面的 MSE 表达式的第一部分对应于来自模型参数不确定性的贡献,如果参数不确定性很大,它将占主导地位。如果模型复杂度对于给定的测量而言太高,往往就是这种情况。第二项表示模型偏差。如果模型太简单或者模型拓扑不正确,那么该项占主导地位。因此,利用式(4.40)的统计学 MSE 表达式,就可以比较不同复杂度的模型和拓扑,并找到其中 MSE 值最低的一个,从而提供最适宜的复杂性与精度之间的权衡。这种偏差-方差权衡的概念在统计建模中具有广泛的应用[26,第13章]。

4.4.2　说明实例

下面将通过一个简单的例子说明在微波应用中使用统计 MSE 度量来找到最佳的复杂度和精度的折中,其中渐变传输线的测量结果将用集总元件构成的等效电路模型来近似,如图 4.31 所示。

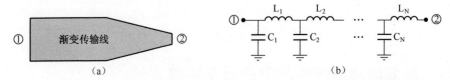

图 4.31　DUT:渐变传输线。适用于 45MHz<f<110GHz 的理想 S 参数数据
(a)渐变传输线待测件;(b)集总元件模型。

小信号 S 参数仿真是该实例的基础。与 4.2.1 节中的直接提取实例相类似,将引入已知协方差矩阵 C_w 的正态分布噪声,用来表示测量噪声。

用于近似渐变线 DUT 的集总元件模型如图 4.31(b)所示。该模型由多个 L-C 分支组成,用于近似 DUT 中的传输线。如图所示,虽然并不清楚模型需要的具体分支数量 N。但显然,在模型中添加更多的分支将能更好地近似渐变线 S 参数,但同时准确地估计所有的 L 和 C 参数也会变的越来越困难。因此,根据上面的讨论,目标是找到最佳模型分支数以及相应模型参数,从而使得模型的 MSE 最小。

4.4.2.1　MSE 估计过程

为了计算式(4.40)中的 MSE,有必要估计模型参数 $\hat{x}$ 及其不确定性,$C_{\hat{x}}$ 表示所有正在评估的模型。根据模型拓扑,无论是 4.2 节中的随机直接提取方法还是 4.3 节的优化器方法均可以使用。而对于这里给出的示例,将使用 MLE 方法。

首先,式(4.40)中的模型偏差项是通过测量估计得到,其表达式为

$$(\text{bias})^2 \approx \sum \left| S_{\text{mod}}(\hat{x}) - S_{\text{ideal}} \right|^2 \tag{4.41}$$

其中总和需要扩展到所有 4 个 S 参数及频点的测试数据。需要注意的是,测量 S 参数可以替代理想 S 参数 S_{ideal},而 S_{ideal} 在实际应用中,真实值是未知的。

第二步是估计式(4.40)中的模型方差,即 $\mathrm{Var}[S_{\mathrm{mod}}(\hat{x})]$。意味着将估计模型参数中的协方差变换为相应的模型 S 参数的方差。这种变换是非线性的,因此需要特别注意以获得准确的方差估计。这里使用的是蒙特卡罗方法,也可以使用其他有效的数值方法,如无迹变换方法[27]。

根据模型参数的不确定性,蒙特卡罗方法建立在参数的 K 实现上。每个实现表示为 X_k,并且通常的情况下,不确定性认为是正态分布的,我们有 $X_k \sim N(\hat{x}, C_{\hat{x}})$。相应建模的 S 参数表示为 $S_{\mathrm{mod}}(X_k)$。MSE 方差的作用可以近似为

$$\mathrm{Var}[S_{\mathrm{mod}}(x)] \approx \frac{1}{K-1} \sum_{k=1}^{K} |S_{\mathrm{mod}}(\hat{x}_k) - \overline{S_{\mathrm{mod}}}|^2 \tag{4.42}$$

其中

$$\overline{S_{\mathrm{mod}}} = \frac{1}{K} \sum_{k=1}^{K} S_{\mathrm{mod}}(x_k) \tag{4.43}$$

然后根据式(4.40),通过将结果添加到式(4.41)和式(4.42)中可以很容易地得到每个模型的总 MSE。

4.4.2.2　结果

上述的过程已经在前面论述的建模实例中应用。首先,假设测量在 45MHz<f<110GHz 频率范围内适用。测量噪声已经生成并添加到 4.1.2 节中提出的不确定性模型的理想仿真数据中。分支 $N=1$ 至 $N=10$(参见图 4.31(b))的模型已经使用 4.3 节中的 MLE 方法进行了估计,该方法也给出了模型参数的不确定性。

MSE 的计算结果如图 4.32 所示。数值显示最小 MSE 出现在 $N=5$ 的模型,对应于具有 5 个元件的模型。对于较小的复杂度,即更简单的模型,偏差项占主导地位,而对于具有更多参数的更复杂模型,模型方差开始占主导地位。最佳模型及其参数估计如图 4.33 所示。

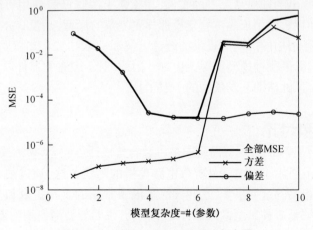

图 4.32　估计的 MSE 与模型的复杂度

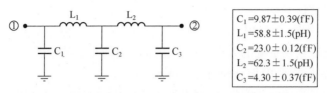

| $C_1 = 9.87 \pm 0.39 (\text{fF})$ |
| $L_1 = 58.8 \pm 1.5 (\text{pH})$ |
| $C_2 = 23.0 \pm 0.12 (\text{fF})$ |
| $L_2 = 62.3 \pm 1.5 (\text{pH})$ |
| $C_3 = 4.30 \pm 0.37 (\text{fF})$ |

图 4.33　最佳的模型复杂度和估计的参数值及其 95% 的置信区间

图 4.33 中的模型是找到的用于测量的最佳模型。然而,当用于较小的频率范围时,分析其 MSE 性能和最佳模型也同样令人关注。因此,当频率上限分别截止到 50GHz 和 20GHz 时,重复上述相同的过程,获得如图 4.34 所示的 MSE 结果。

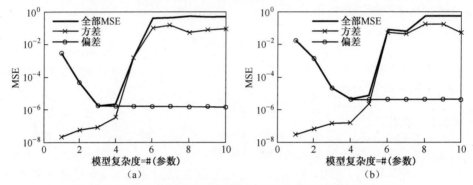

图 4.34　使用不同的测量频率范围时估计的 MSE 与模型的复杂度

(a) $45\text{MHz} < f < 20\text{GHz}$；(b) $45\text{MHz} < f < 50\text{GHz}$。

图 4.34 和图 4.32 所示结果清楚地表明了最优模型的复杂性取决于测量的频率范围。当测量最高只覆盖 20GHz 时,三分支模型实际上是最佳模型。更有趣的是最小 MSE 值在较低频率处会减小,这表明尽管使用简单的模型拓扑结构,模型的总体精度仍然可以提高。

对于上面给出的理想情况下的实例,在频率上限降低时使用更简单的模型是显而易见的。但是,像用于晶体管建模那样更复杂的模型,是没有办法直观地评估该选择哪个拓扑结构的。这里提供的统计方案和文献[9,21,25]建立了一种可量化的方法,可以衡量哪种模型实际上更好。因此,对于现有的器件以及各种新的器件,可以用作计算机辅助开发模型的一般工具。

4.5　总结和讨论

本章介绍了适用于微波器件等效电路建模的随机方法,通过纳入微波测量确实与不确定性相关的这一事实,这些方法扩展了常用的直接提取和基于优化器的提取方法。列举了多种典型微波器件建模实例,说明与使用典型的方法相比,统计方法还可以改善建模的精度。

　　然而,这些统计模型提取方法与传统方法相比的主要区别在于,其提供了一种固有的可能性来量化所获得的模型中的不确定性。这为微波器件建模开启了新的视野,不用再将建模认为是一种理想的情况,并且出现了各种新的应用。

　　体现建模不确定性重要性的一个典型例子是用所获得的模型的参数来解释器件的物理性质。知道不确定性意味着现在可以评估观察到的哪一个变化是由于器件性质的实际变化而产生的,或者是否它们仅仅是由来自测量不确定性的随机变化引起的。此外,许多商业半导体代工厂提供统计模型,允许 MMIC 设计师进行蒙特卡罗仿真来评估随机工艺变量对其电路性能的影响。同样,使用从随机建模方法自动获得的不确定性数据,在设计阶段使用相同的仿真架构,使得考虑建模不确定性成为可能。

　　最后也表明,在比较不同的模型时,不确定性是非常有用的。最常见的情况是模型拓扑未知,而模型设计者必须在不同拓扑和复杂性的模型之间进行评估。从工程经验来看,众所周知,复杂的模型可以更好地与测量相拟合,但却是以参数不确定性的增加为代价的,而太简化的模型可能不够准确。这里提出的用于模型估计规范的随机架构使得用户可以轻松找到最佳的拓扑结构,在最高精度和最小复杂度之间给出最有利的权衡。

参 考 文 献

［1］ S. A. Maas, Nonlinear Microwave Circuits. Norwood, MA: Artech House, 1988.

［2］ R. Anholt, R. Worley, and R. Neidhard, "Statistical analysis of GaAs MESFET S-parameter e-quivalent-circuit models," Int. J. Microw. Millimeter-Wave Comput. Aided Eng. , vol. 1, pp. 263-270, Mar. ,1991.

［3］ "8510C Network Analyzer Data Sheet," Agilent Technologies, Tech. Rep. ,1999.

［4］ D. Williams, J. Wang, and U. Arz, "An optimal vector-network-analyzer calibration algorithm," IEEE Trans. Microw. Theory Techn. , vol. 51, no. 12, pp. 2391-2401, 2003.

［5］ StatistiCAL VNA calibration software package. ［Online］. http://www.nist.gov/eeel/ electro-magnetics/related-software. cfm

［6］ G. Dambrine, A. Cappy, F. Heliodore, and E. Playez, "A newmethod for determining the FET small-signal equivalent circuit," IEEE Trans. Microw. Theory Tech. , vol. 36, pp. 1151-1159, July, 1988.

［7］ J. Bandler, Q. Zhang, R. Biernacki, O. Inc, and O. Dundas, "A unified theory for frequencydomain simulation and sensitivity analysis of linear and nonlinear circuits," IEEE Trans. Microw. Theory Tech. ,vol. 36,no. 12,pp. 1661-1669,1988.

［8］ J. A. Rice,Mathematical Statistics and Data Analysis,2nd ed. Belmont: Duxbury Press,1993.

［9］ C. Fager,P. Linn'er,and J. Pedro,"Optimal parameter extraction and uncertainty estimation in intrinsic FET small-signal models," IEEE Trans. Microw. Theory Tech. ,vol. 50,pp. 2797-2803,Dec. ,2002.

［10］ S. M. Kay,Fundamentals of Statistical Signal Processing: Estimation Theory. Englewood Cliffs, NJ,Prentice-Hall,1993.

［11］ D. Schreurs,H. Hussain,H. Taher,and B. Nauwelaers,"Influence of RF measurement uncertainties on model uncertainties: practical case of a SiGe HBT," in 64th ARFTGMicrow. Measurements Conf. ,2004,pp. 33-39.

［12］ S. Masood,T. Johansen,J. Vidkjaer,and V. Krozer,"Uncertainty estimation in SiGe HBT small-signal modeling," in Eur. Gallium Arsenide and Other Semiconductor Applicat. Symp. (GAAS),2005,pp. 393-396.

［13］ M. Rudolph,R. Doerner,and P. Heymann,"Direct extraction of HBT equivalent-circuit elements," IEEE Trans. Microw. Theory Tech. ,vol. 47,no. 1,pp. 82-84,1999.

［14］ N. Rorsman,M. Garcia,C. Karlsson,and H. Zirath, "Accurate small-signal modeling of HFET's for millimeter-wave applications," IEEE Trans. Microw. Theory Tech. ,vol. 44,pp. 432-437,Mar. ,1996.

［15］ M. Berroth and R. Bosch,"Broad-band determination of the FET small-signal equivalent circuit," IEEE Trans. Microw. Theory Tech. ,vol. 38,pp. 891-895,July,1990.

［16］ H. Kondoh,"An accurate FET modelling from measured S-parameters," in IEEE - MTT-S Int. Microw. Symp. Dig. ,1986,pp. 377-380.

［17］ A. D. Patterson,V. F. Fusco,J. J. McKeown,and J. A. C. Stewart,"A systematic optimization strategy for microwave device modelling," IEEE Trans. Microw. Theory Tech. ,vol. 41,no. 3,p. 395,1993.

［18］ C. van Niekerk,P. Meyer,D. P. Schreurs,and P. B. Winson,"A robust integrated multibias parameter - extractionmethod for MESFET andHEMTmodels," IEEE Trans. Microw. Theory Tech. ,vol. 48,no. 5,pp. 777-786,2000.

［19］ C. van Niekerk,J. A. Du Preez,and D. M. -P. Schreurs,"A new hybrid multibias analytical/decomposition-based FET parameter extraction algorithm with intelligent bias point selection," IEEE Trans. Microw. Theory Tech. ,vol. 51,no. 3,pp. 893-902,2003.

［20］ J. Vlach and K. Singhal,Computer Methods for Circuit Analysis and Design. Van Nostrand,1994.

［21］ K. Andersson,C. Fager,P. Linn'er,and H. Zirath,"Statistical estimation of small signal FET model parameters and their covariance," in IEEE MTT-S Int. Microw. Symp. ,Fort Worth, USA,2004,pp. 695-698.

［22］ D. F. Williams and R. B. Marks,"Compensation for substrate permittivity in probe-tip calibration," in 44th ARFTG Conf. Dig. ,vol. 26,1994,pp. 20-30.

[23] M. C. A. M. Koolen,J. A. M. Geelen,andM. P. J. G. Versleijen,"An improved de-embedding technique for on-wafer high-frequency characterization," in Bipolar Circuits and Tech. Meeting,Proc. ,1991,pp. 188-191.

[24] E. P. Vandamme,D. P. Schreurs,and G. Van Dinther,"Improved three-step de-embedding method to accurately account for the influence of pad parasitics in silicon on-wafer RF test-structures," IEEE Trans. Electron Devices,vol. 48,no. 4,pp. 737-42,2001.

[25] M. Ferndahl,C. Fager,K. Andersson,L. Linner,H. -O. Vickes,and H. Zirath,"A general statistical equivalent-circuit-based de-embedding procedure for high-frequency measurements," IEEE Trans. Microw. Theory Tech. ,vol. 56,pp. 2692-2700,Dec. ,2008.

[26] J. Spall, Introduction to Stochastic Search and Optimization：Estimation, Simulation, and Control. John Wiley & Sons,2003.

[27] S. Julier and J. Uhlmann, "The scaled unscented transformation," Proc. American Control Conf. vol. 6,Citeseer,2002,pp. 4555-4559.

第5章

大信号模型：理论基础、实际因素及最新进展

David E.Root,Xu Jianjun,Jason Horn和Masaya Iwamoto

5.1 前言

本章选取并讨论了几种用于非线性电路仿真的大信号器件模型的理论基础，覆盖的主题包括良定义的非线性本构关系、包含终端电荷守恒综合讨论的非线性充电建模、扩散充电、渡越时间、Ⅲ－Ⅴ族 HBT 的电容对消建模等。在大信号建模的实际问题中涉及了正则弱定义本构关系、基于查表的非线性模型建立与使用、鲁棒收敛的测试模型外推。在由大信号数据直接建立先进的电热和陷阱依赖的Ⅲ－Ⅴ族 FET 模型方面，同时利用了非线性测试仪器的最新技术进步，特别是非线性矢量网络分析仪（Nnonlinear Vector Network Analyzer,NVNA）的商业应用以及器件建模中不断成熟的人工神经网络技术。

5.2 等效电路

5.2.1 本征和非本征元件

将电路级的晶体管模型分为内部和外部两部分是一种合理的处理方法，可以简化复杂器件的处理。图 5.1 和图 5.2 分别所示为一个简单的准静态Ⅲ－Ⅴ族 FET 模型的等效电路和一个Ⅲ－Ⅴ族 HBT 模型的等效电路。

从概念上来说，本征模型描述了在有源区域、馈电网络内部、多路并联及版图中其他寄生特性产生的晶体管主要非线性特性。对于 FET 来说，本征模型包括有源漏－源沟道的一部分，其由栅极控制，由栅－源及漏－源电压调制。从漏极到源极的沟道电流、栅极和沟道之间的电荷存储是主要现象，在本征模型中分别用图 5.1

虚线框中的非线性元件 ID_S、Q_{GS} 和 Q_{GD} 来表示。其他元件用来表示栅极泄漏、反向偏置击穿以及大正向偏压情况下的栅极传导。

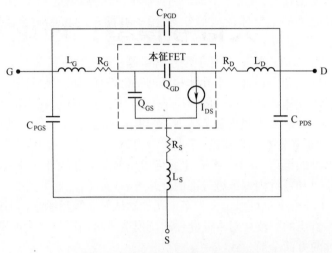

图 5.1 FET 的简单非线性等效电路

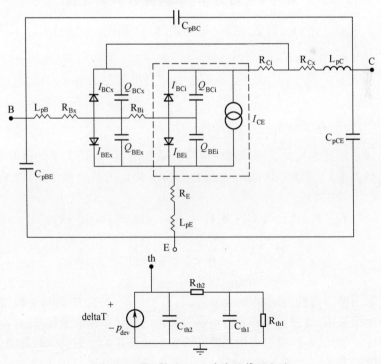

图 5.2 Ⅲ-Ⅴ族 HBT 非线性等效电路

在 FET 的模型中寄生因素通常用参数值不随偏置改变的简单电路元件来建模。由寄生元件组成的非本征模型通常与电极之间的电容耦合、馈电结构的感抗及 manifold 金属化有关,取决于不同的器件版图[5,6],甚至是 FET 的接入电阻——这些栅极控制之外的半导体沟道部分,也由一些简单的具有固定值的电阻 R_S 和 R_D 来建模,这些电阻与工作电流和电压无关。

对于 Ⅲ-Ⅴ 族 HBT 来说,本征模型包含了基极-发射极和基极-集电极结的主要非线性。本征模型中包含了半导体物理的基础效应,如二极管结电流、非线性电荷输运特性及半导体器件外延层的异质结效应等。这些效应在本征模型中分别用下列元件表示:基极-发射极电流 I_{BEi}、基极-集电极电流 I_{BCi}、集电极-发射极电流 I_{CE}、基极-发射极电荷 Q_{BEi} 和基极-集电极电荷 Q_{BCi},见图 5.2 中虚线框中所示。

对于双极型的模型,其中一些寄生元件可用简单的非线性元件来建模,如二极管电流(如 I_{BCx})和器件内部区域外面的耗尽电容(如 Q_{BCx}),见图 5.2。

程序上,本征模型也可以定义为寄生元件确认及去除后剩余模型的一部分,因此寄生效应不恰当的解读会对本征器件的建模造成负面影响。本征模型应当在可靠性和实用性两方面全局一致。

5.2.2　本征非线性模型:电动力学、本构关系和参数值

由图 5.1 所示的 FET 等效电路可得到式(5.1)和式(5.2)给出的本征模型的电动力学方程:

$$I_G(t) = \frac{dQ_{GS}(V_{GS}(t))}{dt} + \frac{dQ_{GD}(V_{GD}(t))}{dt} \tag{5.1}$$

$$I_D(t) = I_{DS}(V_{GS}(t), V_{DS}(t)) - \frac{dQ_{GD}(V_{GD}(t))}{dt} \tag{5.2}$$

下一步是详述本构关系,即电流-电压关系和电荷-电压关系的函数形式(一般是非线性关系)。例如,由 Curtice 和 Ettenberg 提出的经典模型用式(5.3)~式(5.5)定义了本构关系。

$$I_{DS}(V_1, V_2) = (A_0 + A_1 V_1 + A_2 V_1^2 + A_3 V_1^3)\tanh(\gamma V_2) \tag{5.3}$$

$$Q_{GS}(V) = -\frac{C_{GS0}\varphi}{\eta + 1}\left(1 - \frac{V}{\phi}\right)^{\eta+1} \tag{5.4}$$

$$Q_{GD}(V) = C_{GD0}V \tag{5.5}$$

为了利用模型仿真,表示本构关系的式(5.3)~式(5.5)中的每个模型参数必须具有特定的数值,通常需要将它们与参考器件的测试数据联系起来,这即是参数提取的目标。显然,本征模型本构关系的特定形式将影响参数提取的策略,即确定各参数数值的方法。对于上述模型,$\{A_n\}$ 定义了栅极电压与沟道电流之间的关系,γ 定义了 I-V 曲线随漏极偏置的饱和度,C_{GS0}、C_{GD0}、ϕ、η 是为确定两电容中的

电荷随各自控制电压变化的参数。式(5.4)为标准的"基于物理"的偏置相关的结模型，而式(5.5)表示与偏置无关的固定值的电容。本构关系的任何改变都意味着相应的参数提取过程的改变。

5.2.3　电热模型

图 5.2 中所示的 HBT 模型中的本征电元件由本构关系确定，即一个特定支路元件的电流和电荷取决于本征端口的控制电压，这种情况下，结温 T_j 也同样如此。热等效电路中的源元件 P_{dev} 由电性能等效电路中电流和电压产生的耗散功率决定。数学上，这种整体电路电热变化在时域演化的相互作用可用成对的常微分方程表示。仿真软件可以同时对这些方程进行自洽的求解[2-4,7,8]。

可将图 5.2 中的热等效子电路(图中两等效电路图较小的)考虑为本征电热模型的一部分。如果一些热阻和热容包含有源半导体器件外部的部分热环境，可将这些元件考虑为寄生参数。因此，提取模型参数时热去嵌十分关键，即进行器件建模时必须仔细考虑器件的热环境。当模型用于仿真时，需要将热等效子电路的本征部分重新嵌入到器件使用的热环境中，这可能与器件设计时的环境大不相同[7]。

5.2.4　频率和几何缩放

整体模型与频率的关系取决于电路元件的类型、等效电路中元件的拓扑分布以及适合本征元件本构关系和寄生元件的参数值。电抗性元件无论其为电容、电感还是某些类型的分布式器件，都表示明确的时间相关性。电阻性和电抗性元件的串联或并联组合定义了模型的频率相关性。良好分离本征模型和非本征模型对于模型准确的宽带频率性能来说十分重要。一个重要的推论是精心构造并提取的具有合适等效电路拓扑的模型可以在超出参数提取过程中所用数据频率上限的频段上进行精确仿真。这种模型同样具有良好的几何缩放特性来响应版图的几何结构变化。与模型的这种超越测试数据的准确外推能力相比，下面我们将转向讨论的本构关系对偏置的相关性更为现实。

5.3　非线性模型本构关系

5.3.1　良好的参数提取需要合适的本构关系

即使如式(5.3)所示的简单本征模型中的本构关系，如果参数不能正确提取的话也将导致灾难性的错误结果。一个提取式(5.3)中参数的直接办法是测量随 V_1(本质上是 V_{GS})变化的 I_{DS}，即在固定 $V_2(V_{DS})$ 时 tanh($\cdot$)项是一致的，然后利用鲁棒最小二乘拟合过程来求解系数 $\{A_n\}$。当本构关系式(5.3)在超出提出参数时的偏置范围情况下进行评估时,这种直接方法将表现出它的负面结果。对于取值合理的 V_1 会得到物理意义上不合理的沟道电流值,如图5.3所示[9-11]。在某些情况下多项式模型可能永远不会出现夹断的情况(虽然器件本身会),或者在其他一些情况下会变成负的(物理上不合理)①。

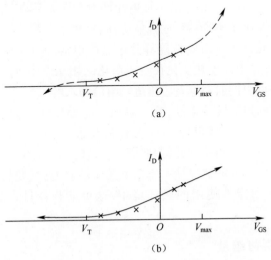

图5.3 针对欠佳的本构关系定义的简单参数提取方法导致的问题

5.3.2 良定义的本构关系性质

上述问题的根源在于本构关系模型的公式本身。当在总体 I-V 关系上施加合理的条件时,式(5.3)中应用的电压范围必须谨慎定义,然后再适当地将范围拓展,用来合适地定义对应所有 V_1 值的本构关系。对于一个鲁棒器件模型来说,模型本构关系必须具有确定的数学属性。所有的电压必须具有明确的定义,即使在其值远超器件所用工作范围的情况下。本构关系的一阶偏导数必须是处处连续的,而二阶偏导数通常是有界的。当仿真器利用基础牛顿型算法求解电路方程时,为了达到收敛,这些条件必须是强行限定的。

即使是在本构关系表现良好的本部端口电压子域内的求解,收敛的迭代过程也需要在控制变量远超此区域时对本构关系进行计算评估。如果遇到本构关系函数求值中的奇点,或者微分方向指向错误时,仿真器在下一次迭代中会被引入歧途,收敛可能会完全失败。也可能出现仿真收敛在一个物理上不存在的解,而该解恰巧满足电路方程的情况。

---

①当栅极电流由其他组件建模时,对于正的 V_{DS},沟道电流必然为正。

对于特定类型的仿真,精度上的要求将给本构关系引入进一步的约束条件。失真特性仿真的精度要求,如低信号幅度下的 IM3 或 IM5,将在模型本构关系上限定高阶连续性的约束条件,即本构关系必须具有足够高阶数的非零偏导数。需要注意,式(5.3)定义的本构关系中,所有的四阶和更高阶的偏导数都为零,因此其并不满足这样的要求。

5.3.3 差定义的本构关系调整示例

使式(5.3)良定义的解决办法可以由在模型上附加额外的约束条件来得到,即使其夹断并达到最大值以在任何情况下都具有合理的物理意义。特别的是对于所有电压值 V_1 等于或小于门限电压 V_T 时,模型的沟道电流都被限制为零。偏导连续的条件则要求多项式在 $V_1 = V_T$ 时具有两个根,因此其关于 V_1 的导数也为零。我们同样可以规定存在 $V_1 = V_{max}$ 使得电流能达到最大值,且对于所有更大的 V_1 值电流均为恒定的最大值。这些条件使得式(5.3)可以用 V_T、V_{max},I_{max} 重新定义为

$$I_D = (V_1, V_2) =$$

$$\begin{cases} 0 & (V_1 < V_T) \\ I_{max} \dfrac{(V_1 - V_T)^2}{(V_{max} - V_T)^3}(V_{max} - V_T + 2(V_{max} - V_1))\tanh(\gamma V_2) & (V_T \leq V_1 < V_{max}) \\ I_{max} & (V_1 > V_{max}) \end{cases}$$

$$(5.6)$$

仅在 $V_T < V_{max}$,I_{max} 和 γ 为正的情况下,式(5.6)满足了良定义且合理的本构关系的所有条件①[9-11]。此外这些新的参数可以用器件响应的最小值和最大值来进行明确清晰的解释说明。(在已知 V_1 的各次幂的前提下展开式(5.6)就可以得到 V_T,V_{max},I_{max} 和原始的多项式系数之间的关系)但是这种参数提取策略用掉了式(5.3)中所有的原生拟合自由度。如 IM3 指标的失真度由 V_T,V_{max},I_{max} 这 3 个参数完全决定。对于真实的晶体管来说,掺杂密度的变化可以使 V_T,V_{max},I_{max} 相同的器件在 0 和 I_{max} 之间具有不同的 $I-V$ 曲线。因此,对于独立且准确的互调失真建模需要比式(5.6)所表示的更为通用和灵活的本构关系。

从上述讨论可以明确的是电荷本构关系式(5.4)同样需要针对逼近和超过 ϕ 的 VGS 值进行扩展。在 $V_0 < \phi$ 的范围一些固定电压值上对式(5.4)进行线性化可以简单的达到这个目的,结果如式(5.7)所示。

---

①在此忽略了添加一些正的残余小电导以促进收敛的考虑。

$$Q_{GS}(V) = \begin{cases} -\dfrac{C_{GS0}\phi}{\eta+1}\left(1-\dfrac{V}{\phi}\right)^{\eta+1} & (V < V_0) \\[4mm] -\dfrac{C_{GS0}\phi}{\eta+1}\left(1-\dfrac{V_0}{\phi}\right)^{\eta+1} + C_{GS0}\cdot(V-V_0) & (V \geqslant V_0) \end{cases} \tag{5.7}$$

5.3.4 模型本构关系的多项式说明

多项式可进行快速求解,因此采用多项式本构关系的模型可以进行快速的仿真。多项式对于参数是线性的,因此可在不需要非线性优化的情况下进行高效的参数提取(如利用最小平方法和伪逆方法等)。但是对于变量具有很大幅值的情况,多项式将会发散。多项式仅具有有限阶数的非零偏导数,因此会导致低电平信号失真特性仿真时产生不连续性。与前面讨论的简单例子中式(5.3)的多项式部分仅依赖于 V_1 不同,当表达式依赖的变量超过一个时(如同时包括 V_1 和 V_2),扩展多项式本构关系的域使其超过参数提取时所用的边界将会变得困难许多。总而言之,多项式本构关系必须十分谨慎的使用,或者如果可能的话尽量避免使用。

5.3.5 基于优化的参数提取说明

对于比式(5.6)更为复杂的本构关系,其参数提取通常包含一个仿真—优化环路。图 5.4 所示为一个基本的流程图示例。但是这种直接参数提取的方法较为缓慢。模型和参数必须经过多次迭代和计算才能得到较好的结果。基于梯度的优化算法对于初始值较为敏感,或者容易卡在代价函数(期望值与具有特定模型参数值的仿真实际值之间的误差函数)的局部极小点。其他算法如模拟退火法[8]和遗传算法[12]等,也可以用来寻找非线性优化问题的全局解,但是这些方法的运算通常更为缓慢和复杂。

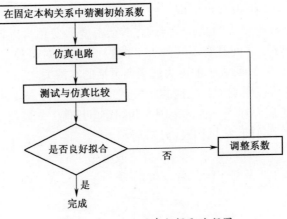

图 5.4 基于优化的参数提取流程图

式(5.4)中的参数在优化中必须被限制为不能取使本构关系为奇异值(如 $\eta=-1$)或非物理值(复数值)的特殊值。现代参数提取软件通常允许用户在迭代优化过程中将参数值限制在特定的范围。

类似图 5.2 所示的高级非线性模型具有复杂的非线性电力学本构关系,这些非线性电力学本构关系大多又具有非线性的热依存关系。这类模型在提取参数时所利用的迭代方法中的主要电参数最好是来自可用数据中那些表现出高度敏感性的参数数据子集。完美的提取流程对于数据的良好全局拟合及获取物理上合理的参数值是必需的,可以针对不同尺寸的器件进行缩比,而不需要额外的全面参数提取。Agilent HBT 模型的通用参数提取流程可见文献[7]。

当然,无论所用是何种参数,一个具有固定先验闭合表达式的本构关系的给定模型可能永远给不出足够精确的结果。这种模型可能对于表现器件的实际性能来说过于简单。因此我们转向其他更为灵活的技术途径。

5.4　基于查表的模型

查表模型通常归类为经验模型的极端形式,因为其本构关系不是基于物理模型的,而是直接基于测试数据。实际上,在查表模型中根本没有需要参数提取的固定先验模型的本构关系。查表模型是"非参数化"模型的典型例子。数据即是本构关系。查表模型的思想足够简单——测试出 I-V 曲线,将结果表格化并进行插值,用来求解仿真中需要的本构关系及其导数。

5.4.1　查表模型的非线性拓展

本征模型的本构关系由考虑了寄生电阻上的压降之后的一系列本征电压 V_{GS}^{int} 和 V_{DS}^{int} 定义。另一方面,I-V 的测试数据由外加(或外部)电压定义①。在提取前给定寄生阻抗元件值和简单的等效电路拓扑,则外部电压和本征电压之间的关系较为简单,见式(5.8)[13]。查表模型的一个重要问题是测试时所用的外部电压通常定义在网格上,但是由式(5.8)代入计算得到的本征电压却并不落在网格上,因此不能直接的表格化,如图 5.5 所示。

$$\begin{bmatrix} V_1^{int} \\ V_2^{int} \end{bmatrix} = \begin{bmatrix} V_1^{ext} \\ V_2^{ext} \end{bmatrix} - \begin{bmatrix} R_g + R_s & R_s \\ R_s & R_d + R \end{bmatrix} \cdot \begin{bmatrix} I_1^{DC} \\ I_2^{DC} \end{bmatrix} \tag{5.8}$$

如果外部 I-V 的测试数据经过了拟合或插值,则式(5.8)可以理解为在给定特定的本征电压 V_i^{int} 情况下关于外部电压 V_i^{ext} 的一组隐式非线性方程[9,13]。在这

①从本章的目标考虑,我们在此不区分外加电压和外部电压。

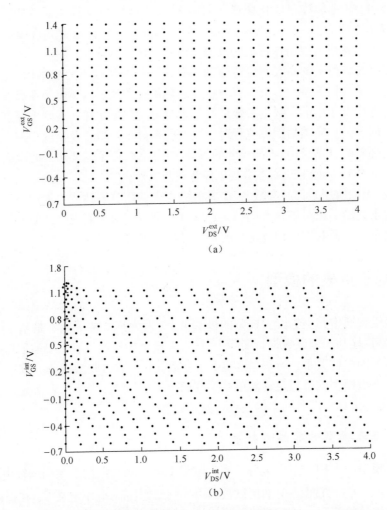

图 5.5　FET 外部(网格化的)和相应的本征(非网格化的)电压域

种意义下求解式(5.8)可使数据在内部空间重新网格化,因此终端电流可以作为内部电压的函数而被网格化。

　　将 $I-V$ 测试数据作为内部电压的函数进行建模揭示了与用外部数据表达的模型明显不同的特性,如图 5.6 所示。图 5.6(a) 所示为作为外加(外部)电压 V_1^{ext} 和 V_2^{ext} 的函数建模的 $I-V$ 曲线。图 5.6(b) 所示为定义在 V_1^{int} 和 V_2^{int} 上的本征 $I-V$ 建模的本构关系。图 5.6(a) 和图 5.6(b) 有很大的不同,特别是在曲线的拐点附近。这个过程同样明确了寄生参数提取的误差可以导致性能失真,原本我们会将其归因于本征模型的问题。

　　或者还可以将在初始网格上测得的外部 $I-V$ 数据表格化,然后将耦合方程

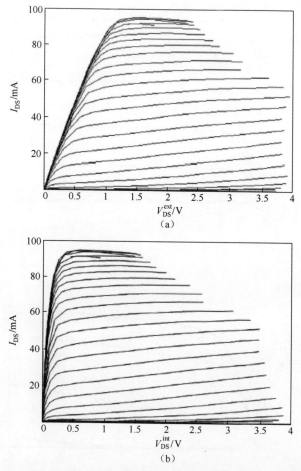

图 5.6　由外部电压(a)和内部电压(b)表示的 FET 模型 I-V 本构关系

式(5.8)视为附加模型方程用来在仿真时进行动态求解。这种方法允许仿真器检测本征电压并查找符合式(5.8)解的相关 I-V 测试数据的插值。这种方法在参数提取时保留了重新网格化的后处理过程，但是在模型中增加了两个非线性方程式(5.8)，因而增加了仿真所用的时间。

基于查表的模型可以同时具有通用性和准确性。材料体系(如 Si 和 GaAs)和制造工艺差异很大的器件建模都可以采用相同的步骤和建模框架[13]。图 5.7 所示为应用于 Si 和 GaAs 晶体管的相同的查表模型例子。而对于物理模型来说，每个晶体管都具有不同的本构关系，需要不同的参数提取方法。

5.4.2　查表模型的问题

查表模型的一个关键问题是插值算法将本构关系在包含所有存储在数据表中

125

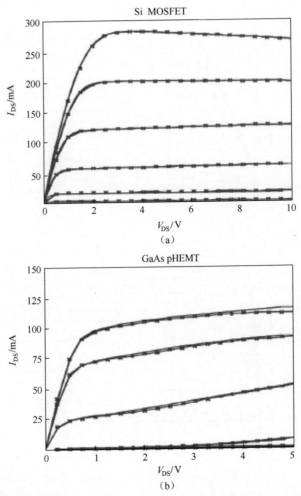

图 5.7　Si MOSFET 和 GaAs pHEMT 晶体管基于查表的 I-V 模型(-)和测试结果(×)

的离散数据点的连续域上定义为可微函数的特性。这种插值方法需要连续的定义偏导数,并进行适当的外推,即将同样的条件应用于任意本构关系。在相对较小的信号电平上,当信号电压幅度(以电压表示)与本构关系的电压数据采样点之间的距离可比拟或更小时,可以看到谐波失真的仿真将变得不够准确[14],如图 5.8 所示。在低功率信号小电压波动时,与基础数据点本身相比,仿真结果更依赖于数据点之间插值方法的数学特性。对于大信号,对应的外加电压波动的平均值超过了插值的局部特征,基于查表的模型仿真将变得相当准确。增加数据点的密度有时会有所帮助。但是对于一些样条方法,这将导致插值在数据点间产生非物理的振荡。最后,对大量的数据点有一些实际的限制,如将导致测试时间增长、文件大小和插值噪声增大等[14]。

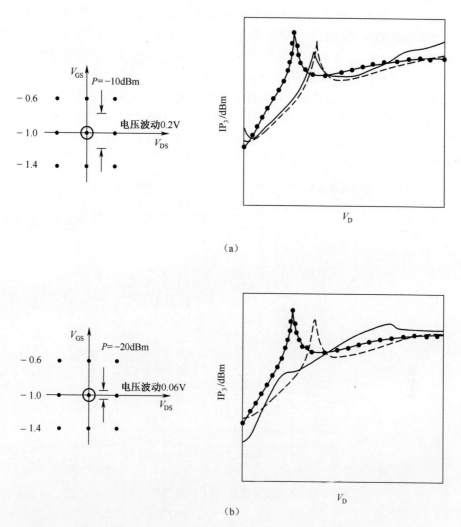

（a）

（b）

图 5.8　由查表模型(实线)得到的在大信号(a)和小信号(b)幅度时的失真预测
及其与解析模型(黑点)和测试数据(虚线)的比较。

可在文献中发现多种类型的基于样条的模型。文献[15]中应用了包含 B-样条的方法,但是由于节点之间的样条振荡有时仍会出现非物理的特性。变分递减样条函数可以抑制振荡,但是它们较低的多项式阶数妨碍了其在互调仿真中的应用。"平滑样条"[17]具有可变的样条阶数及在准确度和平滑噪声之间的折中考虑。

为了用查表模型得到大信号仿真的优良结果,需要在尽可能宽的器件工作情况范围内获取数据。这个范围需要包括击穿区、高功率耗散区、栅极正向导通区,因为这些现象对于限制大信号射频器件的性能十分关键。图 5.9 所示为 GaAs FET 的一部分静态参数测量域。图中标示出了将数据限制在边界内部的主要机制。数据精确的形状取决于详细的器件特性和测试设备的合规限定[18,19]。特性表征时覆盖较宽的器件工作范围可以减少仿真时不可控外推的可能性及随之而来的收敛性差的可能性。不幸的是这些极端工作情况可以使器件在特性描述时处于其特性突变点[14]。这在静态工作条件下测量直流 I–V 和 S 参数时更是如此。只有小心谨慎地应对才能得到一个退化降级器件的完善模型。必须在完整的特性表征和器件安全性之间保持微妙的平衡。因此,在特性表征过程中尽可能的推迟强应力条件下的静态测试十分重要[14]。

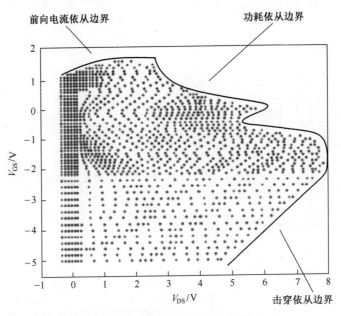

图 5.9　具有规则边界的 pHEMT 器件数据域

5.5　基于人工神经网络的模型

查表模型的许多问题,包括网格化问题、不规则边界以及较差的插值特性等,可以用人工神经网络(ANN)[20-23]代替查表来避免。人工神经网络是一个由简单的互相连接的处理单元组成的并行处理器,这些处理单元称为神经元。具有不同加权的神经元连接构成了参数[24,25]。图 5.10 所示为一个人工神经网络的示意框图。每个神经元为一个简单的单变量非线性 S 函数,取值范围为 0 至 1,单调递增,且对于它的参数无限次可微。神经元的层结构和互联特性由权重指定,使得整个网络具有强大的数学性质。由通用逼近性(UA)原理可以证明具有任意数量变量的任何非线性函数都可以由这样的网络任意逼近[24]。

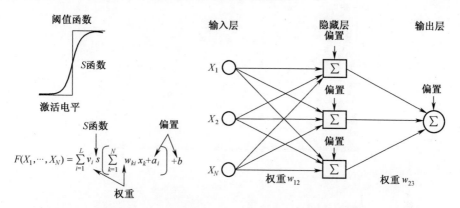

图 5.10 人工神经网络的 S 函数、层结构及数学公式

人工神经网络提供了一种强大且灵活的途径,利用离散采样的数据构造平滑的非线性函数来逼近所需的模型多变量本构关系。人工神经网络提供了多变量多项式、有理函数及其他更为传统的方法之外逼近数据的另一种选择。现有多种强大的第三方软件工具[25,26]可以用来训练人工神经网络,即提取终函数中参数的权重和偏置,如此以来人工神经网络即可很好地逼近非线性本构关系。

人工神经网络的一大益处是所得到的本构关系的无限次可微性,同样提供了对于所有偏导数的光滑逼近,这对于性能优良的低电平失真仿真是十分必要的①。人工神经网络的另一大益处是其可以用离散数据进行训练。特别是人工神经网络可以直接用离散的本征 I-V^{int} 数据训练,而不需要重新网格化。图 5.11 所示为一个 pHEMT 器件在非网格化本征电压空间训练 I-V 本征关系的人工神经网络例子。人工神经网络技术同样可以适应模型本构关系的硬性限制如离散对称性等。基于人工神经网络的具有漏-源交换不变性的 FET 模型的示例见文献[21]。

基于人工网络的非线性本构关系的数学形式是十分复杂的数学表达式,通常包括了许多超越函数,如果其中有多个隐藏层时甚至包括了多个嵌套的超越函数。如果将其数学表达式明确的写出,将会是占据多行的数学符号。但是从仿真器的角度来看,基于人工神经网络的本构关系仅仅是类似于式(5.6)的闭合形式的非线性表达式。在仿真器中执行基于人工神经网络的模型需要基于神经网络的本构关系的值及其对于所有独立变量值的偏导数,这与传统的集约模型类似。参数(加权和偏置)可以放在数据文件中,针对各个模型实例由仿真器读取。偏导数可

---

① 对于良好的低电平失真仿真来说,本构关系偏导数的准确建模是必要的,但是并不充分,还需要正确的动力学模型方程。

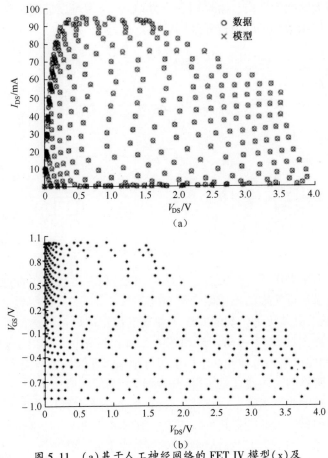

图 5.11　(a)基于人工神经网络的 FET IV 模型(x)及
数据(圆圈)以及(b)非网格化得本部本征电压空间

以通过一个相关的神经网络十分高效的求得,该神经网络称为伴随网络,由原始的
网络及加权获得[27]。

5.6　基于测试的模型外推

　　传统的参数化经验模型如果构造恰当的话,可以适用于任何地方,甚至可以在
远超训练数据的范围提取参数。正如讨论过的,这可以通过首先在有界域内定义
本构关系然后将边界适当的外推扩展而实现,通常采用线性化拓展。

　　更大的挑战是如何系统地扩展基于查表或人工神经网络的模型的域。查表模
型基于多项式样条,其外推特性较差,易导致仿真收敛失败。图 5.12(a)所示为一
个查表模型外推的例子。圆形图标表示实际的数据点,实线对应的是查表模型。

在实际数据区域,模型拟合得非常好。在高漏极电压时模型外推得到的模型曲线出现了交叉,这是非物理的现象。最终模型的漏极电流变为负(非物理)且模型不能稳健的收敛。

人工神经网络模型不像多项式模型那样容易快速的发散,但是其外推特性从仿真的稳健性来说同样较差。基于查表或人工神经网络的模型的成功调度依赖于良好的"有向外推",在仿真器迭代时远离训练区域时用来帮助其找到回到或接近训练数据区域的路径。文献[28]中报道的方法利用由数据点本身构成的凸包定义了一种紧凑域包含了训练区域[29]。在这个区域内,对查表和人工神经网络模型进行了计算。在边界以外应用了一种算法,采用急剧增加模型分支电导的方法来平滑的扩展电流本构关系。图 5.12(b)给出了一个实例。这种方法增强了 DC 仿真收敛的鲁棒性,同样在大信号谐波平衡分析时模型可以在最大功率水平时收敛。同时瞬态分析也变得更加稳健。人工神经网络模型的其他外推方法可见文献[22,30]。

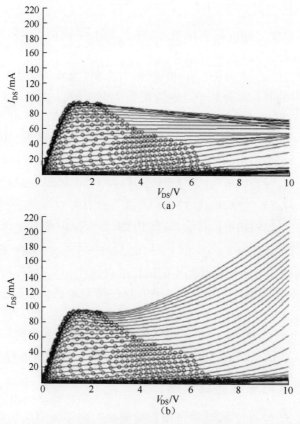

图 5.12　基于测试的 FET 模型外推,(+)代表数据,(实线)代表模型
(a)无引导性外推;(b)有引导性外推。

5.7 电荷建模

非线性电荷建模在准确仿真偏置相关高频 S 参数[31]、FET 的互调失真和 ACPR[32,33] 及 Ⅲ－Ⅴ族 HBT 的谐波和互调失真[4,34-36] 时已经显示出了其关键性。具有相同 I-V 关系的 FET 模型仅以它们的电荷模型的形式来相互区分,可以在 IM3 仿真时产生 $5\sim10\text{dB}$ 甚至更高的差异,在 ACPR 仿真中产生 5dB 以上的差异[32]。此外,传统的基于教科书结方程的非线性电荷模型与实际的器件测试特性相比显示明显的不同。

电荷建模问题可以简单的表述为以相关独立控制变量,通常为电压的函数定义电路模型(本征)节点独立端口电荷的非线性本构关系的详细说明。在第 i 个端口,基于电荷的对于电流的贡献为电荷函数 Q_i 的总时间导数,即

$$I_i(t) = \frac{\mathrm{d}Q_i(V_1(t),V_2(t))}{\mathrm{d}t} \tag{5.9}$$

式中:V_1,V_2 为两个独立的内部端口电压,对于 FET 可以由 V_{GS} 和 V_{DS} 替代;对于 HBT,V_1 和 V_2 可以替代为 V_{BE} 和 V_{CE}。

对于 FET(或 HBT),I_1 为栅(基)极电流,I_2 为漏(集电)极电流。电荷本构关系通过式(5.9)中的时间微分算子对电流模型产生作用。由此可以明显看出当激励频率增高时电荷将产生愈发重要的作用。

经验柯蒂斯(Curtice)电荷模型为式(5.9)的一个简单案例,其中的分支元素由式(5.4)和式(5.5)给出。该模型允许以栅极和漏极的端口电荷的方式表示,即

$$\begin{aligned} Q_{\text{G}}(V_{\text{GS}}(t),V_{\text{DS}}(t)) &= Q_{\text{GS}}(V_{\text{GS}}(t)) + Q_{\text{GD}}(V_{\text{GD}}(t)) \\ Q_{\text{D}}(V_{\text{GS}}(t),V_{\text{DS}}(t)) &= -Q_{\text{GD}}(V_{\text{GD}}(t)) \end{aligned} \tag{5.10}$$

肖克利模型[37]也同样可以符合式(5.10)的形式。但是其中仅有一个独立的电荷函数 $Q_{\text{GS}}(V) = Q_{\text{GD}}(V) = Q_{1\text{d}}(V) = -C_0\phi\sqrt{1-V/\varphi}$。其中 $Q_{1\text{d}}(V)$ 为一维(1D)理想常数掺杂半导体结中存储电荷的标准表达式[37]。柯蒂斯和肖克利模型栅极电荷表达式分离为两个一维区块的和。这些模型理想化的简化的结果是仅有两个一维函数 $Q_{\text{GS}}(V)$ 和 $Q_{\text{GD}}(V)$ 定义整个两端口电荷模型。更为通用的公式(5.9)可容纳两个函数 $Q_{\text{G}}(V_1,V_2)$ 和 $Q_{\text{D}}(V_1,V_2)$,每个函数均与两个独立的变量相关。总而言之,这些两端口电荷函数都不需要用一元函数进行分离。

5.7.1 基于测试的电荷建模方法

电荷不能像直流 I-V 曲线那样可以直接测试。为了说明电荷模型,最方便的是建立模型非线性电荷本构关系和可以直接与偏置相关的 S 参数数据比较的简单

量之间的联系。在数学上这意味着将式(5.9)线性化并将其以导纳矩阵元素的方式表示。在实际实验中则是测量 S 参数、去嵌寄生影响然后利用式(5.8)变换为本征电压,得到本征器件小信号散射矩阵,然后再转换为导纳形式。可以利用这种对应关系来提取如式(5.4)所示的经验模型的参数。最终还可以利用这种对应关系将问题转换(当可能时)为由合适的数据直接构造针对 Q_i 函数的模型本构关系。

模型本征导纳矩阵元素的虚部可由计算模型电荷函数的对其控制电压的偏导数得到。假设 FET 共源极(或 HBT 共发射极)结构,我们可以得到下列矩阵方程,将 4 个包含模型导纳矩阵(虚部)构成的非线性偏置函数与两个模型非线性电荷函数 Q_i 在工作点的偏导数联系起来。其中下标 i 和 j 的变化范围为 1~2,为独立的端子或端口的数量。对于带有附加端子(如衬底)的 MOSFET 器件,i 和 j 的变化范围为 1~3。为了表述简单,右边的等式定义了一个电容矩阵 C_{ij}。

$$\frac{\mathrm{Im}\left[Yi_j(V_1,V_2,\omega)\right]}{\omega} = \frac{\partial Q_i(V_1,V_2)}{\partial Vj} \equiv C_{ij}(V_1,V_2) \tag{5.11}$$

为了与式(5.9)保持一致,有必要假设式(5.11)的中间和右边项与频率无关。实际上采用了优良的本征和外部等效电路拓扑以及寄生提取之后,式(5.11)在接近器件截止频率的频段内是近乎准确的。对于更高的频率,需要扩展本征模型拓扑以应对"非准静态效应"[38],这个话题已经超出了本章所讨论的内容。

导纳参数的测试值可以根据式(5.12)由(适当去嵌的)S 参数的简单线性变换得到[39]。然后将式(5.12)的虚部除以角频率即可得到电容矩阵的测试值。

$$Y_{ij} = \left[(I - zS)(I + zS)^{-1}\right]_{ij} \tag{5.12}$$

到此为止,本征导纳函数或电容矩阵元素 C_{ij} 的建模与测试值都可以直接进行比较。但是更为习惯的做法是比较线性等效电路元件的小信号响应的建模值与测试值。有许多不同的本征线性等效电路的表现形式都可以得出相同的本征电容矩阵。因此确定等效电路元件需要明确选择一个等效电路拓扑。一个线性等效电路的通常选择[40,41]如图 5.13 所示。这种电路拓扑用式(5.13)定义的简单可逆的 4 个独立的电容矩阵元素的线性变换确定线性等效电路元件,其中为方便起见省略了偏置相关性。当应用于 S 参数测试的变换式(5.12)时,式(5.13)定义等效电路元件的"测试值"。当应用于线性模型导纳时,式(5.13)可得到等效电路元件的"建模值"。

$$\begin{aligned}
C_{GS} &= C_{11} + C_{12} \\
C_{GD} &= -C_{12} \\
C_{DS} &= C_{22} + C_{12} \\
C_m &= C_{21} - C_{12}
\end{aligned} \tag{5.13}$$

注意到式(5.13)定义了 4 个电容性等效电路元件,这并不意外,因为对应两

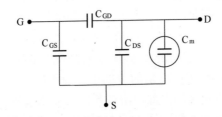

图 5.13　FET 本征模型容性部分的线性等效电路模型

端口导纳矩阵的 4 个虚部需要有 4 个 C_{ij} 函数。但是图 5.13 所示的等效电路框图中仅有 3 个节点。以往通常在每对节点之间放置一个电容元件。这种方法完全忽略了第四个元件 C_m，即跨导电容。它的存在对于小信号数据来说十分重要[42]，可以简单地理解为标准线性等效电路中表示跨越元件对于一阶 $\omega\tau$ 时延因子的扩展[43]，见式(5.14)。此处我们利用式(5.11)~式(5.13)确定跨越电容。

$$g_m e^{-j\omega\tau} \approx g_m - j\omega g_m\tau \equiv g_m + j\omega C_m \tag{5.14}$$

　　一个三端(两端口)本征等效电路具有两个独立端子电荷,通常会有(至少)一个跨越电容。图 5.13 或式(5.13)中的等效电路将跨越电容放在连接漏极和源极的器件沟道支路中(与未显示的跨导并联)。重要的是式(5.11)中给出的端子电荷偏导数与导纳矩阵之间的关系是独特的,比式(5.13)中的定义线性等效电路元件的那组变换更为重要。

　　利用式(5.13)可以比较电容的测试值和理论值。图 5.14 所示为电容元件 C_{GS} 和 C_{GD} 测试值的例子,图 5.15 所示为 C_{DS} 和 C_m 的测试值。从图中可以立即发现一些事实:C_{GS} 不仅与穿过元件的 V_{GS} 有关,还与另外一个独立的电压 V_{DS} 有关。这与肖克利模型和柯蒂斯模型有着本质上的区别,两模型中的 C_{GS} 与 V_{DS} 完全无关。这同样意味着 C_{GS} 无法用标准的双端非线性电容来建模,无论其与加在该元件上的(单独的)电压是何种依存关系。反馈电容 C_{GD} 与 V_{GS} 和 V_{DS} 都相关,具有比 $V_{GD} = V_{GS} - V_{DS}$ 更为复杂的关系,即 C_{GD} 同样不能用标准两端非线性电容建模,尽管它与线性等效电路中的符号很相似。此外,对于大的 V_{DS},即当器件工作在饱和区域时,V_{GS} 和 C_{GD} 的关系恰好与肖克利模型的预测相反,即当器件夹断时(V_{GS} = -1.5V)反馈电容实际上要比沟道开启时(V_{GS} = 0V)大很多,传导电流也同样。柯蒂斯模型通过指定与偏置无关的恒定的电容值来应对这种情况。更复杂的物理理论可以得出更接近于现代 FET 实测特性的结果,但这些理论都过于复杂以至于通常只能以近似的形式表达[44]。在文献[45]中可见最新的基于将电荷模型分解为用电压和电流表示的简单一维耗尽电荷和二维漂移电荷的方法,在本章后续部分也将对其进行讨论。

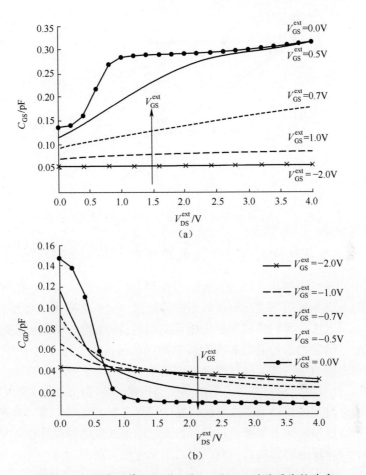

(a)

(b)

图 5.14 FET 线性等效电路元件 C_{GS} 和 C_{GD} 的偏置依赖关系

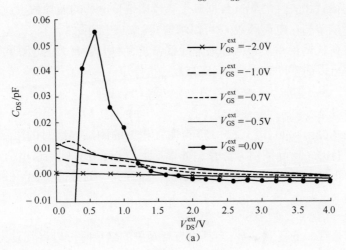

(a)

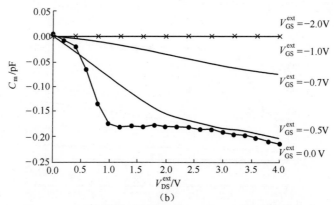

图 5.15　FET 线性等效电路元件 C_{DS} 和 C_m 的偏置依赖关系

5.7.2　由小信号数据构造非线性电荷模型

前文中的研究进展从式(5.9)大信号模型方程开始,计算的小信号响应可以十分方便地与 S 参数(Y 参数)测试数据进行对比,随后,将描述一个与上述流程相反的通用处理方法。我们将试图解决相反的问题,即直接由偏置相关的小信号特性的测试数据确定大信号模型本构关系 Q_i 的函数形式输入到式(5.9)中。遗憾的但又在情理之中的是这个反向过程会引起弊病。但是,在特定的特殊及可验证的条件下,可以针对不同材料体系制造的晶体管构建一个实用的反向建模过程,由此可由简单的直流和线性(S 参数)测试数据得到具有巨大实用价值的准确的器件非线性电路仿真模型。这表明准确且具有预测性的非线性电路设计在远早于精细的高效的第一性原理的物理集约模型产生之前是可能实现的。

式(5.11)的左侧涉及测试数据,可以用此逆问题的数学表达来解释,即内部导纳元件的偏置相关性的测试数据等于各模型端口电荷的偏导数。此数学问题变为确定对于模型端口电荷函数 Q_i 可以求解式(5.11)的条件。

端口电荷从偏置相关的电容矩阵元素恢复,使用式(5.13)由测试数据中定义的充要条件可以简洁的表示为式(5.15)[13,18,46]。

$$\frac{\partial C_{ij}(V_1,V_2)}{\partial V_k} = \frac{\partial C_{ik}(V_1,V_2)}{\partial V_i} \tag{5.15}$$

由定义式(5.11)可知,式(5.15)为偏置相关的测试导纳对的限制条件,导纳矩阵的每一行的一对导纳由 i 表示。如果满足了式(5.15)则端口电荷可以直接由测试的电容矩阵元素利用式(5.16)表示的与路径无关的等值(线)积分构建。

$$Q_i = \int_{\text{contour}} C_{i1}\,\mathrm{d}V_1 + C_{i2}\,\mathrm{d}V_2 \tag{5.16}$$

其结果是唯一的任意常数,当其没有可观测的结果时可以将其设为零。此外,

电荷的偏导数恰好减小到电容偏置相关性的测试值，即

$$\frac{\partial Q_i^{\text{model}}}{\partial V_j} = C_{ij}^{\text{meas}} \tag{5.17}$$

如果式(5.15)并不能完全满足，则严格来说不存在符合式(5.17)的函数 Q_i^{model}。在这种情况下，式(5.16)中电容函数的测试值得线积分产生的电荷函数依赖于所选择的等值线路径。不同的等值线产生的模型有些能够更好的拟合某些电容—偏置曲线，但是并不能完美的拟合所有可能的电容—偏置特性。

5.7.3　端子电荷守恒

式(5.15)表示不同电容函数对于电压的具有相同的一阶指数的混合偏导数都是相等的，可以解释为第 i 个节点的一对电容函数在电压空间形成了一个守恒的矢量场[18,31,47]。满足式(5.15)的电容函数称为遵守"第 i 个节点端子电荷守恒"①。我们使用系统命名法"端子电荷守恒"来使其与基尔霍夫电流定律（KCL）表示的电路理论中的电荷守恒的物理定律相区分。端子电荷守恒是一种可以但不是必须由建模仿真器施加的约束用以逼近器件的行为特性。物理上的电荷守恒是一种基本物理定律，也是一种对符合基尔霍夫电流定律的任何电路模型的要求。一个不基于端子电荷守恒的非线性模型实例及其相应的结果见下文。

基于式(5.9)的任何模型在每个节点都具有端子电荷守恒的电容函数。这是真实的，因为模型的电容是由模型电荷根据式(5.11)得出的，而式(5.15)是根据平滑函数的导数特性得到的。然而由独立的测试结果出发，经式(5.17)试图回退到模型电荷时需要 C_{ij}^{meas} 的测试数据满足约束式(5.15)。

实际偏置相关的导纳数据与端子电荷守恒的模型原理的符合度的研究见文献[31,47]。对于 Ⅲ－Ⅴ 族 FET 来说在栅极上符合度保持得非常好，在漏极则略微有所下降。在 Ⅲ－Ⅴ 族 HBT 中的应用性将在随后讨论。

5.7.4　非线性电荷建模的实际考虑

图 5.16 所示为两个不同路径的线积分式(5.16)参数化过程，可分别由式(5.18)和式(5.19)来明确表示。路径的不相关性表示相同的电荷函数可由完全独立的偏置相关的数据沿图 5.16 所示的两条路径计算得到，即：

$$Q_G(V_g, V_d) = \int_{V_{g0}}^{V_g} C_{11}(\bar{V}_1, V_{d0}) \, d\bar{V}_1 + \int_{V_{d0}}^{V_d} C_{12}(V_g, \bar{V}_d) \, d\bar{V}_d \tag{5.18}$$

---

①早期的方法中没有使用"端子"作为前缀而是将这个概念表示为"电荷守恒"[48]。

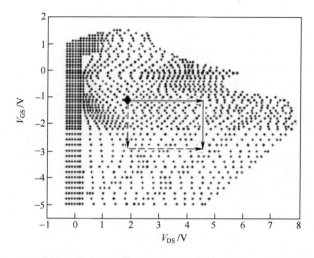

图 5.16   由电压空间的两条不同路径计算得到的端口电荷线积分

$$Q_G(V_g, V_d) = \int_{V_{g0}}^{V_g} C_{11}(\overline{V}_g, V_d) d\overline{V}_g + \int_{V_{d0}}^{V_d} C_{12}(V_{g0}, \overline{V}_d) d\overline{V}_d \qquad (5.19)$$

在测试数据上直接应用式(5.18)和式(5.19)还存在一些问题。电容测试结果仅定义在离散的电压值上(见图 5.16 中的点),因此可以进行数值积分。如果数据不是基于矩形网格,则需要沿着某些路径进行插值(如图 5.16 中沿着 V_{GS} 方向)。从根本上说,如果式(5.15)由于测试误差,或者温度陷阱(后面将会考虑)等因素的忽视而不能完全满足,不同的路径将影响模型的 ImY_{12} 和 ImY_{11} 与偏置关系的保真度。长路径积分误差的累积将导致远离积分初始点(V_{G0} 和 V_{D0})处的电荷值不够准确。在数据域凹凸不平的非正交的边界上进行积分也同样困难(图 5.16)。

尽管有这些实际的困难,利用全部的直接由小信号器件数据构造的 2D 非线性栅极电荷函数的查表模型仍然在实际的商业工具中得到了广泛应用[49]。基于查表的电荷模型比闭合式的经验模型要准确得多,经验模型中 Q–V 本构关系的复杂 2D 特性并未得到如可直接测试的 I–V 关系那样足够的重视。

5.7.5   伴随 ANN 训练的电荷函数

目前,已有一些鲁棒的方法来训练 ANN,已知测量函数的偏微分,用期望函数的偏微分知识构造 Q–V 本构关系,这些期望函数直接通过测试电容给出。这在实用的基于测试的晶体管电荷建模中是一大重要突破。

前面讨论的所有的通过适当分解的小信号数据线积分计算多维电荷函数的实际问题都可以通过伴随 ANN 训练方法得到改善[27]。这种方法直接产生了一个神经网络可以仅利用偏微分信息来表示 $Q_i(V_{GS}, V_{DS})$ 函数,如同由式(5.17)定义的偏置相关的测试电容表示一样。图 5.17 所示为训练方法的结构图。如果器件的数据不能完全满足式(5.15),与典型的线积分方法相比伴随法仍然可以返回一个电荷函数,可以在电容值中给出好得多的全局折中。可以直接在本部非网格化的本征偏置数据上进行训练,不规则的边界也不会产生困难。图 5.18 所示为同时拟合随偏置变化的精细二维 FET 输入电容特性的伴随 ANN 方法的验证实例。关于漏极电容的独立的拟合验证如图 5.19 所示。

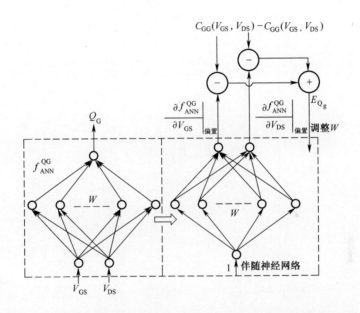

图 5.17　由 C_{11} 和 C_{12} 数据得来的模型栅极电荷函数的伴随 ANN 训练

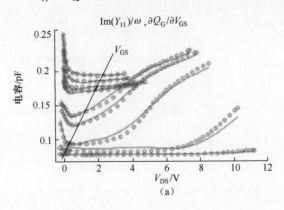

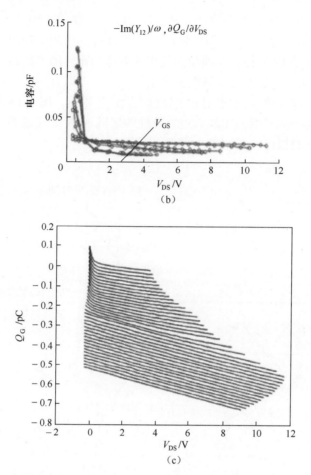

图 5.18 用于拟合(a)C_{11},(b)C_{12}和(c)栅极电荷函数 Q_G 的基于 ANN 的栅极电荷模型验证。数据点(符号),模型(线条)

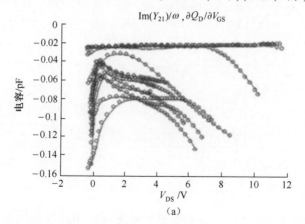

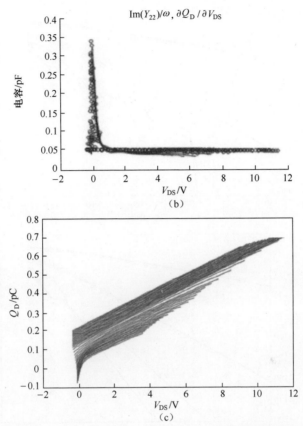

图 5.19　用于拟合(a)C_{21},(b)C_{22}和(c)漏极电荷函数 Q_D
的基于 ANN 的栅极电荷模型验证。数据点(符号),模型(线条)

利用由 ANN 建模的电流—电压和电荷—电压非线性本构关系,与基于样条的
查表模型相比仿真准确度的改进得到了证实。一个关于 GaAs pHEMT 器件的案例
比较见图 5.20。在中等至高功率电平下,与离散数据点的距离相比电压波动是相
当的或者更大,此时 ANN 和查表模型都是近乎理想的,并且与测试数据良好吻合。
在低功率电平下,查表模型仿真的失真由插值函数的数值特性决定。在这个例子
中使用的分段三次样条曲线模型在低功率信号电平下对于高阶失真的仿真并不
好,因此失真随着功率的变化不规则。而 ANN 模型则在所有的功率电平下都工作
得非常好,随功率降低具有正确的渐近依赖关系。

5.7.6　跨越电容与能量守恒

跨越电容 C_m 在器件小信号数据中明显地表现出来,可由图 5.15 证实,同样可
见文献[42]。但是试图由包括能量守恒的简单理论条件计算存储电荷时却得出

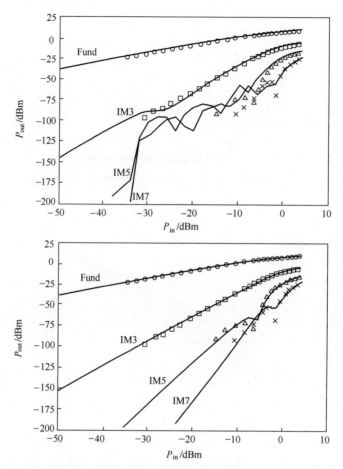

图 5.20　由相同的 DC 和小信号数据根据(a)基于查表的模型和(b)基于 ANN 的
模型构建的失真仿真数据。非线性验证数据(符号),模型预测(线条)

结论 $C_m = 0$[13,50,51],与小信号数据不符。具有包含跨越电容的大信号端子电荷的
模型中沟道电流的幅度可以随着信号频率增加(这是普遍的现象,除非端子电荷
函数的混合偏微分都相等)。这将在高频段产生反常的高仿真增益。幸运的是,
寄生网络将限制内部电压的变化速率在一个最大频率处,该最大频率由输入电阻
和输入电容的乘积决定,这将会限制不希望的结果出现。

5.7.7　基于电容的非线性模型及其结果

严格来说,如果式(5.17)不能完全满足时,关于在本征器件中用式(5.9)将非
电流源项建模的假设将与实际数据不一致,另外一个选择是直接用两端口电容矩
阵元素的测试值写出时间相关的节点电流[13],即依据式(5.20)可以用更通用的

公式替代式(5.9)。

$$I_i(t) = C_{i1}(V_1(t), V_2(t)) \frac{\mathrm{d}V_1(t)}{\mathrm{d}t} + C_{i2}(V_1(t), V_2(t)) \frac{\mathrm{d}V_2(t)}{\mathrm{d}t} \qquad (5.20)$$

式(5.20)中模型函数 C_{ij} 可以与其他函数完全不相关,而不需要受式(5.15)的限制。对于非线性电路仿真器中的基于电容的非终端-电荷守恒的大信号方程来说类似式(5.20)的模型使用起来特别简单。同理,利用定义式(5.13),可以根据图 5.13 中 4 个等效电路元件的贡献来说重写式(5.20)[13]。与用两个非线性方程表示的式(5.9)相比,式(5.20)由 4 个模型非线性方程(对于两端口器件来说)定义,如果需要的话后者可以根据式(5.13)变为精确的测试关系(或独立的拟合关系)。这样构建的模型可以精准地拟合偏置相关的小信号的依存关系。但是如文献[10,52,53]中所证明的那样,这种模型通常会产生包含直流成分的频谱,与激励频率和信号幅度的平方成正比,由器件端子的电容元件在大信号仿真时所产生[9,13,46,54]。非终端电荷守恒电容模型的频谱和终端电荷守恒模型的频谱分别见图 5.21 的(a)和(b)。包含直流成分的频谱在对真实位移电流建模时并不出现,这是因为在反偏的 FET 中栅极电流(忽略泄漏)的物理起源是调制的存储电荷。FET 沟道中现象则没有如此清晰,其中的电流随输运和时变电场的组合而出现[55]。然而,在大信号本征模型上强加终端电荷守恒条件将产生一个更为简洁的模型,在大信号分析中不会导致"奇怪"的后果。最终可以用式(5.9)($i=1$)对栅极电流建模,用式(5.20)($i=2$)对漏极电流建模,即如果需要的话可以在栅极端子上施加终端电荷守恒条件,但不能在漏极端子上施加。

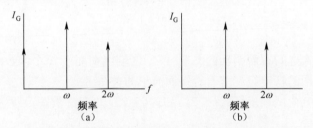

图 5.21 (a)非栅极电荷守恒电容模型和(b)栅极电荷守恒模型产生的频谱

5.8 HBT 模型的终端电荷守恒、延迟及渡越时间

5.8.1 基于测试的 HBT 模型

FET 很自然地可以用它们的控制电压来描述。对于双极型器件,如 GaAs 或 InP 基 HBT,用独立的混合电压—电流组如 V_{BC} 和 I_C 来描述更为常见[2,34,56]。从基于测试的角度,需要推断这些混合电流和电压独立变量与终端电荷关系。从简

化的三节点本征拓扑出发来解决这个问题,类似于 FET 案例,分别建立栅极和基极节点、漏极和极电极节点以及源极和发射极节点之间的关系。共发射极导纳矩阵的计算需要应用链式法则来变换电荷方程,将由电压定义的式(5.13)变换为复合的表达式。

$$
\begin{aligned}
\frac{\mathrm{Im}(Y_{\mathrm{int}})}{\omega} &= \begin{bmatrix} \dfrac{\partial Q_{\mathrm{B}}}{\partial V_{\mathrm{BE}}} & \dfrac{\partial Q_{\mathrm{B}}}{\partial V_{\mathrm{CE}}} \\[3mm] \dfrac{\partial Q_{\mathrm{C}}}{\partial V_{\mathrm{BE}}} & \dfrac{\partial Q_{\mathrm{C}}}{\partial V_{\mathrm{CE}}} \end{bmatrix} \\[5mm]
&= \begin{bmatrix} \dfrac{\partial Q_{\mathrm{B}}}{\partial V_{\mathrm{BC}}} + \dfrac{\partial Q_{\mathrm{B}}}{\partial I_{\mathrm{C}}} g_{\mathrm{m}} & -\dfrac{\partial Q_{\mathrm{B}}}{\partial V_{\mathrm{BC}}} + \dfrac{\partial Q_{\mathrm{B}}}{\partial I_{\mathrm{C}}} g_{\mathrm{CE}} \\[3mm] \dfrac{\partial Q_{\mathrm{C}}}{\partial V_{\mathrm{BC}}} + \dfrac{\partial Q_{\mathrm{C}}}{\partial I_{\mathrm{C}}} g_{\mathrm{m}} & -\dfrac{\partial Q_{\mathrm{C}}}{\partial V_{\mathrm{BC}}} + \dfrac{\partial Q_{\mathrm{C}}}{\partial I_{\mathrm{C}}} g_{\mathrm{CE}} \end{bmatrix} \\[5mm]
&= \begin{bmatrix} \widetilde{C}_{\mathrm{B}} + \widetilde{\tau}_{\mathrm{B}} \cdot g_{\mathrm{m}} & -\widetilde{C}_{\mathrm{B}} + \widetilde{\tau}_{\mathrm{B}} \cdot g_{\mathrm{CE}} \\[2mm] \widetilde{C}_{\mathrm{C}} + \widetilde{\tau}_{\mathrm{C}} \cdot g_{\mathrm{m}} & -\widetilde{C}_{\mathrm{C}} + \widetilde{\tau}_{\mathrm{C}} \cdot g_{\mathrm{CE}} \end{bmatrix}
\end{aligned} \tag{5.21}
$$

式中:g_{m},g_{CE} 分别为跨导和共发射极输出电导。

用式(5.22)和式(5.23)[3,56] 求解时延和电容函数:

$$
\widetilde{\tau}_i = \frac{\partial Q_i}{\partial I_{\mathrm{C}}} = \frac{\mathrm{Im}(Y_{i1} + Y_{i2})}{\omega(g_{\mathrm{m}} + g_{\mathrm{CE}})} \tag{5.22}
$$

$$
\widetilde{C}_i = \frac{\partial Q_i}{\partial V_{\mathrm{BC}}} = \frac{\mathrm{Im}(Y_{i1})}{\omega} - \widetilde{\tau}_i \cdot g_{\mathrm{m}} \tag{5.23}
$$

这些表达式之间有着明确的关系,模型终端电荷对于每个函数对的偏导数与小信号高频数据的特定组合有着直接而简单的关系。

对于模型电荷函数求解式(5.22)和式(5.23)的充要条件[3,56] 为

$$
\frac{\partial \widetilde{\tau}_i(V_{\mathrm{BC}}, I_{\mathrm{C}})}{\partial V_{\mathrm{BC}}} = \frac{\partial \widetilde{C}_i(V_{\mathrm{BC}}, I_{\mathrm{C}})}{\partial I_{\mathrm{C}}} \tag{5.24}
$$

式(5.24)为式(5.15)表示的 FET 模型电容的混合偏导数的等效混合电压—电流的等效模拟,即式(5.24)表示第 i 个节点"终端电荷守恒"。偏置相关的小信号数据可以用来测试这种模型限制条件的满足度,正如文献[47]中描述的 FET 案例一样。上述这些考虑将产生在已知电压、电流独立渡越时间和电容的情况下计算有效模型非线性电荷的方法。假设满足式(5.24),则终端电荷可由式(5.25)表示的与路径无关的线积分得到。

$$Q_i = \int_{\text{contour}} \left[\widetilde{C}_i \mathrm{d} V_{BC} + \widetilde{\tau}_i \mathrm{d} I_C \right] \tag{5.25}$$

与 FET 情况类似，可直接应用伴随神经网络训练算法，即可以训练一个人工神经网络函数来替代式(5.25)的数值计算，在给定 $\widetilde{C}_i$ 和 $\widetilde{\tau}_i$ 作为输入函数的情况下用以计算 Q_i。

5.8.2　经验 HBT 电荷模型的物理考虑

可以利用电容、延迟和电荷之间的基本关系来帮助构建基于物理的 HBT 非线性电荷模型。Ⅲ-Ⅴ族 HBT 极极极的高注入效应的物理特性与大电子浓度在饱和速率输运导致的正向掺杂的离子电荷的电荷屏蔽有关[57,58]。这些现象表示基极-极极极电容与通过极极极的电流有关，并不仅仅依赖于结电压 V_{BC}，即与 Q_{BC} 有关的总电荷必须是关于 I_C 和 V_{BC} 的非线性函数。载流子的速度与极极极中的场相关。Ⅲ-Ⅴ族半导体多数载流子的速度—场特性与硅器件有着很大的不同。特别地，与硅器件相比，Ⅲ-Ⅴ族输运的非单调的速度—场特性表示极极极的渡越延迟(与速度的倒数有关)与 V_{BC} 之间具有精确的反向依赖关系。试图提取硅 BJT 模型的参数去拟合Ⅲ-Ⅴ族 HBT 数据时将得出非物理的参数值，以及在超出器件工作范围时不一致的结果。因此对于 GaAs 单异质结和 InP 双异质结器件来说，需要基于Ⅲ-Ⅴ族物理特性的不同的本构关系模型。

5.8.3　Ⅲ-Ⅴ族 HBT 基于物理和经验模型的时延与扩散电容

通过将基极-极极极电荷分解为物理上不同的一维独立于电流的耗尽电荷和与电流和电压都相关的扩散电荷可以建立一个灵活而强大的解析形式的电荷模型[56]，即可以依照式(5.26)定义基极-极极极电荷在总的基极电荷中的贡献：

$$Q_{BC}(V_{BC}, I_C) = Q_{BC}^{\text{dep}}(V_{BC}) + Q_{BC}^{\text{dif}}(V_{BC}, I_C) = \int_0^{V_{BC}} C_{BC}^{\text{dep}}(V) \mathrm{d} V + \int_0^{I_C} \tau(V_{BC}, I_C) \mathrm{d} I$$

$$\tag{5.26}$$

式(5.26)中的最后两项相当于式(5.25)的特殊参数化(沿着线 $I = 0$ 和 $V = V_{BC}$ 的等高线的片段)，用一维耗尽电容 $C_{BC}^{\text{dep}}(V_{BC})$ 和二维渡越延迟 $\tau(V_{BC}, I_C)$ 表示。总偏置和电流相关的反馈电容 $C_{BC}(V_{BC}, I_C)$，可由式(5.26)在工作点 (V_{BC}, I_C) 对于电压的偏导数来定义。

$$C_{BC}(V_{BC}, I_C) = \left. \frac{\partial Q_{BC}}{\partial V} \right|_{V = V_{BC}; I = I_C} \tag{5.27}$$

$C_{BC}(V_{BC}, I_C)$ 的电流相关性完全来自于式(5.26)中渡越时间与电流的相关性。

这种方法的优势是耗尽电荷的一维相关性 $Q_{BC}^{dep}(V_{BC})$，易于由物理定律构建或者当极电极电流为零时简单的从测试结果中鉴别出来。电荷中剩下的电流相关的贡献涉及时间延迟对于电流的积分。时间延迟与器件中载流子的速率负相关，依赖于外加场。这些关系符合众所周知的Ⅲ-Ⅴ族半导体的负微分速度—场特性。因此，通过式(5.26)这些器件中输运的基本物理特性，可用于从速度—场和耗尽电荷考虑开始推导详细的晶体管非线性电荷模型[2,34,56]。

这种方法的另外一个好处是可以通过渡越时间对电流的积分来确定扩散电荷。与渡越时间和电流简单相乘的相悖(但依然流行)的方法相比，这是定义扩散电荷的合适途径，它解决了长期存在的 UCSD HBT 模型应用时数学上一致性的问题[2,56,58]。

图 5.22 所示为 GaAs HBT 的(总)基极-集电极时延函数的测试特性。值得注意的是对于低电流密度，时延随 V_{CB} 的增加而增加。这与硅晶体管中观察到的行为特性相反。器件截止频率 f_T 的曲线已被证明与器件大信号条件下的失真特性有关[35]。由于器件的 f_T 本质上与渡越时间成反比，上述这些考虑意味着除非电荷模型严格按照式(5.25)构造，否则其不可能在整个电流和电压范围内同时良好地拟合器件的 f_T 和电容数据。这也表示对于 FET 精确的失真仿真来说需要一个良好的电荷模型。

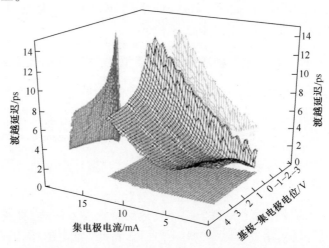

图 5.22　Ⅲ-Ⅴ族 HBT 器件总的基极-集电极延迟作为集电极电流和基极-集电极电压的函数

由上述方程得到的一个关键结果是总的反馈电容 $C_{BC}(V_{BC}, I_C)$，其电流相关性和渡越延迟 $\tau(V_{BC}, I_C)$ 的电压相关性之间的关系。由于延迟随着场的减小而减小(因为速率增加时 V_{BC} 变为较小的负值)，式(5.24)预示电容 C_{BC} 必须随着集电极电流增加而减小。这是众所周知的"电容消除"效应[57]。商业上可用的可同时拟合 f_T 和 C_{BC} 偏置相关性的Ⅲ-Ⅴ族 HBT 电荷模型的例子如图 5.23 所示[3,4]。

集电极电压 V_{CE} 变化范围为 $0.5 \sim 3V$,以 $0.5V$ 为步进。从 InP 双异质结器件可同样得到类似的结果。

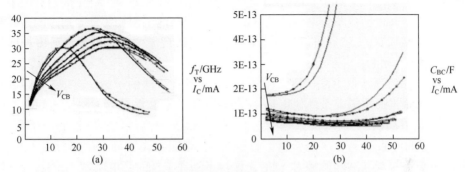

图 5.23　大信号 III-V 族 HBT 模型中与集电极电流和基极-集电极电压有关的 f_t 和 C_{BC} 验证。数据(点),模型(线条)

5.9　基于漂移电荷概念的 FET 建模

用 HBT 的扩散电荷概念重新审视 FET 电荷模型,是这种方法的另一种引人关注的应用方向。该方法假设整个 FET 电荷模型可以由电流无关的可分离的基于两端子非线性电荷的电容耗尽模型来构造,并在栅极和漏极分别附加电压和电流无关的"漂移电荷"项。该模型可由式(5.28)表示。这种方法严格来说是 5.6 节所述内容的子集,即将电荷模型分解为更为简单的成分,包括一维耗尽型电荷存储元件加双变量电压电流相关的漂移电荷(与电荷输运有关),可以将对电荷存储有贡献的独立的物理机制分离开。单极 FET 器件中的漂移电荷所起的作用与双极型 HBT 晶体管中的扩散电荷一样。

$$\begin{cases} Q_G(t) = Q_{GS}(V_{GS}(t)) + Q_{GD}(V_{GD}(t)) + Q^{drift}(V_{GD}(t), I_D(t)) \\ Q_D(t) = -Q_{GD}(V_{GD}(t)) + Q_{DS}(V_{DS}(t)) - \lambda Q^{drift}(V_{GD}(t), I_D(t)) \end{cases} \tag{5.28}$$

式(5.28)中,λ 为决定栅极扩散电荷 Q^{drift} 多少的参数,在等效电路漏极和源极节点之间分段。$\lambda = 1$ 表示栅极扩散电荷(带有负号)与漏极有关,其效益可用栅极和漏极之间的分支元件建模。$\lambda = 0$ 表示所有的栅极扩散电荷都与源极有关。0 和 1 之间的任何值都可以选择,用于数据的最佳拟合。漂移电荷的 Q^{drift} 需要在没有电流时为零,即:

$$Q^{drift}(V_{GD}, I_D = 0) = 0 \tag{5.29}$$

当式(5.28)符合式(5.29)约束的条件时,根据半导体耗尽物理机理或通过简单处理 $V_{DS} = 0$(此时没有漏极电流)时栅极—偏置相关的 S 参数测试数据,都可以

得到一维电荷函数 Q_{GS} 和 Q_{GD}。将偏置相关的本征导纳参数测试值减去线性耗尽电容的贡献,再经过伴随矩阵的训练可以得到与全电流和电压相关的漂移电荷函数 $Q^{drift}(V_{GD}, I_D)$ [45]。对于 GaAs pHEMT 器件来说,式(5.28)中 $\lambda = 1$ 的值可用来在整个偏置空间内精确拟合电容的测试值。偏移电荷的电流相关性与通过沟道的载流子输运时延有关,然后可以建立电荷存储和输运现象之间的联系。更多细节描述参见文献[45]。

式(5.28)所示的方法严格来说是 5.6 节中所述方法的子集。但是 5.6 节中基于电压的多维形式的复杂性使得Ⅲ－Ⅴ族载流子输运和电荷存储机制之间的基础物理关系不甚明朗,这种关系是图 5.14 和图 5.15 中测试数据特性的产生原因。5.9 节中的方法对于 FET 经验模型和物理模型都具有由下而上的解析表达式,从而具有更为直观和准确的潜力,同时还保持了器件工作的简单原理。

5.10　集约模型的大信号数据参数提取

NVNA 或大信号网络分析仪(LSNA)可以测量每个 DUT 端口的入射和散射分量的幅度和相对相位[59-61]。器件可以同时在待测件的一个或多个端口被一个或多个大信号或小信号正弦波激励。图 5.24 给出了一个示例说明。由于测量了频谱分量的交叉频率相对相位,可以将复频谱变换成为时域波形。因此,NVNA 提供了器件输入和输出端口在微波频率高驱动电平下全面的校准波形。

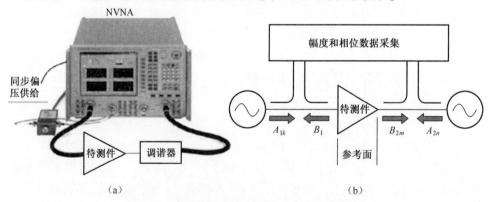

图 5.24　负载相关的波形测试 NVNA 系统配置

在过去的 15 年中,非线性器件建模领域中应用大信号测试系统有了一些重大的研究进展。大部分研究工作集中在集约模型在真实大信号工作情况下的验证、参数提取方法的改进、与大信号特性符合度更高的模型参数值的调整以及特定非线性模型局限性的评估能力及改进建议[62]。利用 NVNA 数据可以得到针对给定集约模型的最优化参数组。这类数据使得建模工程一方面可以管理 DC 与 S 参数拟合之间的折中,另一方面可以管理失真和大信号波形之间的折中。NVNA 数据的应用在非线性模型函数计算中可以替代小信号数据,见文献[63,64]。NVNA 数据拓展了器件特性范围,这超出直流和静态工作点下可能的范围。这对于高功率器件以及将器件推往如击穿的限定工作区域时特别重要。图 5.25 所示为 GaAs pHEMT 的例子[23]。负载线的测试数据在 DC 和 S 参数测试范围之外得到了很好的扩展。在此将讨论模型预测的准确性。

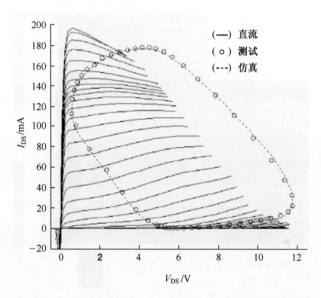

图 5.25　电抗性负载情况下 GaAs pHMET 的直流 I-V 特性
测试值及动态负载线测试值(圆圈)及仿真数据(虚线)

5.10.1　由大信号 NVNA 数据得到的改进 FET 模型的验证①

　　GaAs 或最近的 GaN 材料系统的 Ⅲ-Ⅴ 族 FET 的详细特性给出了附加动态效应的证据。这些效应如果用图 5.1 中等效电路表示的本征模型或由等效的动力学方程式(5.1)和式(5.2)表示,则不够充分,即使加入了动态自热效应之后(HBT 模型中所考虑的)也是如此。小信号行为的频散效应(等效电路电导值在高频和直流时的差异)仅能部分地归因于自热机制。脉冲瞬变现象,如栅极迟延和漏极迟延以及相应的"功率衰落"现象和随射频功率增加产生的膝点偏移等都需要更为复杂的解释说明[65]以及相应的更为复杂的动力学模型[23,66]。

　　对于Ⅲ-Ⅴ族 FET 更完备的等效电路本征模型可见图 5.26[23]。图中上方的

---

①原书只有 5.10.1 节。

子电路为传统的集总电路拓扑,对于电流和电荷来说是共源极结构。图中中间的子电路为简单的单极点热等效电路,用于自热效应建模。用其余两个子电路为栅极和漏极电位控制的动态电荷捕获和发射建模[66]。对于电荷和电流的电本构关系现在与 5 种状态变量有关,即瞬时栅极和漏极电压 V_{GS} 和 V_{DS}、时变的结温 T_j(见文献[7])以及两个与捕获机制有关的时变电压 ϕ_1 和 ϕ_2[23]。可以将这种本征模型的动力学方程更为规范地写为

$$I_G(t) = I_G(V_{GS}(t), V_{DS}(t), T_j(t)) + \frac{\mathrm{d}}{\mathrm{d}t}Q_G(V_{GS}(t), V_{DS}(t), T_j(t)) \quad (5.30)$$

$$I_D(t) = I_D(V_{GS}(t), V_{DS}(t), T_j(t), \phi_1(t), \phi_2(t))$$
$$+ \frac{\mathrm{d}}{\mathrm{d}t}Q_D(V_{GS}(t), V_{DS}(t), T_j(t), \phi_1(t), \phi_2(t)) \quad (5.31)$$

$$\dot{T} = \frac{T_0 - T(t)}{\tau_{th}} + \frac{1}{C_{th}}\langle I(t)V(t)\rangle \quad (5.32)$$

$$\dot{\phi}_1 = f_1(V_{GS}(t) - \phi_1(t)) + \frac{V_{GS}(t) - \phi_1(t)}{\tau_{1\_emit}} \quad (5.33)$$

$$\dot{\phi}_2 = f_2(V_{DS}(t) - \phi_2(t)) + \frac{V_{DS}(t) - \phi_2(t)}{\tau_{2\_emit}} \quad (5.34)$$

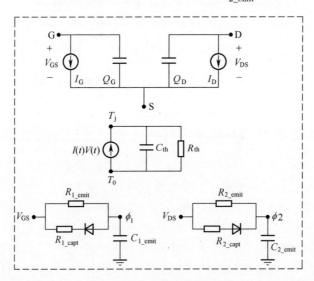

图 5.26 具有动态自热效应和两种陷阱捕获和发射进程的改进 FET 模型的等效电路

式(5.32)~式(5.34)为状态方程——关键动态(状态)变量演化的一阶差分方程,这些状态变量为式(5.30)和式(5.31)中电本构关系的参数。式(5.33)和式(5.34)中的函数 f_1 和 f_2 类似于二极管的非线性函数,当瞬时栅极(漏极)电压比

ϕ_1 和 ϕ_2 更小或更大时起到捕获率优化的作用。参数 τ_1 和 τ_2 为特征发射时间,通常设置为比 RF 时间尺度长得多。

模型问题变为定义栅极和漏极端子电流和端子电荷函数的精确函数形式,即多种内部控制状态变量的函数。

与试图从小信号数据或脉冲 I-V、或脉冲 S 参数数据推导这些复杂函数相关性相比[13,67],更为先进的方法是利用大信号射频和微波数据,这些数据可以从现代 NVNA 中轻松获取[23,59-61,68,69]。配置有无源调谐器的 NVNA 或利用第二个信号源作为有源矢量负载牵引系统(图 5.24)可以在微波频段测量电流和电压波形及大信号动态负载线,测试得到的负载线示例见图 5.27。这是对大信号谐波平衡仿真的实验验证。

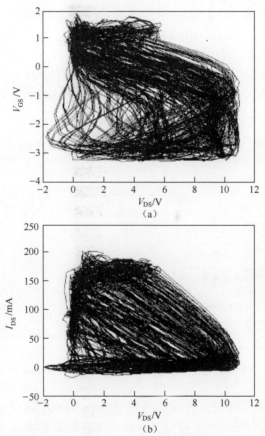

图 5.27 作为负载阻抗函数的 GaAs pHMET 动态轨迹线的 NVNA 测试结果
(a)电压空间表示;(b)漏极电流与漏极电压。

针对不同的静态偏置点在不同的环境温度、功率电平、射频频率和(复)输出阻抗下获取数据,NVNA 数据的一大优势是表征晶体管器件工作的极端区域时性能退化更小。这是因为当器件被 1GHz 以上频率的信号激励时,瞬时电压仅在亚纳米周期进入高应力区域。在高瞬时功率区域器件的功耗也比直流情况下要小得多。更大的器件工作区域意味着在大信号仿真时对最终模型进行外推的需要大大减小了,甚至可以完全忽略。与 DC 偏置情况下基于小信号数据参数化过程一样,在真实工作状态下获取的实际非线性数据说明建模过程并非必须需要利用线性和直流数据进行"外推"来预测非线性的射频特性。除此之外,NVNA 数据还为全面非线性模型验证提供了更为详细的波形,而不需要额外仪器设备,如仅能给出频谱幅度的频谱分析仪等。NVNA 可以同时测量失真产物的幅度和相位。

建模验证流程如图 5.28 所示。捕获动力学的细节——快速捕获和慢速发射——表示捕获状态 ϕ_1 和 ϕ_2 在给定的轨迹线上保持恒定值,其值可以由给定等值线上的最小 V_{GS} 和最大 V_{DS} 确定[23]。类似的结温 T_j 在给定的负载线上也为常数,可以由沿负载线的平均功率耗散和提取的热电阻计算得到,见文献[7]。在大信号 NVNA 可用之前,陷阱和自热效应通常需要仔细地用脉冲测量进行分离[66,67]。NVNA 数据探查器件在时间尺度上比典型的脉冲 I–V 系统要快几个数量级。换句话说,NVNA 数据更能表征工作在数十吉赫频率上的器件的实际工作状况。

$$I_{\text{drain}}(t) = I_D(\underbrace{V_{GS}(t), \ V_{DS}(t)}_{\text{端口电压}}, \underbrace{T_j(t), \phi_1(t), \phi_2(t)}_{\text{辅助变量}}) + \frac{d}{dt} Q_D(\underbrace{V_{GS}(t), V_{DS}(t)}_{\text{端口电压}}, \underbrace{T_j(t), \phi_1(t), \phi_2(t)}_{\text{辅助变量}})$$

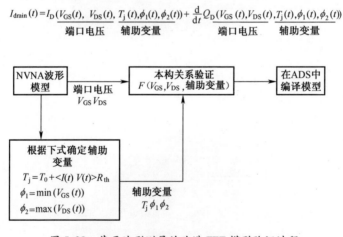

图 5.28　基于波形测量的改进 FET 模型验证过程

电流和电荷本构关系的函数形式可利用 ANN 的机制来确定。在没有逼近多元函数的强大数学基础结构时,确定 5 个独立变量的复杂非线性函数相关性是不切实际的。最终得到的模型可以编译为常见的带有集约模型的非线性电路仿真器。在此之前,必须对捕获态值如何影响电流形状和电荷存储特性提出明确而简单的假设,通常是调整内部端子电压或本构关系中如阈值电压等参数[66]。

基于大信号稳态波形考虑构建本构关系将具有更强的洞察力。两个关于不同

的捕获状态的内部本构关系的例子见图 5.29。与极端捕获状态对应的模型电流
本构关系(图5.29(a))与由具有捕获状态偏置的静态偏工作点得来的脉冲偏置特
性有明显的相似之处[13,67]。NVNA 方法的优势在于模型特性可由待测件的信号
响应推导得到,这个过程通常比大多数脉冲系统限制在 0.1~1μs 的测量时间快 3
个数量级以上。

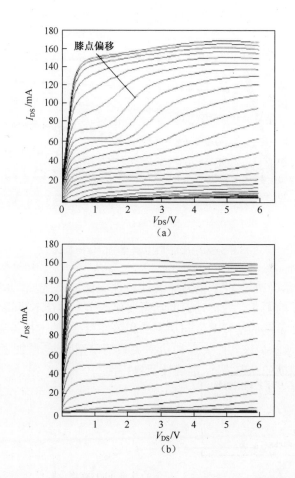

图 5.29 不同捕获状态值时改进 FET 模型本征 *I-V* 本构关系

(a)大信号轨迹线极端情况对应的固定捕获状态;(b)随 DC 偏置情况变化的捕获状态。

完备的模型在仿真时可以自洽的求解捕获状态、结温以及电流等问题。当模
型嵌入进寄生模型时,可与测试数据做最终的比较。图 5.30 所示为与测试 DC
I-V 曲线的验证比较。值得注意的是,在图 5.30 所示的情况下静态非等温 *I-V* 曲
线与本征模型本构关系的差别有多大。关键本构关系与 5 种状态变量的相关性在
一定程度上依赖于如结温和捕获态的低动态,这为在整个偏置空间内 DC 和高频

情况下拟合小信号模型偏置相关性提供了足够高的自由度,即模型具有动态捕获和电热效应时,频率色散现象可以在小信号和大信号情况下得到很好的预测,仅具有电热效应的模型在所有的偏置条件下对于直流和高频特性不具备如此优良的拟合能力。

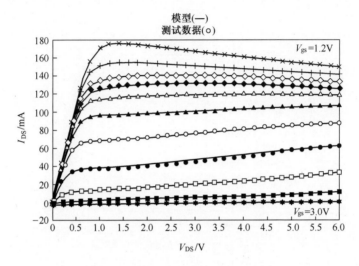

图 5.30 改进 FET 模型 DC 特性验证

图 5.31 所示为改进 FET 模型非线性特性验证结果,包括功率相关的增益和偏置电流与功率的关系。漏极延迟的动态变化产生了与众不同的车形增益压缩特性曲线和明显非单调的偏置电流与功率的相关性,详细的本构关系则来自于 ANN 训练。图 5.32 所示为该器件失真和功率关系的模型验证,验证了 ANN 方法对于复杂本构关系建模的动态描述、准确性及鲁棒性。

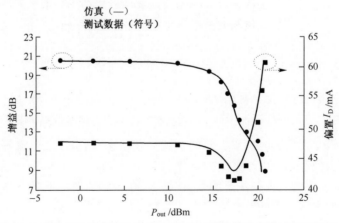

图 5.31 改进 FET 模型大信号验证:增益和漏极电流与输出功率的关系

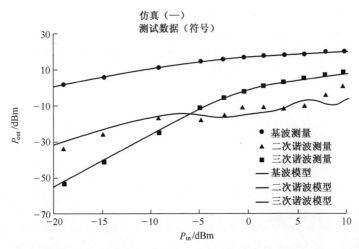

图5.32 改进FET模型大信号验证：基波、二次和三次谐波输出功率与输入功率的关系

5.11 结论

　　本章给出了针对非线性电路仿真的大信号器件建模理论基础调研，描述对于良定义的非线性模型本构关系的需求。详细回顾了非线性电荷建模包括端子电荷守恒原理，还列举了它们之间的折中及相应的结果。研究了针对耗尽和扩散电荷建模的应用，针对Ⅲ-Ⅴ族HBT的输运延迟也采用了一致的处理方法。给出了大信号建模中的一些实际考虑，包括在查表和ANN模型中由偏置相关的线性数据构建非线性电荷模型的折中考虑等。本章还重点描述了良好的寄生电路拓扑和参数提取方法的重要性。ANN建模技术的最新进展、性能强大的大信号微波测量仪器技术的商业应用(尤其是NVNA)这些重要的发展趋势都将在本领域研究中产生积极的影响。贯穿本章始终强调的重点是这些新技术与样条曲线查表模型和脉冲测量等早期技术相比的优势。我们还特别回顾了最新发展的利用先进的ANN建模方法由非线性NVNA数据直接构建的电热和捕获特性相关的Ⅲ-Ⅴ族FET模型。

参 考 文 献

[1] W. R. Curtice and M. Ettenberg, "A nonlinear GaAs FET model for sse in the design of output circuits for power amplifiers," IEEE Trans. Microw. Theory Tech, vol. 33, pp. 1383 – 1394, Dec. 1985.

[2] Agilent heterojunction bipolar transistor model (AHBT), Agilent Advanced Design System Manual, nonlinear devices, ch. 2.

[3] M. Iwamoto and D. E. Root, "Large-signal III-V HBT model with improved collector transit time formulations, dynamic self-heating, and thermal coupling," Int. Workshop on Nonlinear Microw. and Millimeter Wave Integrated Circuits (INMMIC), Rome, Nov. 2004.

[4] M. Iwamoto and D. E. Root, "Agilent HBT model overview," Compact Model Council Meeting, San Francisco, CA, Dec. 2006. Available: http://www. eigroup. org/cmc/minutes/4q06 presentations/agilent hbt model overview cmc. pdf.

[5] S. Nedeljkovic, J. Gering, F. Kharabi, J. McMacken, B. Clausen, P. Partyka, and S. Parker, "Extrinsic parameter and parasitic elements in III-V HBT and HEMT modeling," Nonlinear Transistor Parameter Extraction Techniques, M. Rudolph, D. E. Root, C. Fager, Eds. , Cambridge Univ. Press, ch. 3.

[6] J. Wood and D. E. Root, "Bias-dependent linear scalable millimeter-wave FET model," IEEE Trans. Microw. Theory Tech. , vol. 48, pp. 2352–2360, Dec. 2000.

[7] M. Iwamoto, J. Xu, and D. E. Root, "DC and thermal modeling for III-V FETs and HBTs," in Nonlinear Transistor Parameter Extraction Techniques, M. Rudolph, C. Fager, D. E. Root, Eds. , Cambridge Univ. Press, ch. 2.

[8] S. Kirkpatrick, C. D. Gelett, and M. P. Vecchi, "Optimization by simulated annealing," Sci. vol. 220. pp. 621–680, May 1983.

[9] D. E. Root "Overview of microwave FET modeling for MMIC design, charge modeling and conservation laws, and advanced topics, " 1999 Asia Pacific Microw. Conf. Workshop Short Course on Modeling and Characterization of Microw. Devices and Packages, Singapore, Nov. 1999.

[10] D. E. Root, "Principles and procedures for successful large-signal measurement-based FET modeling for power amplifier design," Nov. 2000. Available: http://cp. literature. agilent. com/litweb/pdf/5989-9099EN. pdf

[11] S. Maas, "Fixing the Curtice FET model," Microw. J. , Mar. 2001.

[12] G. Antoun, M. El-Nozahi, and W. Fikry, "A hybrid genetic algorithm for MOSFET parameter extraction," IEEE CCECE, vol. 2, May 2003, pp. 1111–1114.

[13] D. E. Root "Measurement-based mathematical active device modeling for high frequency circuit

simulation," IEICE Trans. Electron. vol. E82-C,pp. 924-936,June 1999.

[14] D. J. McGinty, D. E. Root, and J. Perdomo, "A production FET modeling and library generation system," in IEEE GaAs MANTECH Conf. Tech. Dig. ,San Francisco,CA,July 1997 pp. 145-148.

[15] S. Akhtar,P. Roblin,S. Lee,X. Ding,S. Yu,J. Kasick,and J. Strahler,"RF electro-thermal modeling of LDMOSFETs for power-amplifier design," IEEE Trans. Microw. Theory Tech. , vol. 50,pp. 1561-1570,Jun. ,2002.

[16] W. M. Coughran,W. Fichtner,and E. Grosse,"Extracting transistor charges from device simulations by gradient fitting," IEEE Trans. Electron Devices,vol. 8 pp. 380-394,1989.

[17] V. Cuoco,M. P. van den Heijden,and L. C. N de Vreede,"The 'Smoothie' data base model for the correct modeling of non-linear distortion in FET devices," IEEE Int. Microw. Symp. Dig. ,vol. 3,pp. 2149-2152,2002.

[18] D. E. Root,S. Fan,and J. Meyer, "Technology independent non quasi-static FET models by direct construction from automatically characterized device data," 21st Eur. Microw. Conf. Proc. ,Stuttgart,Germany,pp. 927-932,Sept. 1991.

[19] Agilent 85190A IC-CAP Manual,nonlinear device models,vol. 2,ch. 1.

[20] J. Xu,D. Gunyan,M. Iwamoto,A. Cognata,and D. E. Root,"Measurement-based non-quasi-static large-signal FET model using artificial neural networks," IEEE Int. Microw. Symp. Dig. ,pp. 469-472,June 2006.

[21] J. Xu,D. Gunyan,M. Iwamoto,J. Horn,A. Cognata,andD. E. Root,"Drain-source symmetric artificial neural network-based FET model with robust extrapolation beyond training data," IEEE Int. Microw. Symp. Dig. ,June 2007.

[22] J. Wood,P. H. Aaen,D. Bridges,D. Lamey,M. Guyonnet,D. S. Chan,and N. Monsauret, "A nonlinear electro-thermal scalable model for high-power RF LDMOS transistors," IEEE Trans. Microw. Theory Tech. ,vol. 57,pp. 282-292,Feb. 2009.

[23] J. Xu,J. Horn,M. Iwamoto,and D. E. Root,"Large-signal FET model with multiple time scale dynamics from nonlinear vector network analyzer data," IEEE Int. Microw. Symp. Dig. , May,2010.

[24] S. Haykin,Neural Networks:A Comprehensive Foundation (2nd ed.). Prentice Hall,1998.

[25] Q. J. Zhang and K. C. Gupta, Neural Networks for RF and Microwave Design. Artech House,2000.

[26] Matlab Neural Network ToolboxTM.

[27] J. Xu,M. C. E. Yagoub,D. Runtao,and Q. J. Zhang,"Exact adjoint sensitivity analysis for neural-based microwave modeling and design," IEEE Trans. Microw. Theory Tech. ,vol. 51, pp. 226-237 Jan. 2003.

[28] A. Pekker,D. E. Root,and J. Wood,"Simulating operation of an electronic circuit," US patent application #20050251376 A1,May 10,2004.

[29] C. B. Barber,D. P. Dobkin,and H. T. Huhdanpaa, "The Quickhull algorithm for convex

hulls," ACM Trans. on Math. Software, vol. 22, pp. 469–483, Dec. 1996.

[30] L. Zhang and Q. J. Zhang, "Simple and effective extrapolation technique for neural−based microwave modeling," IEEE Microw. and Wireless Components Lett. , vol 20, pp. 301 – 303, June 2010.

[31] D. E. Root, "Measurement−based active device modeling for circuit simulation," Eur. Microw. Conf. Advanced Microw. Devices, Characterization, and Modeling Workshop, Madrid, Sept. 1993 (available from author).

[32] J. Staudinger, M. C. De Baca, and R. Vaitkus, "An examination of several large signal capacitance models to predict GaAs HEMT linear power amplifier performance," IEEE Radio and Wireless Conf. , Aug. 1998, pp. 343–346.

[33] D. E. Root, "Nonlinear charge modeling for FET large−signal simulation and its importance for IP3 and ACPR in communication circuits," Proc. 44th IEEE Midwest Symp. on Circuits and Sys. , Dayton OH, Aug. 2001, pp. 768–772 (corrected version available from author).

[34] M. Rudolph, Introduction to Modeling HBTs. Norwood, MA: Artech House, 2006.

[35] M. Iwamoto, P. M. Asbeck, T. S. Low, C. P. Hutchinson, J. B. Scott, A. Cognata, X. Qin, L. H. Camnitz, and D. C. D'Avanzo, "Linearity characteristics of GaAs HBTs and the influence of collector design," IEEE Trans. Microw. Theory Tech. , vol. 48, pp. 2377–2388, 2000.

[36] M. Rudolph, R. Doerner, K. Beilenhoff, and P. Heymann, "Unified model for collector charge in heterojunction bipolar transistors," IEEE Trans. Microw. Theory Tech. , vol. 50, pp. 1747–1751, July 2002.

[37] W. Shockley, "A unipolar 'Field – Effect' transistor," Proc. IRE, vol. 40, Nov. 1952, pp. 1365–1376.

[38] M. Fernandez−Barciela, P. J. Tasker, M. Demmler, and E. Sanchez, "A simplified non quasistatic table based FET model," 26th Eur. Microw. Conf. Dig. , vol. 1, pp. 20–23, 1996.

[39] G. Gonzalez, Microwave Transistor Amplifiers (2nd ed.). Prentice Hall, 1984, p. 61.

[40] B. Hughes and P. J. Tasker, "Bias−dependence of the MODFET intrinsic model element values at microwave frequencies," IEEE Trans. Electron Devices, vol. 36, pp. 2267–2273, 1989.

[41] G. Dambrine, A. Cappy, F. Heliodore, and E. Playez, "A newmethod for determining the FET small−signal equivalent circuit ," IEEE Trans. Microw. Theory Tech. , vol. 36, pp. 1151–1159, July 1988.

[42] A. E. Parker and S. J. Mahon, "Robust extraction of access elements for broadband smallsignal FET models," IEEE Int. Microw. Symp. Dig. , pp. 783–786, 2007.

[43] A. D. Snider, "Charge conservation and the transcapacitance element: an exposition," IEEE Trans. Edu. , vol. 38, pp. 376–379, Nov. 1995.

[44] R. van der Toorn, J. C. J. Paasschens, and R. J. Havens, "A physically based analytical model of the collector charge of III−V heterojunction bipolar transistors," IEEE Gallium Arsenide Integrated Circuit (GaAs IC) Symp. , pp. 111–114, Nov. 2003.

[45] M. Iwamoto, J. Xu, J. Horn, and D. E. Root, "III−V FET high frequency model with drift and

depletion charges," IEEE Int. Microw. Symp. ,Baltimore,MD,June,2011.

[46] D. E. Root,J. Xu,D. Gunyan,J. Horn,and M. Iwamoto, "The large-signal model: theoretical and practical considerations,trade-offs,and trends," IEEE Int. Microw. Symp. parameter extraction strategies for compact transistor models workshop (WMB) ,Boston,2009.

[47] D. E. Root and S. Fan, "Experimental evaluation of large-signal modeling assumptions based on vector analysis of bias-dependent S-parameter data from MESFETs and HEMTs," IEEE Int. Microwave Symp. Dig. ,pp. 255-259,1992.

[48] D. Ward and R. Dutton, "A charge-oriented model for MOS transistor capacitances," IEEE J. Solid-State Circuits,vol. 13,pp. 703-708,Oct. 1978

[49] ADS Root FET,Agilent Advanced Design System Manual,nonlinear devices,ch. 3.

[50] H. Statz,P. Newman,I. W. Smith,R. A. Pucel,and H. A. Haus, "GaAs FET device and circuit simulation in SPICE," IEEE Trans. Electron Devices,vol. 34,pp. 160-169,Feb. 1987.

[51] I. W. Smith,H. Statz,H. A. Haus,and R. A. Pucel, "On charge nonconservation in FETs," IEEE Trans. Electron Devices,vol. 34,pp. 2565-2568,Dec. 1987.

[52] D. E. Root "Elements ofmeasurement-based large-signal device modeling," IEEE Radio and Wireless Conf. (RAWCON) Workshop on Modeling and Simulation of Devices and Circuits for Wireless Commun. Syst. ,Colorado Springs,Aug. 1998.

[53] D. E. Root,ISCAS tutorial/short course and special session on high-speed devices and modeling," Sydney,pp. 2. 71-2. 78,May,2001.

[54] D. E. Root,M. Iwamoto,and J. Wood, "Device modeling for III-V semiconductors: an overview," IEEE Compound Semiconductor IC Symp. ,Oct. 2004.

[55] A. C. T. Aarts,R. van der Hout; J. C. J. Paasschens,A. J. Scholten,M. Willemsen,and D. B. M. Klaassen, "Capacitance modeling of laterally non-uniform MOS devices," IEEE IEDM Tech. Dig. ,pp. 751-754,Dec. 2004.

[56] M. Iwamoto,D. E. Root,J. B. Scott,A. Cognata,P. M. Asbeck,B. Hughes,and D. C. D' Avanzo, "Large-signal HBT model with improved collector transit time formulation for GaAs and InP technologies," IEEE Int. Microw. Symp. Dig. , Philadelphia, PA, pp. 635 - 638, June 2003.

[57] L. H. Camnitz,S. Kofol,T. S. Low,and S. R. Bahl, "An accurate,large signal,high frequency model for GaAs HBT's," IEEE GaAs IC Tech. Dig. ,pp. 303-306,Nov. 1996.

[58] UCSD HBT Model. Available: http://hbt. ucsd. edu.

[59] Agilent Technologies. Available:http://www. agilent. com/find/nvna.

[60] P. Blockley D. Gunyan,and J. B. Scott, "Mixer-based,vector-corrected,vector signal/network analyzer offering 300kHz-20GHz bandwidth and traceable phase response," IEEE Int. Microw. Symp. Dig. ,Long Beach,pp. 1497-1500,June 2005.

[61] J. Verspecht, "Calibration of a measurement system for high frequency nonlinear devices," Ph. D. Dissertation,Dept. ELEC,Vrije Universiteit Brussel,Nov. 1995.

[62] E. P. Vandamme, W. Grabinski, and D. Schreurs, "Large - signal network analyzer

measurements and their use in device modeling," Proc. 9th Int. Conf. Mixed Design of Integrated Circuits and Systems (MIXDES), Wroclaw, 2002.

[63] D. Schreurs, J. Verspecht, B. Nauwelaers, A. Van de Capelle, and M. Rossum, "Direct extraction of the non-linear model for two-port devices from vectorial nonlinear network analyzer measurements," 27th Eur. Microw. Conf. Proc. , pp. 921−926, 1997.

[64] M. C. Curras−Francos, P. J. Tasker, M. Fernandez−Barciela, Y. Campos−Roca, and E. Sanchez, "Direct extraction of nonlinear FET Q−V functions from time domain large signal measurements," IEEE Microw. and Guided Wave Lett. , vol. 10, pp. 531−533, 2000.

[65] A. M. Conway and P. M. Asbeck, "Virtual gate large−signal model of GaN HFETs," IEEE Int. Microw. Symp. Dig. , pp. 605−608, June 2007.

[66] O. Jardel, F. DeGroote, T. Reveyrand, J. C. Jacquet, C. Charbonniaud, J. P. Teyssier, D. Floriot, and R. Quere, "An electrothermal model for AlGaN/GaN power HEMTs including trapping effects to improve large−signal simulation results on high VSWR," IEEE Trans. Microw. Theory Tech. , vol. 55, pp. 2660−2669, Dec. 2007.

[67] A. E. Parker and D. E. Root, "Pulse measurements quantify dispersion in pHEMTs," URSI Int. Symp. on Signals, Systems, and Electronics (ISSSE), Pisa, Sept. 1998, pp. 444−449.

[68] D. E. Root, J. Xu, J. Horn, M. Iwamoto, and G. Simpson, "Device modeling with NVNAs and X−parameters," IEEE Integrated NonlinearMicrow. and Millimeter−WaveCircuits (INMMIC) Conf. , Gotenborg, Apr. 2010.

[69] P. J. Tasker, M. Demmler, M. Schlechtweg, and M. Fernandez− Barciela, "Novel approach to the extraction of transistor parameter from large signa measurements," 24th Eur. Microw. Conf. , pp. 1301−1306, Sept. 1994.

第6章

大尺寸装晶体管

Jens Engelmann,Franz-Josef Schmückle和
Matthias Rudolph

6.1 简介

　　为了达到微波功率晶体管所需要的性能,其内部通常由若干个较小的晶体管单元组成,其中每个晶体管单元并排放置成一列,也可以按二维面阵形式排列放置。但通常情况下,晶体管单元只采用一列平行放置的方式,因为相比于其他排列方式,这种结构更容易实现功率分配及合成。相比于单个大功率晶体管,采用小晶体管组成的晶体管阵列可以在高频率实现更高的输出功率,这是因为实现晶体管高频输出需要晶体管尺寸小、响应快。本质上讲,减小晶体管的物理尺寸将减小其功率容量,而在微波频段增大只有一个发射极或漏极的晶体管的尺寸是不可行的,因为器件内不均匀的电流或热分布将使器件性能迅速下降,因此只能将许多小晶体管适当地组合并封装为一个功率器件。这样除了具备电性能优势之外,功率晶体管的热管理也可以显著简化。

　　近年来涌现出各种各样的晶体管封装结构。其中,绝大多数是以条形结构进行封装,如单条或者多条封装(二维)。然而,二维条形结构封装的功率晶体管只能限制在线长(如键合线)小于波长的低频范围内工作。

　　良好的电封装除了保护晶体管不受环境负面因素(如空气湿度)的影响外,同时在生产过程中保证其能够方便地接入电路,此外,还能够保证封装内部的所有独立单元都可以像单独的集总晶体管一样工作。为此,需要满足如下条件:

　　(1) 将所有单元的输出功率进行同相合成。任意的相位差都会产生更多的额外功耗,从而降低最大可用输出功率。

　　(2) 保证每个单元具有相同的功率容量及电流密度。通常来讲,电流倾向于集中在晶体管的边缘或者中间某些位置。因此,大部分的负载都由封装内的少部

分单元承担,这无疑会降低晶体管的功率容量及可靠性,同时也降低器件的使用寿命。因此,封装的时候需要适当地分割与组合,使上述影响降到最低。

(3) 提供良好的热管理。为了使每个单元达到相同的电气性能,要求所有单元工作时保持温度一致。

本章主要介绍一类常见晶体管的封装结构,如图 6.1 所示。这种晶体管主要由一排用键合线直接连接于封装结构的单元组成。许多商业晶体管封装时,会根据晶体管的类型及其应用特点进行预匹配。通过适当的设计键合线的连接,以及同晶体管一起内嵌在封装内的芯片电容,就能够实现预匹配。即使是在不考虑预匹配的简单情况下,我们也能够展示一些特性,例如,键合线是如何通过电感交叉耦合来彼此影响的,如何评估封装内的电效应并转换成一个等效电路模型。

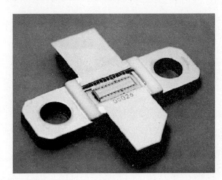

图 6.1　已封装的 GaN 晶体管照片(完全封装前)

对晶体管封装的特征描述非常复杂,主要是由于封装不仅有需要便于连接测量设备的外部接口,还有更多的连接封装和晶体管芯片之间的内部接口。这些位于封装内部的接口不仅无法测量,而且接口数量相当之多。上述内容包含了一些对晶体管封装的建模描述,研读从不同角度讨论这个主题的文献更具有意义[1-8]。

基本上来说,封装模型应该如图 6.2 所示。一个用来描述许多并联功率单元整体性能的集总等效电路,可以降低电路仿真对数值计算的需求。这个模型提高了数值解的鲁棒性、收敛性,同时也提高了仿真速度。尽管如此,这个集总模型却几乎不能使人们很好地了解晶体管封装属性,这是由于:

(1) 单个键合线的自感系数。

(2) 栅极和漏极不同键合线之间的互感系数,以及栅—漏极反馈电感。

(3) 位于封装中心或者边缘的功率单元之间的相位差。

(4) 不均衡的热分布,有可能导致形成热集中。

其中的一些效应,例如不同单元之间的相位差以及热集中的形成,基本意味着不能再把封装晶体管当作一个集总单元模型来处理。例如,一个由 10 个单元构成的封装晶体管,其特性与由单个晶体管单元所推断出的预期特性是不一致的。在

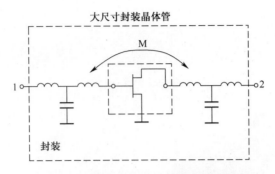

图 6.2 封装晶体管的一般集总等效电路

一定的约束条件下,可以通过调整封装晶体管模型的参数来补偿这个偏差,并使其在可接受范围内。尤其是在商用晶体管领域,可以预料,这些负面效应都是可控的。

尽管如此,在构建封装模型的时候,详细地研究电磁及热耦合效应对建模工作还是非常有利的。只有完成分布结构的特征提取以后,才能稳妥地尝试对一个实际的电路设计构建一个集总模型。

综上所述,在确定晶体管封装特性的时候,电磁仿真及热仿真具有非常重要的作用。图 6.3 展示了电特性表征的一般工作流程。

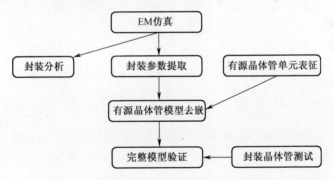

图 6.3 提取封装功率晶体管模型的工作流程

第一步是整个封装结构的电磁(EM)仿真。仿真结构如图 6.4 和图 6.5 所示。需要注意的是仿真结构的几何特征要尽可能地接近真实的封装结构。这样就要求将晶体管芯片用一个介质块代替,并且集总端口设置在连接有源器件的栅极和漏极的位置。下一节将详细讨论该项工作。

进行电磁仿真以后,相关的结果就可以直接用于研究一些封装的物理现象,例如引线电流或者磁场等。通过解释这些现象就可以辨别封装的几何结构缺陷,如有可能引起电流在边缘发生集中以及诸如此类的问题。也可以通过电磁仿真来考

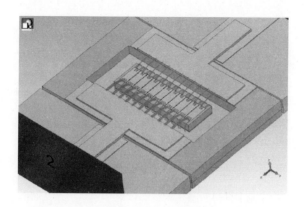

图 6.4　11 个单元晶体管封装电磁仿真结构示例

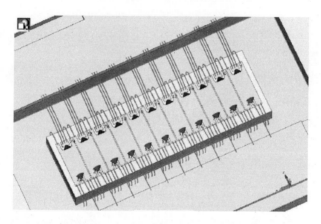

图 6.5　11 个单元晶体管封装电磁仿真结构示例,芯片与键合线特写

察封装模型中需要考虑的电磁效应,如键合线之间的交叉耦合效应。虽然这些研究可以极大地帮助我们理解封装,并对封装进行可能的优化设计,但依旧无法对封装特性进行定量描述。

　　因此,电磁仿真一般用来获取特定结构的 S 参数。而 S 参数不能提供太多 3D 场和电流的信息,它们适合用来建立一套等效电路并确定其参数值。在讨论完 EM 仿真以后,6.4 节将讨论如何准确地确定等效电路的元件参数。

　　一旦明确了封装模型的等效电路,就可以将有源器件嵌入其中了。在讨论本章内容时,我们假设功率晶体管单元的大信号模型已经确定。至于如何确定大信号模型,本书的其他章节会详细讨论。现在,最后一步就是验证模型的准确性,例如比较仿真结果和完整封装晶体管的测量结果。这里是第一次涉及测量相关的工作。由于封装模型的复杂性,很难通过调整模型参数来提高模型精度。因此,这一步的作用更多的是用来评估所建立的封装模型的精细程度,而不是进一步进行封装的模型描述。然而,由于封装是一种纯粹的无源结构,电磁仿真可以为高精度模型的确定提供很好的基础。

整个工作的最后一步是将分布式模型转换为集总模型。这一步工作通常用来减轻仿真器的数值仿真负担。该项工作在本章最后部分进行讨论总结。

6.2　热学建模

器件的尺寸越大,整个表面温度分布不均匀的风险也就越高。根据器件类型,电流和温度之间可能是正向反馈,也可能是负向反馈。在正向反馈时,如 HBT,大部分电流流经晶体管上某部分,从而产生一个热点,进而可能在热集中的部位导致热击穿现象。

温度对器件性能的影响以及如何确定相应的参数已经在第 2 章进行了讨论。尽管如此,在处理大尺寸封装晶体管时,通常还是假设单个晶体管引脚之间的温度是不相等的。

这种情况很难依靠测量来确定,也不容易用集约模型来描述,热点是一个分布效应,与集总模型方法相矛盾。

热点的形成是一个非常不希望发生的效应。它会导致器件性能下降,使晶体管特定区域的应力增大,同时严重降低器件的可靠性。因此,所有器件厂商的目标都是提供稳定可靠的器件。不过,如果需要详细的分析器件特性,就需要建立分布式的热分析模型。

直接测量一个器件或者一个封装内部单个晶体管引脚之间的热互耦基本上是不可能的。可以依靠一些方法来检测热集中区域,如红外成像,但采用类似的测量手段也很难获得任何模型参数。

因此,唯一的手段就是采用数值热仿真进行分析。目前,已经有一些商用的热仿真器可以使用,而且热分析中的数学问题要比下面几节将要讨论的电磁效应中的数学问题简单很多。在研究热互耦时候,需要考虑以下几点:

(1)跟热分析相关的结构需要全部单独分割出来,包括背面的散热片、焊料层等。因为即使是非常薄的一层结构,也有可能因为其热导率较低而对分析结果产生很大的影响。

(2)要明确晶体管内部产生热量的位置如栅极或者基极与发射极的连接端,或者基极与集电极的连接端,在模型中需要知道这些位置以便于定义热源。

(3)一般来说,半导体材料的热导率是温度的函数。因此,围绕典型的耗散功率范围开展热性能仿真是一个好办法,这样就可以假设仿真时的温度范围与器件工作时的温度非常接近。

（4）在晶体管的一个基本结构上增加一定功率,依次确定其自热和互耦热。根据实际应用需求,这个基本结构可以是一个大器件中的单个晶体管引脚,也可以是一个封装器件里面的单个功率晶体管。确定所有其他基本晶体管结构上的温度差,其热阻 R_{ji} 定义为 $\Delta T_j / \Delta P_i$。

（5）同样,如果要获得热时间常数,就需要采用瞬态仿真器来模拟功率改变时温度随时间的变化情况。

最终,可以得到一个热阻或者热阻抗的完整矩阵。对于大信号仿真,现在各个晶体管之间的热关系已经连接起来了,如图 6.6 所示即为一个 HBT 的例子。非线性晶体管模型除了 3 个电气端口外,还需要一个热端口。这个端口提供一个与器件耗散功率等价的电流,同时端口电压等价于工作温度。具备上述特点以后,非线性模型就建立完备了,接下来的分布式热仿真就可以用任意的电路仿真器进行仿真。

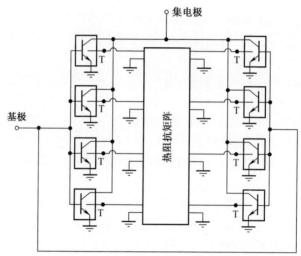

图 6.6　多指或多胞晶体管的分布式热分析模型

图 6.7 所示为一个利用分布式热模型进行大信号仿真的例子。采用的器件是 GaAs HBT[9]。它包含 8 个发射极引脚,4 个引脚一行,两行并排一起,这种结构称为鱼骨类型布局。之所以选用这个例子,是因为 HBT 容易发生热集中效应,因此需要考虑热稳定设计。另一方面,GaN 封装晶体管的端口较固定,不适合用来作为典型的例子。这里研究了两种情况。图 6.7 中的实线表示的是器件发射极只有电气连接而没有考虑热性能时器件的电性能。在图 6.7(a)中,该器件发生了典型的热击穿。电流最开始集中在一行,然后,逐渐集中在该行中间的某个引脚上,如图 6.7(b)所示。同样的器件,采用发射极加电阻及厚空气桥的方式进行热稳定设计,让温度基本保持在同一级别(图中的虚线)。在这种情况下,晶体管边缘的发

射端引脚温度会略微降低,但器件整体表现出稳定的性能。

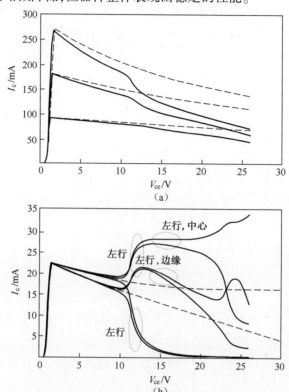

图 6.7　八引脚鱼骨型 GaAs HBT 仿真结果。实线表示热不稳定器件,虚线表示热稳定器件
(a)集电极总电流;(b)单个单元的发射极电流。

6.3　电磁仿真

EM 仿真需要具备仿真完整三维封装结构的能力。本例中,我们采用基于时域有限差分法的 CST 微波工作室进行仿真。时域有限差分第一步就是将被研究的空间细分为立方体区域,当然同样可能采用其他类型的细分网格,如四面体。仿真时,采用两个立方体系统分别用于仿真电场和磁场。这两个立方系统以一种特殊的方式互相转变,即定义磁场的立方体的角都位于定义电场的立方体的中心上,反之亦然。这些 Yee 单元[10] 能够帮助减小数学差分或导数的固有误差。通过将电场和磁场分量设在立方体面心位置,可以将麦克斯韦方程组做近似处理,例如,如图 6.8 所示的一个电场分量可以写为

$$\frac{\partial}{\partial t}\boldsymbol{E} = \frac{1}{\varepsilon}\mathrm{rot}\boldsymbol{H}$$

167

$$E_x^{n+1}(i,j,k) = E_x^n(i,j,k) + \frac{\Delta t}{\varepsilon \cdot h}(H_z^{n+\frac{1}{2}}(i,j,k) - H_z^{n+\frac{1}{2}}(i,j-1,k)$$

$$- H_y^{n+\frac{1}{2}}(i,j,k) + H_x^{n+1/2}(i,j,k-1) \qquad\qquad (6.1)$$

式中 i,j,k 为 x、y、z 坐标;n 为时间步长。

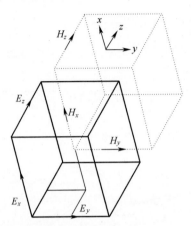

图 6.8　电场(实线立方体)和磁场(虚线立方体)在基础 Yee 单元中离散化细分区域

在时域,采用跳蛙算法从最初的一系列已知场(例如,除了受激端口外,其他地方是没有电磁场的)开始一步一步计算得出最终结果,计算过程随着时间步进逐步进行。

接下来的章节中将更加深入地讨论离散化的含义。举例来说,一个需要注意的问题是选择一种能够非常好地近似极薄的键合线及其形状的网格,另外一个重要的问题是边界条件。在我们的举例中,需要考虑 3 种不同的边界条件:栅极和漏极将会通过微带线连接激发微带线模式的电磁场。另一方面,整个仿真区域需要足够大,防止仿真边界干扰封装结构的内部电磁场。这可能会显著影响仿真精度,但是在提取封装等效电路时可能并不会立刻观察到这一现象。第三个是关于内部端口的问题。传统 EM 仿真方法采用基本的 2D 边界来描述被仿真结构的端口,并且端口设置远离被仿真结构,例如采用微带线连接端口和被仿真结构。这样,如果由仿真结构引起的场微扰确实会随着其与栅极的距离而消失,则能够沿着微带线传播的模式就是已知的。另一方面,我们需要将封装内部的 50Ω 端口紧密排布在每一块芯片封装接口处(栅极、漏极或源极)。因此,预计这些端口会引起某种干扰。

人们做出的所有努力只有一个目的,就是通过一个等效电路来表示封装的电性能。除了同电路仿真软件相容外,这种方法使得复杂的电磁场互作用基本被分解为电容、互感及自感,从而使人们可以理性地认识封装器件的行为特性。但是一般而言,以等效电路为基础基本上不能预测封装几何结构的变化,对电性能产生什么影响,这就要求封装模型中不同元件要相互独立、互不干扰。然而,封装器件是一个复杂的结构,任何改变都将影响 3D 电流和电压,从而部分地影响那些由多个等效电路元件组成的模型。

6.3.1　封装的几何外形和仿真结构

本节考虑的晶体管封装基本几何外形如图 6.5 所示,其主要是封装内部条状排布的晶体管单元,并采用键合线实现电连接。本例中,晶体管单元的数目在 5 至 11 之间变化。同时,引脚宽度也不是固定的,宽一些或者窄一些都可以,如图 6.4、图 6.5 所示。键合线的形状可能不尽相同,芯片的源极通过芯片上接地孔或者键合线连接到封装的法兰,如图所示。总之,我们聚焦于那种只有少量变化的一般的封装结构。

首先,将晶体管芯片焊接在法兰上,而法兰连接着源极。正如前文所述,该步骤由通孔或键合线来实现。封装侧壁由一个绝缘介质层组成,栅极和漏极均置于介质层顶部。引脚铅层与外部微带线的连接点相匹配,从而分散封装结构内的电流,为连接键合线提供足够的空间。最终,键合线分别将芯片的栅极和漏极同栅极和漏极的引脚相连。这里,由于漏极的直流电流对于单根键合线而言太大,因此漏极通过 3 根直径 $50\mu m$ 的键合线连接。直流电流对于栅极而言却不是问题,因此栅极仅用 1 根键合线连接。晶体管单元之间距离为 $400\mu m$。整个封装最终由一介质盖封住。

为了仿真封装结构的电磁特性,封装结构模型越接近实际越好。因此,封装结构将考虑为完全密封的[①]。盖板的介电常数会对封装电容有一些影响。

其次,封装器件被嵌入到标准的微带线环境中,如图 6.4 所示,与栅极和漏极均有一定距离,因此可以假设此处的微波均为纯净的微带线模式。封装周边的任何微扰都会随着与封装距离的增加而减弱。微带线使得封装能够进行 EM 仿真,但最终却需要将它们对仿真结果的影响排除掉。相对而言,采用去嵌入方法容易达成该目的。微带线的特性已经广为人知,直接从仿真得到的 S 参数中减去微带线部分即可得到最终结果。

封装内的晶体管芯片用一个与之介电常数相同的介质块代替,介质块结构如图 6.4 和图 6.5。有源器件中,栅极和漏极的焊盘以及面积更大的源极的镀金区域均只考虑为金属镀层。有源晶体管模型是独立于封装模型建立的,一旦已知了封装模型,则非线性模型就可以嵌入进去,其与有源器件的具体接口即为栅极、漏极和源极的焊盘位置的端口。这些端口的位置如图 6.9 中 3D 箭头所示。需要注

----

① 通常为了展示封装器件的内部结构而不在图中显示介质盖子。

意的是,晶体管源极是接地的。该封装结构中,地即为金属法兰。这就是栅极和漏极的内部端口定义在芯片焊盘和法兰之间的原因。对于晶体管单元,其接地和源极都在芯片顶部,它们基本上是共面设计的,且都制作在晶片上。该结构中,将每一个晶体管源极到封装接地的路径定义为晶体管的第三个端口同样是必要的。图 6.9 的结构显示了两个这种端口,分别位于芯片的栅极一侧和漏极一侧。当提取封装参数时,模型中加入这两个端口时不会引入明显误差。

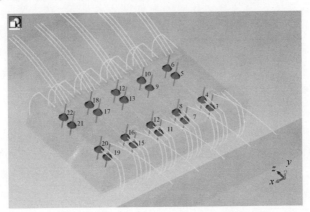

图 6.9 五胞晶体管内部端口的位置

6.3.2 内部端口

对于栅极和漏极的微带线端口,EM 仿真以一种非常直接的方式进行。边界条件即定义为:假设微带模式的微波沿着微带线传播,然后采用 EM 仿真程序计算产生的场以及微波的传输系数和反射系数。相比之下,内部端口不能通过这种方式定义。这些端口都在待求解的结构内部,而且不能假设成一个已知的场分布。相反,细线却可以假设成具有确定的端口阻抗,如 50Ω。

一定长度的引线就会引入磁场,由麦克斯韦理论可知,它将具有自身的磁场和感抗。这里,端口的长度与芯片的高度相等,这是不能忽略的。沿端口也会有电场分布,导致一定的电容。如果定义了一个 50Ω 的端口,那么这些电抗分量是不希望出现的。实际上,我们在端口施加电流和电压,反过来将影响磁场和电场。

由于无法避免内部端口引入的电抗分量,所以有必要确定端口感抗以修正端口参数。同端口感抗相比,端口容抗只是次要因素。

为了将端口感抗从其他电感效应中分离出来,研究中仿真了一个测试结构。该结构基本上就是一个介质块,反映了芯片的特性,并且其几何结构主要关注高度、焊盘尺寸及其与内部端口的间距。图 6.10(a) 所示即为用来仿真的测试结构,图 6.10(b) 中去掉了介质块,以显示出两个内部端口的位置。图 6.11 为该测试结构的等效电路。可以看出,端口电感与所选端口阻抗呈串联关系。该结构中,端口电感确定为 $0.63\mathrm{pH}/\mu\mathrm{m}$,如图 6.12 所示。因此,对于高度为 $365\mu\mathrm{m}$ 的芯片,每个端口电感均为 230pH。

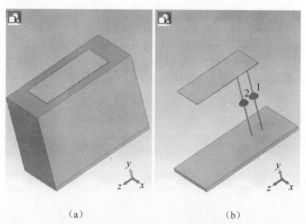

（a） （b）

图 6.10 简化环境下晶体管下方的内部端口电感的研究

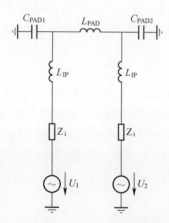

图 6.11 图 6.10 所示结构的等效电路

其他学术研究表明[11,12],内部端口的电感本质上与其离散化方式相关。因此,这就意味着对封装的每一次仿真,端口电感都需要重新仿真,除非离散化在内部端口区域内保持相同的位置。

一旦已知了端口电感,必须在各自端口仿真所得的 S 参数矩阵中减去该部分。这可以通过电路仿真工具或一般数学工具轻松地完成。只有完成了该项修正,EM 仿真结果才反映了单独的封装电磁场特性,并且还可以进一步用于确定封装模型。

封装背面金属镀层假设为内部端口的公共接地点。当然,这也是一种近似,因为法兰上金属层虽然具有较高的电导率,但并不是无限大,而且法兰上各参考点也

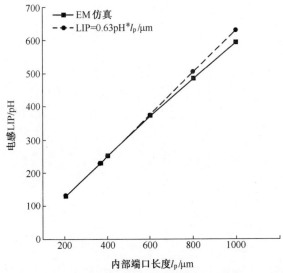

图 6.12　实线:内部端口结构如图 6.10 所示时,其电感与内部端口长度 l_p 的函数关系。虚线:假设 0.63pH/μm 时得到的电感值

存在一定距离,并非真正共点。研究中记住这些观点是有益的,事实证明,在本例中,忽略几何结构引入的不确定因素也是可以接受的。

6.3.3　键合线

　　键合线是封装的重要组成部分。一个如图 6.13 所示的简化的测试结构用于研究键合线的长度对电感的影响,并将其用于确定合适的等效电路。对长度为 1100～2100μm 之间的键合线进行 EM 仿真,所得的单根键合线的 S 参数如图 6.14 所示。

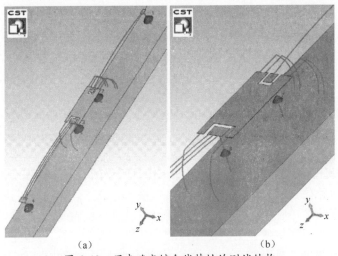

（a）　　　　　　　　　　　　（b）

图 6.13　用来确定键合线特性的测试结构

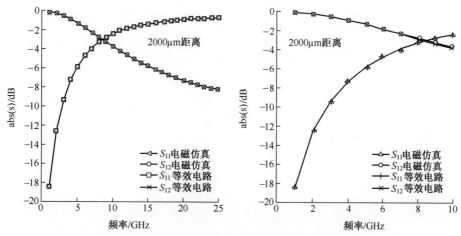

图 6.14　图 6.13 所示结构中单根键合线的典型 S 参数

实线:EM 仿真结果,虚线:等效电路拟合结果。

　　当然,键合线具有电感,但同样具有对地电容。除了有必要确定线长的影响之外,确定合适的等效电路也是有必要的,也就是说,需要找到电路的简单性和描述的准确性之间的最佳平衡。对于键合线,图 6.15 显示了两种可供选择的结构。为了使键合线模型在宽带下保持很好的精度,考虑对地电容是有必要的,如图6.15(a)所示。等效电路中各元件值如图 6.16 所示。显然,电容非常小,因此其仅在高频时才会对等效电路产生影响。

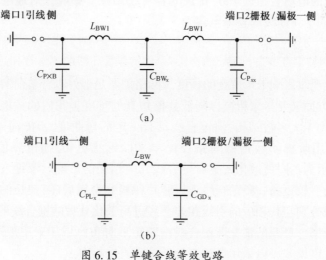

图 6.15　单键合线等效电路

(a) 宽带电路;(b) 有效频率达 10GHz 的电路。

　　在这一点上,值得考虑的是封装晶体管设计的目标频率为 2GHz。同样,还要将封装规定为工作于 10GHz 以下。简单来说,封装尺寸太大在高频时无法表现出

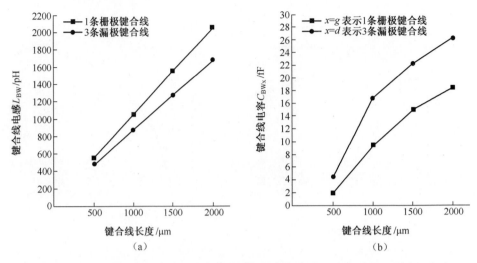

图 6.16　能够描述如图 6.15 所示电路中键合线高频率到 25GHz 特性的集总元件值
(a) 键合线电感；(b) 键合线对地电容。

良好特性。因此,将模型频率范围限制在 10GHz 以下,同时忽略如图 6.15(b)所示的电容是合理的。由此预测的 S 参数如图 6.14(b)所示。

综上所述,键合线和地之间以及栅极和漏极并联的键合线之间存在电容,但它们对电特性的影响可以忽略不计。因此,封装模型会将其排除。由于键合线并联,键合线之间的电场会趋近于 0,导致电容对模型没有影响。对地电容将被集中起来,并添加到金属馈线的整体电容上。

6.3.4　封装离散化

离散化严重影响 EM 仿真的精度。网格需要足够好以分解所有将要仿真的结构,但另一方面又要尽量粗糙以降低数值仿真的难度。我们的案例中采用了矩形网格,它适用于大多数结构,但键合线具有一定的弯曲度,不能简单转化为矩形。实际上,采用阶梯函数近似的路径比本来的形状更长,而电感值也会被高估。图 6.17 所示为不同离散化方案对键合线几何结构的影响。双键合线的理想形状也显示在内。较短的一条键合线连接芯片源极和金属底座,较长的一条键合线将栅极或源极分别与其相应的引线相连。经过离散化处理的键合线的长度取决于其形状和分辨率。最差的情况即键合线横跨矩形对角区域却采用矩形边缘来近似。本例中的长度误差可以采用毕达哥拉斯定理直接给出。

为了确定最优网格,将封装划分为 100000、500000 和 1000000 个单元。图 6.18 所示为波导栅端口通过键合线连接到内部栅端口的传输系数 S_{31}。可以看出,网格单元数量由 100000 增加到 500000 时仿真结果变化明显,但网格单元数量

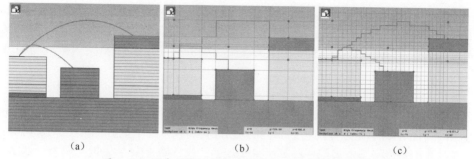

图 6.17 用来研究网格单元数量影响仿真精度的模型

(a)物理路径;(b)500000 单元;(c)1000000 单元的离散化网格拟合的近似路径。

进一步加倍则不影响结果。最终的离散化方案通过若干相似的初步 EM 仿真来确定。一旦仿真结果不再随网格的更精细而改善,则可以假设,已经找到了网格单元数量和仿真精度之间的最佳平衡。

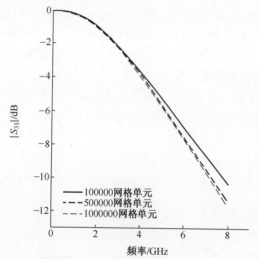

图 6.18 研究图 6.17 中不同网格密度的 S 参数。S_{31} 为输入
波导端口与所研究的栅极单元内部端口的关系

6.4 封装模型等效电路

上述几节讨论的电磁仿真给我们提供了封装器件的 S 参数矩阵。该矩阵有大量的端口。除了封装晶体管外部的栅极和漏极端口,还有内部每个功率晶体管芯片的栅极和漏极端口。原则上说,该 S 参数矩阵可以直接用来在电路仿真器中描述封装属性。尽管如此,在特性描述过程中,处理并确定一个基于电路的等效模型有很多优点:

(1) S 参数文件非常大。对于一个 11 单元的晶体管, S 参数矩阵最少有 36 个端口。这样,对于每一个仿真测试的频点,都会有 1296 个复数 S 参数。根据测试频点的数量,形成的 S 参数文件很容易就到 50MB 左右。作为对比,等效电路模型只需要少量的参数值即可。

(2) 根据等效电路模型可以推算封装器件在 EM 仿真频率之外的频点的性能。这就能够得到低频和直流条件下的性能参数,而通常这些性能在 S 参数文件中是不包括的。也可以利用该模型通过插值得到器件在高频条件下的性能。S 参数的插值通常是在电路模拟器中采用一些算法来实现的。这些算法只是提供一些特性趋势,而不能寄希望于通过这些算法提供较高的精度。尽管如此,插值只能限制在低于封装第一个谐振频率时进行。谐振频点本身的特征没有进行过评估,因此无法进行精确的定量描述。而高于谐振频率的时候,采用的等效电路模型由于过于简单而不适用。

(3) 等效电路模型是用电感、电阻以及电容这几个物理参量来描述的,这些物理参量可以用于任何形式的电路模拟器进行仿真。一个采用频域数据(如 S 参数文件)定义的电路可以在谐波平衡仿真器中运行,但一般不能在时域仿真器中运行。

(4) 一个具有实际物理意义的拓扑结构及单元值的等效电路模型能够帮助我们更好地理解封装,例如,这种模型使我们有可能识别出影响晶体管性能的关键点,如有问题的键合线电感值等。

为了利用封装模型的所有优点,等效电路应该在不降低模型精度的前提下,尽可能地简单。最关键的问题是确定等效电路模型中的参数。下面将提供一种算法来获取这些参数。

图 6.19 所示为封装器件的栅极及漏极部分的等效电路模型。该模型很适合工业标准的封装,比如图 6.1 所示的 Kyocera 公司的 A191 封装。

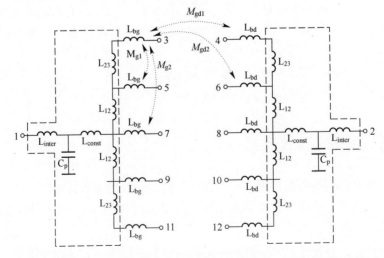

图 6.19 封装结构的等效电路模型。为方便起见,只展示了一个五单元的模型,且省略了源极电感。所有的键合线电感 L_{bg} 及 L_{bd} 相互耦合,其中的一部分用箭头表示

这个封装基本包括三部分。主要部分是一个镀金的钨铜法兰。法兰中的两个孔用来固定整个封装结构。法兰也需要充当功率晶体管的热沉。法兰上覆盖一层氧化铝绝缘层。最后,镀金的铅焊接在氧化铝层上。整个封装器件通过宽线以 T 形结构与微带线连接。引脚内侧用键合线与芯片连接。

通过 6.3 节所描述的 EM 仿真进行初步的研究后,期望得到一个具备较好精度的基本的等效电路。在栅极和漏极端,电感 L_{inter} 表示导线电感。T 形引脚对地电容考虑为一个电容 C_p。在 T 形引脚上电流沿着微带线传到不同的键合焊盘。电流的传导用一系列的电感值来描述,如 L_{const} 及 L_{ij}。研究人员已经证实采用这种方法来描述所研究的封装器件是合适的。当然,采用其他的方法也是可以的。然而,我们仍然要求封装的几何结构能够保证不同的晶体管芯片之间的相位差很小,也就是说,引脚的电感要尽量小。

分别用栅极电感 L_{bg} 和漏极电感 L_{bd} 来描述键合线。虽然栅极通过 1 条键合线与外部连接,漏极通过 3 条平行的线与外部连接,但对于每个端口,我们只用 1个参数去表征。因此,L_{bg} 和 L_{bd} 的值不相等。

最后,所有键合线电感都耦合在一起,在模型里面用大量的互感系数去表征:M_{gi} 为栅极用于连接不同晶体管单元的键合线之间的互感;M_{di} 意义基本同上,但表示漏极端;M_{gdi} 为连接单元晶体管栅极和漏极的键合线之间的互感。

下标 i 表示所考虑键合线之间的距离,从 1 开始,分别表示相邻单元的栅极和漏极的互感,以及相对方向上键合线之间的互感(M_{gd1})。为了方便起见,图 6.19中只表示出了 1 个键合线与其最相邻位置上键合线之间的互感系数。在这里,假设不管考虑哪个单元,其键合线模型,以及其通过互感耦合与环境的相互影响都是一致的。这个假设在参数提取的时候将会验证。

图 6.19 所示的等效电路并未表示出源的连接。当然,所有源的感抗都会影响封装晶体管的性能,都必须要考虑。源对晶体管封装性能的影响主要取决于晶体管源是如何跟封装法兰连接的。如果晶体管源是通过背面连接的,所引起的阻抗严格意义上来说并不是封装的一部分。如果源是通过键合线连接的,就采用栅极和漏极键合线同样的策略,考虑自感及互感。在这种情况下,如果考虑所有键合线之间都相互耦合,则参数的个数将会大幅增加,但是建模和参数提取策略对栅极、漏极及源端口都适用。因此,本书只考虑栅极和漏极键合线提取的细节信息,并假设源极键合线的特性可以用同样的方式来确定。

6.4.1　解析参数提取策略

等效电路包含大量的参数,而且由于键合线之间存在互耦,还需要确定更多的参数。因此,参数提取采用全局优化策略并非是最好的选择,因为该策略既不快,也不方便处理。需要构造一个解析的参数提取方法来对每个参数产生一个确定的解。采用解析方法的另一个好处在于它从根本上提供了判断等效电路拓扑结构是否合适的可能性[13]。使用等效电路方法时,一个潜在的假设就是电路中的所有元素(如电感、电容等)都不存在色散,也就是说,对于一个电感 L 或者电容 C,其值的大小与频率无关。这个假设需要在参数提取时进行验证。此外,如果等效电路拓扑可以进行适当的简化,通过应用上述条件,就可以知道哪里可以进一步改善。至于如何去改善以及如何确定改善后的等效电路参数是另外的问题。

因为封装结构是对称的,因此大部分结构基本是一致的,如栅极大量平行的键合线。可以预期这种结构的一致性可以反映为参数值的一致性。因此,我们建议在定义模型的时候把这些几何相似的特性考虑进去,如只用一个值来表示栅极键合线的自感值。减小模型参数的数量是非常有益的,因为这可以使模型易于处理和理解。在这种情况下,几何结构就暗含并证明了这个结论。

尽管如此,在参数提取时,还是建议从 EM 仿真结果中得到尽可能多的信息。理论上来说,可以通过不同的方法来得到很多参数值,也可以单独地确定不同键合线的电感值。获取所有这些参数的过程,也可以使我们明白采用的等效电路拓扑结构是否合适。

尽管等效电路包括很多单元参数,而且可能有更多的参数需要确定,但我们可以推导出一个直接提取参数的方法。这个方法是基于等效电路拓扑结构跟一个双端口的 T 形拓扑结构非常相似而得出的,如图 6.20 所示。

T 形拓扑电路的 Z 参数矩阵如下:

$$\begin{pmatrix} V_1 \\ V_2 \end{pmatrix} = \begin{pmatrix} Z_{11} & Z_{12} \\ Z_{21} & Z_{22} \end{pmatrix} \cdot \begin{pmatrix} I_1 \\ I_2 \end{pmatrix} \tag{6.2}$$

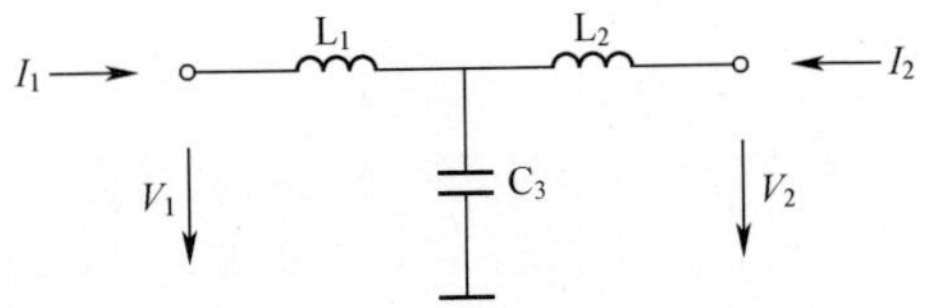

图 6.20　双端口电路的 T 形拓扑

Z 参数定义如下:

$$Z_{11} = \frac{V_1}{I_1}\bigg|_{I_2 = 0} = j\omega L_1 - j\frac{1}{\omega C_3} \tag{6.3}$$

$$Z_{21} = \frac{2}{I_1}\bigg|_{I_2 = 0} = -j\frac{1}{\omega C_3} \tag{6.4}$$

类似地,可以得到 Z_{21} 和 Z_{22}

通过上式,可立刻得到模型参数:

$$C_3 = \mathrm{Im}\left(\frac{1}{\omega Z_{12}}\right) = \mathrm{Im}\left(\frac{1}{\omega Z_{21}}\right) \tag{6.5}$$

$$L_1 = \mathrm{Im}\left(\frac{Z_{11} - Z_{12}}{\omega}\right) = \mathrm{Im}\left(\frac{Z_{11} - Z_{21}}{\omega}\right) \tag{6.6}$$

$$L_2 = \mathrm{Im}\left(\frac{Z_{22} - Z_{12}}{\omega}\right) = \mathrm{Im}\left(\frac{Z_{22} - Z_{21}}{\omega}\right) \tag{6.7}$$

其中,Z 参数 Z_{ij} 物理意义为当端口 j 输入电流,其他端口断开时,端口 i 处的电压值。引入 T 形拓扑电路,当一个端口开路时,会大幅简化等效电路。在上述所示简单例子中,如果 $I_2 = 0$,则 L_2 上没有电流流过。因此,L_2 对 Z_{11} 和 Z_{12} 没有影响,因为这里没有电流流过就没有压降。

这是基于 Z 参数方法的优点,该方法也适用于多端口电路。图 6.21 显示了如何从 EM 仿真参数 $Z_{1,1}$ 和 $Z_{1,11}$ 中得到我们封装模型的参数 C_p 及 L_{inter}。与之前讨论的双端口电路类似,两个参数可表示如下:

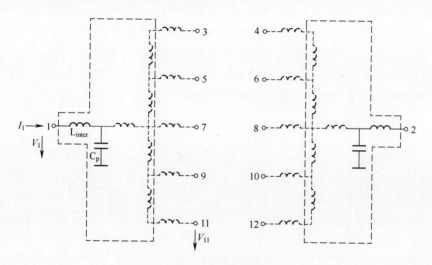

图 6.21　从 Z 参数得到 C_p 和 L_{inter}

$$C_p = \mathrm{Im}\left(\frac{1}{\omega Z_{1,11}}\right) = \mathrm{Im}\left(\frac{1}{\omega Z_{11,1}}\right) \tag{6.8}$$

$$L_{inter} = \mathrm{Im}\left(\frac{Z_{1,1} - Z_{1,11}}{\omega}\right) = \mathrm{Im}\left(\frac{Z_{1,1} - Z_{11,1}}{\omega}\right) \tag{6.9}$$

所有其他的感抗是不相关的,因为电流只流经 L_{inter} 和 C_p。

因此,封装模型参数的提取方法类似于第 3 章讨论过的外部电感的提取。

6.4.1.1 铅层的电感和电容

如上节所述，C_p 和 L_{inter} 是两个最先直接获得的参数。这些参数描述了微带线馈线的电感特性、引脚的部分电感以及引脚与地之间的电容。

这些参数非常依赖于 EM 仿真中参考平面的位置。如之前所讨论的，进行 EM 仿真时，封装嵌入在微带线中。栅极任意微带线的电感和电容都会添加到栅极的 C_p 和 L_{inter} 中。漏极端也同理。因此，有必要从 EM 仿真的文件中，对上述微带线进行去嵌。如果参考平面不在期望的位置，只会导致元件值的不正确，但算法一般是没有问题的。

关于电容值的另一个要点是：通过 EM 仿真研究键合线的性能，可以发现与键合线电感相比，键合线电容基本可以忽略不计，见 6.3.3 节。尽管如此，在实际的封装结构中，有相当多的导线是平行的。在我们的例子中，有 11 个单元，可能会使 C_p 值略微增大。第二个问题是芯片上的键合焊盘。同样地，这些很小的焊盘也会使 C_p 值增大。因此，需要明确如何通过晶体管有效模型中的寄生元件来描述芯片外围电路的特性，因为焊盘必然属于芯片的一部分。如果焊盘电容被考虑了两次（分别在芯片上和封装参数提取时都有考虑），则 C_p 的估值会过高。

再看图 6.21，很明显，电容 C_p 基本可以通过参数 $Z_{1,i}$ 或者 $Z_{i,1}$ 确定，这里 i 表示端口 3,5,7,9 及 11。从所有可能的组合里面确定两个参数非常有用。这个问题将在接下来有关键合线电感及引脚传导电感的例子里面重点讨论。

6.4.1.2 键合线及传导电感

由于所有键合线之间都存在感性互耦，因此很难从整个封装的性能来推断单个栅极或者漏极连接线的自感。不过，Z 参数方法在这里依旧有用，因为它可以将不同的电感效应分开考虑。

图 6.22 着重展示了该方法的工作原理。给 3 号端口施加一个电流 i_3，其他端口开路，电流只流过图中实线部分的单元。由于其余所有的键合线的一端都是断开的，所以，其他任意键合线上由于感应而产生的电压都不会导致电流的增加。这里，等效电路再一次简化为一些 T 形拓扑的子电路模型。

然而，键合线的电感和传导电感通常都是串联在一起。在图 6.22 中的等效电路例子中，可以得到下列等式：

$$Z_{3,3} - Z_{3,1} = j\omega(L_{const} + L_{12} + L_{23} + L_{bg}) \tag{6.10}$$

$$Z_{5,5} - Z_{5,1} = j\omega(L_{const} + L_{12} + L_{bg}) \tag{6.11}$$

$$Z_{7,7} - Z_{7,1} = j\omega(L_{const} + L_{bg}) \tag{6.12}$$

$$Z_{9,9} - Z_{9,1} = j\omega(L_{const} + L_{12} + L_{bg}) \tag{6.13}$$

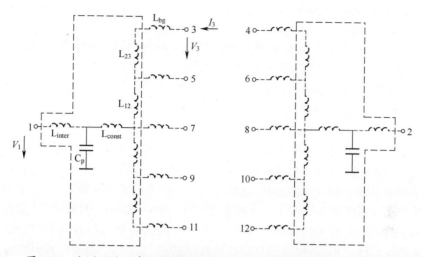

图 6.22 分别通过 Z 参数求解键合线电感 L_b 及引脚传导电感 $L_{12}, L_{23}, \cdots$

$$Z_{11,11} - Z_{11,1} = \mathrm{j}\omega(L_{const} + L_{12} + L_{23} + L_{bg}) \tag{6.14}$$

通过上述方程可以很容易求得传导电感 $L_{12}, \cdots, L_{23}$。

图 6.23 所示为一个 11 单元晶体管封装结构提取得到的栅极引脚传导电感。因为对称性,左侧和右侧的电感值相等,因此只得到 5 个电感值。同样,在漏极引脚的传导电感值也相等。

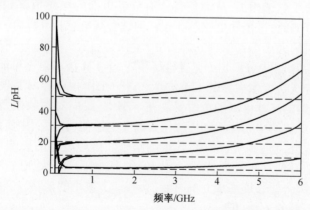

图 6.23 引脚传导电感 $L_{12}, \cdots, L_{56}$。实线表示从 EM 仿真中得到的结果,虚线表示在等效电路中使用的与频率无关(无色散)的值。电感值在靠近引脚边缘时增加

可以看到,越靠近引脚的外边缘位置,电感值越大。图 6.23 中所示的电感值是所有电感中一个电感的绝对值,不是从封装中心到键合线位置的电感之和。

所得到的电感值曲线形状也值得仔细研究。与频率无关的电感值是等效电路

中一个有待验证的条件。图中,用虚线表示固定的参数值,但从仿真中得到的实际参数值并不是固定不变的。然而,基于以下几点原因,参数的提取是合理的:

(1) 频率非常低时,随着 ω 变小,等式 $L = \mathrm{Im}(Z)/\omega$ 右侧趋近于 $0/0$,导致无法计算出一个有理值。再者,EM 仿真数据的数值不确定性可能逐步增强。

(2) 电感值随着频率的升高而增大,也清晰地表明等效电路模型在频率 $f \gg$ 2GHz 时过于简单。这并不奇怪,因为生产商已经指出封装只适用于频率低于 6 ~ 8GHz。在 8 ~ 10GHz 的时候,封装将会发生谐振,进而导致在基波频率高于 2GHz 时无法使用。电感值的色散发生在低于封装谐振频点,但又高于目标 2GHz 频率的范围内。因此,从这些曲线当中获取一个值并不是选择一个看上去不错的值,而是要确定基波频率的值,同时需要注意高次谐波频率的精度会下降,只有在靠近基波频率的时候就能观测到非常严重的色散时才需要考虑改进电路的拓扑结构。

(3) 这些曲线在某些方面很特别,因为引线接近封装的谐振频率时将表现出线性的谐振特性。当这种情况发生时,可以预料到只有几个集总电感串联的近似模型已经不能有效地表征封装。引线作为一个分布式结构时,与其他元件相比(如键合线)来说,将会呈现更严重的色散,但接下来我们就能看到,引线的电感值比键合线的电感值要小得多。

利用式(6.10)~式(6.14),除了一个传导电感 L_{const} 外,其余所有的电感都可以确定。等效电路中的传导电感用来增加自由度,因为引线除了不同于横向的传导电感外,还可能有一个公共电感。不幸的是,该电感与键合线电感串联在一起。它不只是跟键合线电感相加,从而使得所有分支里面的电感值都相同,如图 6.23 所示那样。尽管如此,该传导电感不会跟任何键合线电感相互耦合。因此,需要确定该传导电感值的大小。

要从 L_{bg} 或者 L_{bd} 中分离出 L_{const} 仅仅依靠一个 EM 仿真是不可能的。因此,需要对不同的键合线长度做大量的 EM 仿真。这个工作相对容易实现,因为在仿真系统中,封装模型的尺寸可以随意改变。在本书中,我们对封装模型进行了延伸。图 6.24 所示为封装的中间位置和边缘位置的总电感值,该实例中实线和虚线是等效电路分别用式(6.12)和式(6.10)求得的结果。传导电感的影响可以从两条曲线的偏差清晰地看到。两条曲线都有相同的斜率,因为键合线电感跟其长度是成比例的。不过,键合线长度变成 0 的时候,会有一个很小的偏移。实线与 y 轴的交点就是我们所需要的 L_{const} 值。

一旦知道了 L_{const} 的大小,就可以确定键合线电感。图 6.25 所示为所提取到的电感值随频率变化的关系。从图中可以看出,最终提取得到的电感值几乎不随频率的变化而变化,这证明采用有物理意义的电感提取方法和等效电路非常重要。栅极单个键合线的电感值大约 1.2nH,即 915pH/mm,这个值非常接近于经验法则所给出的电感值 1nH/mm。另外,漏极端 3 条平行的键合线总电感值约 0.9nH 左右,即 710pH/mm。

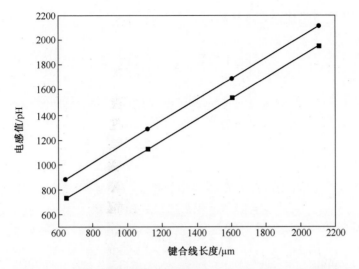

图 6.24　由 EM 仿真结果提取得到的总电感与键合线长度的关系。其中虚线是用式(6.10)计算的结果,实线是用式(6.12)计算的结果

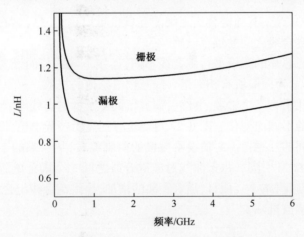

图 6.25　提取的栅极键合线电感 L_{bg} 和漏极平行键合线总电感 L_{bd}

　　栅极连接与漏极连接电感值的大小不同,是由于栅极每个单元只用一条键合线连接,而漏极则用 3 条平行的键合线连接。尽管 3 条键合线平行连接,但只能确定一个最终的电感值。很明显,漏极的 3 条键合线靠得非常近,由于电感的互耦效应,导致最终的电感值比单条键合线的电感值降低了约 1/3。因此,这 3 条键合线也可以理解为一个近似的金带连接,而不是 3 条独立的线。

6.4.1.3　栅极和漏极键合线的互感

　　到目前为止,所有键合线的自感值以及用来描述引线的参数都已知了,而对键合线互感值的定量描述还是未知的。

尽管键合线在 Z 参数法中定义为除了一个端口外，其余端口都是开路，但还是会有一个感应电压产生。利用这个性质来确定互感值的大小，通过确定如图 6.22 的连接栅极端口 3 和 5 的键合线互感值 M_{g1} 来解释如何确定栅极或者漏极的键合线互感值。需要在端口 3 给定电流的时候，测试端口 5 的电压值，从而研究 $Z_{3,5}$。

Z 参数可以用等效电路的参数来表征如下：

$$Z_{3,5} = j\omega(M_{g1} + L_{12} + L_{\text{const}}) + 1/(j\omega C_p) \tag{6.15}$$

$$Z_{5,5} = j\omega(L_{bg} + L_{12} + L_{\text{const}}) + 1/(j\omega C_p) \tag{6.16}$$

$$Z_{7,7} = j\omega(L_{bg} + L_{\text{const}}) + 1/(j\omega C_p) \tag{6.17}$$

$$Z_{1,7} = 1/(j\omega C_p)$$

求解 M_{g1} 可得

$$M_{g1} = \text{Im}(Z_{3,5} - Z_{1,7} - Z_{5,5} + Z_{7,7})/\omega - L_{\text{const}} \tag{6.18}$$

采用同样的方法，其他键合线之间的互感也可以确定。后面有必要进一步考虑任意距离上键合线之间的耦合电感。

与连接有源芯片的漏极平行键合线不同，连接不同芯片的键合线可以单独研究。图 6.26 所示为栅极所有相邻键合线互耦电感值的提取。这里，互感值随着频率的变化还是几乎为一个常数。此外，研究不同位置的键合线时，其互感值的大小几乎不随位置的不同而变化。图 6.27 可以更好地显示传导电感，图中显示了栅极所有键合线之间的互感值。X 轴表示栅极的引脚编号，从一端的 1 号引脚开始一直到另一端的 11 号引脚。每条曲线对应键合线之间一个固定的距离。随着距离的增加，电感互感值减小。而且，随着距离的增加，导致键合线组合的数量减少，从而所得到的互感值也减少。

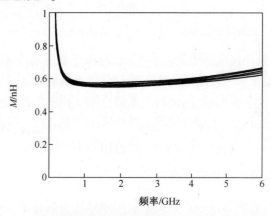

　　图 6.26　栅极相邻键合线之间的互感值随频率变化的关系

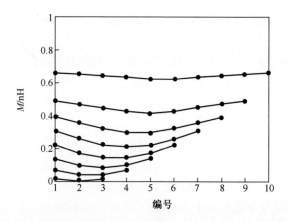

图 6.27 栅极键合线与参考键合线之间的互感值。计数从封装的一端开始。
不同曲线间的参数是各自键合线之间的距离。相邻的键合线之间电感耦
合很强,而随着距离的增加,耦合电感值减小

图 6.28 所示为栅极和漏极端的互感值随距离增加而减少的情况。图中的符号表示取得的互感值,平滑曲线表示拟合的结果。该拟合的结果会在后面简化的封装模型中用到。

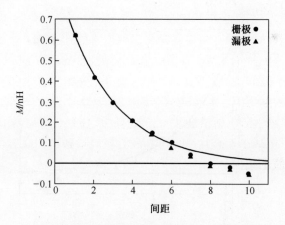

图 6.28 栅极和漏极互感值随键合线距离的变化情况(符号),
光滑曲线是通过幂级数拟合的结果

所求解得到的结果表明在相邻单元的键合线之间存在很强的电感互耦。在栅极,键合线之间的互感值比自感值的 1/2 稍小一点,而在漏极,耦合电感值约为自感值的 2/3。尽管耦合电感的衰减很快,可以用一个幂级数来建模表征,如图 6.28 中的拟合曲线所示,但仍然可以在距离 3 个单元之后检测到。

从图 6.28 中可以看出,互感值并非是随着距离的增加而逐渐趋近于 0,而是与 0 相交且在超过 8 个单元的距离之后沿着负方向越来越大。同样,可以假设电

磁仿真的内在限制或者提出的等效电路的简化是造成这种奇怪行为特性的原因。因此,建议要特别注意那些跟模型假设相矛盾的结论。但是,相比于花费大量的功夫去做进一步的研究,这个问题其实可以忽略不计,因为只有在键合线相距很远时才会发生这种情况。图中光滑曲线代表的近似解已经被证明是一个较好的模型近似。

6.4.1.4 反馈互感

栅极键合线与漏极键合线的磁性反馈耦合可以通过很简单的数学模型确定。例如,图 6.22 中漏极端口 4 和栅极端口 3 之间的反馈耦合可以表示为

$$M_{gd1} = \text{Im}(Z_{34})/\omega \tag{6.19}$$

由于在这个模型设置中两个端口之间没有公共的电流通路,因此端口 4 检测到的电压来自于该端口键合线的感应电压。

栅极和漏极键合线之间的电感性耦合是非常不希望发生的,因为它会引起输出端对输入端的反馈。除了交调失真以外,反馈还会引起晶体管的不稳定,性能下降,最糟糕时,还会导致器件损坏。

图 6.29 所示为提取得到的互感值。X 轴表示各键合线之间的横向距离,当距离为 1 时,表示两条键合线直接相邻,距离为 11 时表示一条键合线在封装的一边,另一条键合线在封装的另一边。

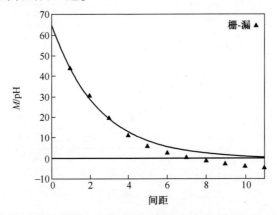

图 6.29　栅极和漏极互感值随键合线距离的变化情况(符号表征),
光滑曲线是通过幂级数拟合结果

再次强调,感性互耦不可忽略。它的值比栅极或者漏极键合线的耦合电感小一个数量级,而且,它也随着距离的增加而减小。然而,感性耦合引起的漏—栅之间的反馈是不希望出现的。

6.4.2　获得一个集总封装模型

上述讨论的分布式模型有较高的精度,而且模型也不是很复杂,可以用来进行

电路设计。然而,实际情况中更加希望用一个集总模型对封装晶体管进行建模,如图 6.30 所示。

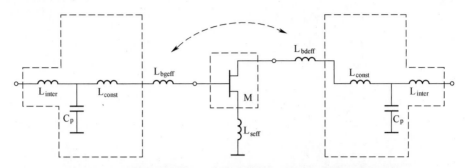

图 6.30　封装的集总模型。不同的键合线电感整合为单个有效电感,
有源芯片用一个大信号晶体管模型来表征

集总模型最大的优点在于它只需要一个非线性晶体管模型,而之前讨论的模型中,每个单独的晶体管芯片都需要一个非线性晶体管模型。因此,利用集总模型可以大幅提高仿真的运行速度,同时,数值仿真的收敛性也得以提升。事实上,集总形式的封装晶体管并没有比一个小型模型器件复杂。

当然,坦率地说,要得到一个后面讨论的集总模型通常需要满足一个非常重要的条件:封装晶体管的特性要像一个单独的大尺寸器件;所有晶体管单元在工作时都必须保证具有同样的温度;所有的栅极和漏极连接延迟必须一致。如果没有满足这些先决条件,就可能形成热集中点,进而使部分单元的性能受到影响。也有可能发生每个晶体管并不是同相位工作的,使得输出功率并不是同相叠加的。上述的任何一种情况都会导致功率晶体管无法满足用户所期望的增益或者输出功率,实际结果将比理想的多个小单元并联连接输出结果要低。很明显,如果出现这种情况,晶体管芯片或者封装或者芯片和封装都需要进一步引起注意并改进,从而提供较好的输出性能。一个精心设计的工业级封装晶体管不会出现这些不好的情况,并且不会影响封装器件的稳定性及可靠性。

图 6.30 所示的集总等效电路由嵌入在封装模型中的一个非线性晶体管模型组成。为了得到非线性模型,需要将单个晶体管芯片的模型参数扩展到所有并联功率晶体管单元上。晶体管模型通常提供一个比例因子 M 来达到这个目的。

对于一个封装结构,为了建立其集总模型,需要分别得到栅极和漏极的键合线有效电感 L_{bgeff} 和 L_{bdeff},同时需要确定它们的有效互感 M_{gdeff}。

图 6.31 所示为 L_{bgeff} 的提取过程。电流从每个键合线节点到内部栅端口产生的电感都是并联在一起的。在我们的模型中,用矩阵表示可得到以下结果:

$$j\omega \boldsymbol{L}_g \cdot \boldsymbol{i}_g = \boldsymbol{v}_g \tag{6.20}$$

其中

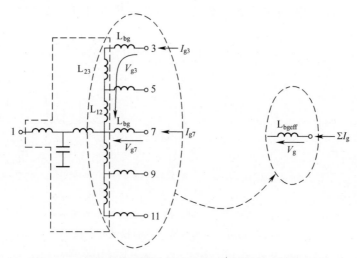

图 6.31 推导封装的集总模型:栅极键合线有效电感 L_{bgeff}

$$\boldsymbol{L}_g = \begin{pmatrix} L_{\text{bg}} + L_{12} + L_{23} & M_{g1} & M_{g2} & M_{g3} & M_{g4} \\ M_{g1} & L_{\text{bg}} + L_{12} & M_{g1} & M_{g2} & M_{g3} \\ M_{g2} & M_{g1} & L_{\text{bg}} & M_{g1} & M_{g2} \\ M_{g3} & M_{g2} & M_{g1} & L_{\text{bg}} + L_{12} & M_{g1} \\ M_{g4} & M_{g3} & M_{g2} & M_{g1} & L_{\text{bg}} + L_{12} + L_{23} \end{pmatrix}$$

$$\boldsymbol{i}_g = (i_{g3} + i_{g5} + i_{g7} + i_{g9} + i_{g11})^{\text{T}}$$
$$\boldsymbol{v}_g = (v_{g3} + v_{g5} + v_{g7} + v_{g9} + v_{g11})^{\text{T}}$$

式中: M_{g1} 为相邻键合线之间的互感值; M_{g2} 为相隔一条线的两条键合线之间的互感值, 以此类推。

要从式(6.20)求解 L_{bgeff} , 先要求解 $\boldsymbol{v}_g$:

$$\boldsymbol{i}_g = \frac{1}{\text{j}\omega} \boldsymbol{L}_g^{-1} \cdot \boldsymbol{v}_g \qquad (6.21)$$

其次, 对于集总模型, 所有的电压 $v_{g3}, \cdots, v_{g11}$ 都等于 v_g 。因此, 矩阵 $\boldsymbol{L}_g^{-1}$ 中每一行的元素都可以直接相加。对于并联的情况, 电流 $i_g = i_{g3} + i_{g5} + i_{g7} + i_{g9} + i_{g11}$ 。因此, 将矩阵的所有行都加起来, 得

$$i_g = \frac{1}{\text{j}\omega} \sum_{\text{allelements}} \boldsymbol{L}_g^{-1} \cdot \boldsymbol{v}_g \qquad (6.22)$$

因此, 有效电感可表示为

$$L_{\text{bgeff}} = \frac{1}{\text{j}\omega} \frac{1}{\Sigma \boldsymbol{L}_g^{-1}} \qquad (6.23)$$

采用相同的形式可以得到其他的有效电感及有效互感。

6.4.3 模型测试

在电路设计使用模型之前先进行模型测试是建模必不可少的一个步骤。对于封装模型来说,这一步意味着测量并仿真一个真正的器件。到目前为止,所有的部分都是分开单独研究的。正如本书中其他地方所述,晶体管单元需要首先进行测量并建模;其次,需要确定热耦合;再次,要确定封装的等效电路;最后两个专门用于封装建模的步骤主要是通过数值仿真开展的。在本章中,第一次引入测量相关的工作。利用测量来验证模型比用测量来提取模型更加重要。如果模型是用测量来提取得到的,那么验证的目的是为了说明测量在不同的条件下仍然有效。对于我们所研究的情况,有必要验证在仿真中所采用的假设和简化都成立,且这些前提下,我们的模型可正常使用。

选一个 11 个单元,60W 功率,2GHz GaN HEMT 作为例子。该器件是在德国柏林的 Ferdinand-Braun-Institut, Leibniz-Institut für Höchstfrequenztechnik 制作封装的[14]。用于本章研究的所有例子都是该型号的晶体管。11 个有源晶体管芯片的栅极宽度都是 $8×250\mu m$,建模所用模型为 Angelov GaN-HEMT 模型[15,16]。

如图 6.32 所示,测量和仿真的 S 参数结果较为符合。图中比较了相位和幅度的测量值(符号表示)与分布式模型(实线)和集总模型(虚线)的结果。功率晶体管工作点为 $V_{ds} = 24V, I_d = 0.8A$。器件的目标工作频率为 2GHz,因此,S 参数显示到 5 次谐波。只有在工作频率趋于目标频率 2GHz 的很多倍时,才能观察到测量结果和这两个模型结果之间的偏差。

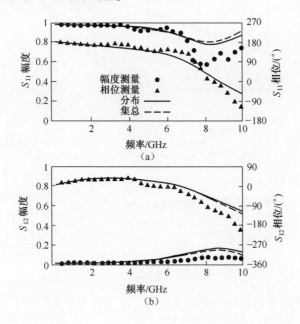

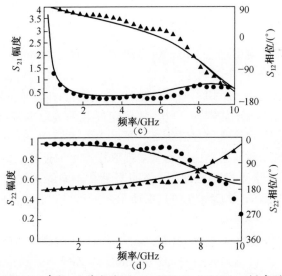

图 6.32　封装 HEMT 的 S 参数,工作点为 $V_{ds} = 24V, I_d = 0.8A$。幅度测量结果用点表示,
相位测量结果用三角表示,分布式模型仿真结果用实线表示,集总模型仿真结果用虚线表示

图 6.33 所示为 $2GHz, V_{ds} = 24V, I_d = 1.6A$ 时的负载牵引结果。可以看出,输出
功率、自偏压及漏极效率的仿真结果(线条表示)与测量结果(符号表示)非常一致。

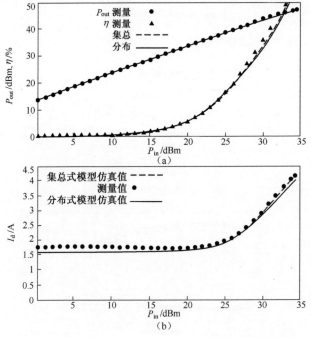

图 6.33　封装晶体管的负载牵引特性。符号表示测量结果,
虚线表示集总模型仿真结果,实线表示分布模型仿真结果

参 考 文 献

[1] D. Brody andG. R. Branner, "Amodeling technique for internallymatched bipolar microwave transistor networks," *Proc. 37th Midwest Circuits Syst. Symp.*, Lafayette, LA, Aug. 1994, pp. 1224-1226.

[2] T. Johansson and T. Arnborg, "A novel approach to 3-D modeling of packaged RF power transistors," *IEEE Trans. Microw. Theory Tech.*, vol. 47, pp. 760-68, June 1999.

[3] T. Liang, J. A. Pl'a, P. H. Aaen, and M. Mahalingam, "Equivalent-circuit modeling and verification of metal-ceramic packages for RF and microwave power transistors," *IEEE Trans. Microw. Theory Tech.*, vol. 47, pp. 709-714, June 1999.

[4] K. Mouthaan, "Modeling of RF high power bipolar transistors," Ph. D. dissertation, Dept. Microelectron. Comput. Eng., Delft Univ. Technol., Delft, The Netherlands, 2001.

[5] P. H. Aaen, J. A. Pl'a, and C. A. Balanis, "On the development of CAD techniques suitable for the design of high-power RF transistors," *IEEE Trans. Microw. Theory Tech.*, vol. 53, pp. 3067-3074, Oct. 2005.

[6] P. H. Aaen, J. A. Pl'a, and C. A. Balanis, "Modeling techniques suitable for CAD-based design of internal matching networks of high-power RF/microwave transistors," *IEEE Trans. Microw. Theory Tech.*, vol. 54, pp. 3052-3059, July 2006.

[7] P. H. Aaen, J. A. Pl'a, and J. Wood, *Modeling and Characterization of RF and Microwave Power FETs.* Cambridge Univ. Press, 2007.

[8] J. Flucke, F. -J. Schm¨uckle, W. Heinrich, and M. Rudolph, "An accurate package model for 60W GaN power transistors," *Proc. 4th Eurp. Microw. Integr. Circ. Conf. (EuMIC)*, 2009, pp. 152-155.

[9] M. Rudolph, F. Schnieder, and W. Heinrich, "Investigation of thermal crunching effects in fishbone-type layout power GaAs-HBTs," *Dig. 12th GAAS symp.*, 2004, pp. 435-438.

[10] K. S. Yee, "Numerical solution of initial boundary value problems involving Maxwell's equations in isotropic media," *IEEE Trans. Antennas Propag.*, vol. 14, pp. 302-307, 1966.

[11] W. Thiel and W. Menzel, "Full-wave design and optimization of mm-wave diode-based circuits in finline technique," *IEEE Trans. Microw. Theory Tech.*, vol. 47, no. 12, pp. 2460-2466, Dec. 1999.

[12] P. K. Talukder, "Finite-difference-frequency-domain simulation of electrically large microwave structures using PML and internal ports," Ph. D. dissertation, Fakult¨at IV, Berlin Institute of Technology, Jan. 30, 2009.

[13] J. Flucke, F. -J. Schm¨uckle, W. Heinrich, and M. Rudolph, "On the magnetic coupling be-

tween bondwires in power − transistor packages," *Proc. 5th German Microw. Conf. (GeMiC)* 2010.

[14] J. W¨urfl, R. Behtash, R. Lossy, A. Liero, W. Heinrich, G. Tr¨ankle, K. Hirche, and G. Fischer, "Advances in GaN−based discrete power devices for L− and X−band applications," *Proc. 36th Eur. Microw. Conf. (EuMC)*, 2006, pp. 1716−1718.

[15] I. Angelov, L. Bengtsson, and M. Garcia, "Extension of the Chalmers nonlinear HEMT and MESFET model," *IEEE Trans. Microw. Theory Tech.*, vol. 44, pp. 1664−1674, Oct. 1996.

[16] I. Angelov, V. Desmaris, K. Dynefors, P. A. Nilsson, N. Rorsman, and H. Zirath, "On the large−signal modeling of Al−GaN/GaN HEMTs and SiC MESFETs," *Proc. 13th GAAS Symp.*, Paris, 2005, pp. 309−312.

第7章

高频功率晶体管非线性特性和色散效应模拟

Olivier Jardel,Raphael Sommet,Jean-Pierre Teyssier和
Raymond Qué ré

7.1 引言

　　功率放大器(PA)是远程通信和射频雷达前端的关键部件。近几年的发展使功率放大器的使用条件变得越来越复杂:一方面是输入到功放中的信号更为复杂,另一方面,系统对固态功放功率密度的要求也在不断提高。对于远程通信系统调制信号和雷达系统复杂脉冲信号这两种情况,电子器件中存在的低频分量可以激发色散现象。从系统设计者的角度看,色散现象在功放中表现为记忆效应。这些记忆效应可以分为短期记忆(STM)效应和长期记忆(LTM)效应[1]。图7.1中给出了射频(RF)功放的典型简化示意图,其中包括偏置网络,匹配网络(Q_e和Q_s)以及嵌入的热网络($Z_{th}(\omega)$)。通常,短期记忆效应来自输入和输出匹配网络以及器件本身的微波电时间常数。该时间常数一般在皮秒(ps)或纳秒(ns)量级。另一方面,长期记忆效应是由于偏置网络、自热和陷阱效应以及专用的功放综合管理网络造成的。长期记忆效应的时间常数在微秒(μs)到毫秒(ms)范围内,并且作为反馈项出现在射频功放中。热效应和陷阱效应是器件及其封装固有的性质,而偏置效应则是PA的设计中所固有的。

　　对于系统仿真,学者们已经提出了不同的方法去统一考虑长期记忆效应。然而,这些方法并未区分长期记忆效应的不同来源,因此对功放的电路仿真设计阶段是没有帮助的。在设计阶段,设计人员需要的是能够应对热效应和陷阱效应的电路级模型。具体来说,对于热效应,模型必须包括能够加载热阻抗的第四个端口,

如图 7.1 所示。这意味着非线性模型必须考虑导致长期记忆效应的色散效应。因此,这种模型包括由两个受控电压源驱动的经典非线性模型端口以及针对温度以及特定电路的热效应和陷阱效应而新增的端口。

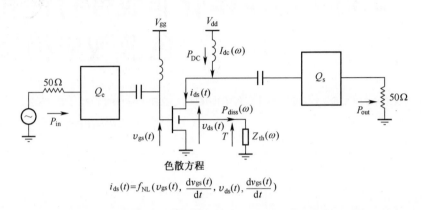

$$i_{ds}(t)=f_{NL}\left(v_{gs}(t),\frac{dv_{gs}(t)}{dt},v_{ds}(t),\frac{dv_{gs}(t)}{dt}\right)$$

图 7.1　包含与频率相关参量记忆效应的 RF-PA 简化原理图。特别地,长期记忆效应是由热阻定义的热效应以及通过色散方程和与偏置频率相关的陷阱效应引起的

本章旨在提出如上所述模型,该模型通过特定的表征方法或仿真技术提取得到。本章由以下几部分组成。7.2 节主要介绍场效应晶体管(FET)特别是氮化镓高电子迁移率晶体管(GaN HEMT)的非线性电热模型,给出了热效应确定的一些细节,并且描述了如何使用三维仿真来产生可用嵌入电路仿真的热电路。7.3 节将描述在电路仿真器中如何考虑陷阱效应,以及其对器件大信号特性的影响。7.4 节中对表征技术的描述将使读者能够更好地理解对色散器件进行定性测量的要求。

7.2　非线性电热模型

在电热模型参数提取过程中,第一步是得到各种温度下的静态非线性特性以及等效的热电路。假设等效热电路与频率无关,这样得到的模型称为静态模型,因为其不呈现任何色散效应。

7.2.1　电热模型参数提取

FET 的等效电路如图 7.2 所示。按照以下步骤提取不同的元件值。

(1)提取 *I–V* 特性。利用脉冲 *I–V* 测量(PIV)提取器件的电流—电压特性,这样可以测量晶体管整个工作区域的电流和电压(包括击穿区域和高功率区域)。

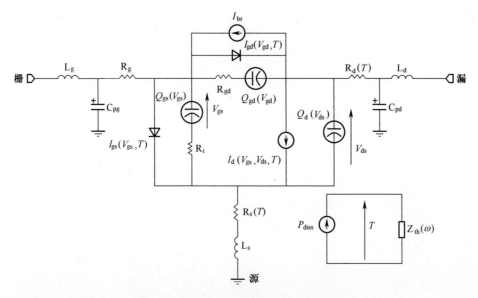

图 7.2　微波 FET 的非线性电热等效电路

通过脉冲测量得到主电流源,二极管电流以及击穿电流。此外,PIV 技术使器件保持在准等温条件和待研究的陷阱效应状态,这一点稍后将会介绍。

（2）提取寄生接触元件。寄生元件对应于接触线和接触电阻。利用静态偏置点处或截止区或二极管传导模式下测量得到的 S 参数提取 L_g、C_{pg}、L_d、C_{pd}、L_s、R_g、R_d、R_s。

（3）提取非线性电荷。利用脉冲模式下的多偏置 S 参数测量数据提取非线性电荷。脉冲 S 参数测量使器件的温度变化保持较小,从而允许我们能够研究整个 I—V 域。

（4）提取热阻。为了准确模拟非线性电热行为,热阻必须从 3D 热仿真结果或热测量结果中提取。

尽管本章所述是提取 FET 器件非线性电热模型参数的步骤,但是它们也仍然适用于 HBT 器件。对于 FET,特别是对于 AlGaN/GaN HEMT,静态特性的建模过程遵循上面列出的步骤（1）～（3）。第一步首先得到漏极电流源与 3 个独立变量之间关系的电流电压特性,3 个变量分别为栅极电压、漏极电压和温度 $I_{ds} = f(V_{gs}, V_{ds}, T)$。已经有学者提出了多种描述晶体管这种基本特性的表达式[2-4],这些表达式能够准确地描述晶体管的电流特性。最近,又有学者提出了一种新的模型,该模型考虑了负漏源电压且其为无穷可导[5]。下面列出文献[6]中使用的 I–V 方程。

$$
\begin{cases}
I_d = I_{dt} \cdot \gamma_{md} \\
\gamma_{md} = 1 + \beta_{gm} \cdot (V_{ds} + V_{dm}) \cdot (1 + \tanh(\alpha_{gmx}(V_{gs} - V_{gm}))) \\
I_{dt} = \dfrac{I_{DSS}}{1 - \dfrac{1}{m}(1 - e^{-m})}\left[V_{GSN} - \dfrac{1}{m}(1 - e^{-m \cdot V_{GSN}})\right] \cdot \left[1 - e^{-V_{DSN}(1 - a \cdot V_{DSN} - b \cdot V_{DSN}^2)}\right] \\
V_{GSN} = 1 + \dfrac{V_{gs}(t - \tau) - V_{\phi}}{V_P} \\
V_{DSN} = \dfrac{V_{ds}}{V_{DSP}\left(1 + w \cdot \dfrac{V_{gs}(t - \tau)}{V_P}\right)} \\
V_P = V_{P0} + p \cdot V_{DSP} + V_{\phi}
\end{cases}
\tag{7.1}
$$

其中二极管方程为

$$
\begin{cases}
I_{dgs} = I_{sgs} \cdot \exp\left(\dfrac{q \cdot V_{gs}}{k \cdot T_{sgs} \cdot N_{gs}}\right) \\
I_{dgd} = I_{sgd} \cdot \exp\left(\dfrac{q \cdot V_{gd}}{k \cdot T_{sgd} \cdot N_{gd}}\right)
\end{cases}
\tag{7.2}
$$

通过在不同温度下的 I-V 测量得到参数的温度相关性,并且对于温度相关的参数 I_{DSS}、P、R_S、R_D、N_{gs} 和 N_{gd},利用 $X(T) = X(T_0)(1 + \alpha_T(T - T_0))$ 这种形式来模拟。对于二极管的饱和电流,温度相关性为 $Y = Y_0 + \beta_T \cdot e^{T/T_a}$。式(7.1)和式(7.2)是基本的静态方程,若要考虑如 1.5 节所讲的陷阱现象,还需要对以上方程进行修正,用热阻表征由热时间常数造成的色散,热阻通过测量或仿真确定。

在参数提取步骤的第二步中,将寄生元件去嵌后,利用多偏置脉冲 S 参数测量结果提取本征电抗分量。脉冲 S 参数测量使得由式(7.1)得到的 I-V 曲线的一阶导数与由 S 参数获得的跨导和输出电导之间更加吻合。晶体管模型的本征参数可以通过文献[8]中提出的方法直接计算得到,这些本征参数在整个频率范围内保持恒定以保证等效电路拓扑的物理意义。由测量得到的栅源和栅漏电容的值,用来表示谐波平衡(HB)电路仿真中电容的非线性变化,这就引起了文献[9]中提出的电荷保存的问题。栅源和栅漏电容代表栅极电荷 $Q_g(V_{gs}, V_{ds})$ 的非线性函数的一阶导数。这两个受电压控制的方程必须满足电荷守恒定律,因此满足柯西条件,即

$$
C_{gs}(v_{gs}, v_{gd}) = \frac{\partial Q_g}{\partial v_{gs}}
$$

$$
C_{gd}(v_{gs}, v_{gd}) = \frac{\partial Q_g}{\partial v_{gd}}
$$

$$\frac{\partial C_{gs}(v_{gs},v_{gd})}{\partial v_{gd}} = \frac{\partial C_{gd}(v_{gs},v_{gd})}{\partial v_{gs}} \tag{7.3}$$

事实上,由于参数提取过程中固有的测量和提取误差,上述条件很难满足。解决方案是对经过慎重选择的栅极电荷函数 $Q_g(V_{gs},V_{ds})$ 的导数进行拟合。然而,这个函数的选择是困难的,栅极电荷与两个变量的相关性常造成仿真器中的收敛问题,这就是为什么选择另一种建模方法的原因。

考虑到晶体管在工作条件下由最佳阻抗 Z_{opt} 加载的事实,该加载条件与 V_{gs} 和 V_{ds} 之间的关系构成负载线。在文献[10]中,电荷是由基于表格的电容模型获取的,这意味着在仿真器中实现模型需要进行复杂的编程。同一思路的更简单的方法是仅沿着该负载线保持电容的值不变,使电容成为受电压控制的函数,即 $C_{gs}(V_{gs})$ 和 $C_{gd}(V_{gd})$,这样就很容易找到适应电容变化的非线性函数。为了方便起见,在文献[11]中提出了非常简单的表达式。

$$\begin{aligned} C_{gx} = C_{gx0} &+ \frac{C_{gx1} - C_{gx0}}{2} \\ &\cdot [1 + \tanh(a_{gx} \cdot (Vm_{gx} + V_{gx}))] \\ &- \frac{C_{gx2}}{2} \cdot [1 + \tanh(b_{gx} \cdot (Vp_{gx} + V_{gx}))] \end{aligned} \tag{7.4}$$

式中,"x"代表"d"或"s"。以上表达式在谐波平衡算法中具有非常好的收敛性。

文献[6]中已经仔细分析了由这种简化引起的误差,结果表明,简化模型在 I-V 特性的大部分区域内都仍然有效。

简单地对上述 HEMT 静态模型进行总结,注意这个模型必须尽可能简单,以保持良好的收敛性。通过脉冲 I-V 和脉冲 S 参数测量可以提取准等温 I-V 特性,并且得到准确而简单的电容模型。然而,如 7.2.2 节所讲,还需要通过特定的脉冲测量来考虑陷阱效应。

7.2.2　热阻的确定

已知自热和热耦合等热效应会影响半导体器件的效率,特别是在应用 GaN 器件的高功率应用领域中。这种电热反馈是一种低频机理,可以通过图 7.2 所示的附加热子电路来考虑。在这种情况下,热效应的建模变得至关重要。该方法可以采用测量或仿真方法实现。目前学者们已经对几种模型进行了研究[12-16],并且已经开发和提出许多表征方法[17-22]。表征方法的选择是非常重要的,特别是常常由相当厚的 Au 覆盖漏极的功率器件。这些表征方法的主要思想是对温度敏感的参数做出具体选择。与测量方法并列的仿真方法允许处理复杂的器件结构,这种方法可以借助于最简单情况下的热阻解析表达式或诸如有限元法(3D-FEM)的 3D 方法,以较长的仿真时间为代价提供对复杂结构非常精确的计算结果,这与电路辅助设计的需求是不兼容的。因此,器件热性能与电性能的耦合必须通过热通量和电流之间以及温度和电压之间的类比来进行,以此来定义热阻的概念。通常,热子电路可以是简单的热电阻或由若干电阻-电容(RC)单元组成的更复杂的电路。电热建模的主要难点是将复杂的器件结构转化为等效电路,并且仿真计算所耗费的时间保持与 CAD 要求兼容。该解决方案依赖于基于物理的方法和模型降阶(MOR)技术,以使热仿真与 CAD 等效电路直接相关。

7.2.2.1 热导纳的定义

为了建立能够准确估计器件温度分布的精确的热模型,需要 3D 热仿真工具。热系统由热方程决定:

$$\nabla \cdot (\kappa(T) \nabla T) + g = \rho C_p \frac{\partial T}{\partial t} \tag{7.5}$$

式中:κ 为热导率;T 为温度;ρ 为密度;C_p 为质量定压热容;g 为体积发热量。

假设 κ 为常数并等于 300K 时的电导率,由式(7.5)的 FE 公式得出半离散热方程:

$$M\dot{T} + K \cdot T = G \tag{7.6}$$

式中:电导率矩阵 K 和比热容矩阵 M 是 $n \times n$ 对称正定矩阵;T 为网格节点处的 $n \times 1$ 温度矢量;G 为将功率产生和边界条件考虑在内的 $n \times 1$ 负载矢量。

在频域中,式(7.6)为

$$(\mathrm{j}\omega M + K) \cdot T = Y_{\mathrm{th}} \cdot T = G \tag{7.7}$$

式中:$Y_{\mathrm{th}} = Z_{\mathrm{th}}^{-1}$ 为 $n \times n$ 的热导纳矩阵。

不幸的是,该导纳矩阵的阶数非常大(n 为 10^4 到 10^5 阶),不可能将其直接集成到电路仿真器中。此外,在进行电热仿真时不需要知道所有的温度节点,而只需要知道那些连接到电路的温度节点。这就是为什么要采用 MOR 技术从大量数据中自动提取所选端口基本信息的原因。

7.2.2.2 模型降阶

大多数降阶技术(Pade,Schur 技术等)[23-26]都基于提取一小组主极点(特征值及其对应的特征向量)来代表可能包含数千个极点的原始系统。一般来说,此类方法的计算量较大,并且需要特别注意以避免不稳定的极点。文献[27-29]已经表明,Ritz 向量法能够确保重要的响应模式不被忽略,并且与使用特征向量相比,所用的向量更少、准确性更高。此外,该方法能够确保稳态温度是精确的。MOR 将温度向量 $T \in R^{n \times 1}$ 投影到变换向量 $P \in R^{m \times 1}$ 上,其中 $m \ll n$。

$$T = \boldsymbol{\Phi}_m P \tag{7.8}$$

其中由 m 个 Ritz 向量构成的投影矩阵满足 M 正交关系,即

$$\boldsymbol{\Phi}_m^{\mathrm{T}} M \boldsymbol{\Phi}_m = I_m \tag{7.9}$$

其中: I_m 为 $m \times m$ 单位矩阵。Ritz 向量的生成算法参见文献[28]。

将变换(7.8)应用于式(7.6)并乘以 $\boldsymbol{\Phi}_m^{\mathrm{T}}$,可以得到简化的方程:

$$\boldsymbol{\Phi}_m^{\mathrm{T}} M \boldsymbol{\Phi}_m \dot{p} + \boldsymbol{\Phi}_m^{\mathrm{T}} K \boldsymbol{\Phi}_m p = \boldsymbol{\Phi}_m^{\mathrm{T}} F$$

$$I_m \dot{p} + K^* p = \boldsymbol{\Phi}_m^{\mathrm{T}} F \tag{7.10}$$

第一个 Ritz 向量表示对负载向量 G 的静态响应,其他 Ritz 向量涉及结构的动态响应; m 与瞬态响应的精度直接相关,并且通常比 n 低几个数量级。

下一步是找到特征值 λ_i 以便得到一组 m 个独立的微分方程。

然后假设 $\boldsymbol{\Psi}$ 是 $m \times m$ 的投影矩阵,即 $\boldsymbol{\Psi}^{\mathrm{T}} \cdot \boldsymbol{\Psi} = I_m$,其满足 $p = \boldsymbol{\Psi} t$,其中 t 为对角化系统中的 $m \times 1$ 温度向量。

经对角化简小的系统控制方程为

$$I_m \dot{t} + \Lambda_m t = \boldsymbol{\Psi}^{\mathrm{T}} \boldsymbol{\Phi}_m^{\mathrm{T}} F \tag{7.11}$$

其中: $\Lambda_m = \mathrm{diag}\,[\lambda_1 \cdots \lambda_m]$。

式(7.8)可以在傅里叶域中重写为

$$\begin{bmatrix} \mathrm{j}\omega + \lambda_1 & 0 & 0 \\ 0 & \ddots & 0 \\ 0 & 0 & \mathrm{j}\omega + \lambda_m \end{bmatrix} t(\omega) = \boldsymbol{\Psi}^{\mathrm{T}} \boldsymbol{\Phi}_m^{\mathrm{T}} \cdot F \tag{7.12}$$

在电热模拟中,只保留对应于边界条件和功率注入的 r 个节点,因此我们引入了 $r \times n$ 选择矩阵 S,其满足 $d_r = S \cdot d$ 和 $F = S^{\mathrm{T}} F_r$。

多指晶体管的耗散功率分布可能在器件工作期间发生变化,因此针对特定的负载向量评估的 Ritz 向量得到的不一定是精确的温度响应。这就是为解释负载矢量变化而将负载矢量表示为单位空间负载矢量叠加 $F u_i = [0 \cdots 1 \cdots 0]^{\mathrm{T}}$ 的原因,其中 P_i 为节点 i 处的耗散功率,在器件工作期间会有所变化。

$$F_r = \sum_{i=1}^{r} P_i(\omega) \cdot F u_i \tag{7.13}$$

全局响应对应于每个单独响应与系数 P_i 的线性组合。

7.2.2.3　等效电路实现

降阶软件用 C-ANSI 编写,并使用 BLAS 和 LAPACK 库。由于矩阵是对称正定的,因此这些库非常适合。输入是 F, M, K,对应于固定基板温度的节点以及降阶模型的输出保留节点。

该数据来自 FE 工具 MODULEF[30] 或 ANSYS[31]。输出是特征值 K^*，其与热时间常数和为每个单位功率注入获得的 r 矩阵 $A_i = S\Phi\Psi$ 直接相关。这些输出用于自动生成热子电路的 SPICE 格式文件。该子电路由与单位电容并联的电阻 $(1/\lambda_{ij})$、用于注入功率的电流控制电流源和用于在特定节点处收集温度的电压控制电压源组成。它将式(7.10)和基本变换变换到初始坐标系。图 7.3 所示为 $r = 2$ 的 SPICE 电路原理图。该原理图可以很容易地扩展到 r 更大的情况。

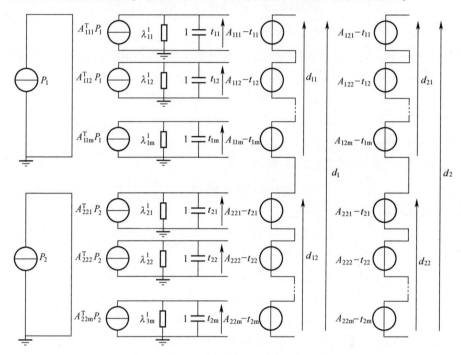

图 7.3　SPICE 子电路描述

P_i—节点 i 的输入功率($1 \leqslant i \leqslant r$)；$A_i = S \cdot \Phi \cdot \Psi$，其中 i 为注入功率的节点索引号($1 \leqslant i \leqslant r$)；
$A_{i_{kl}}$—矩阵 A_i 的 $A_i[k,l]$ 项；t_{ij}—i 输入功率对于减小的变量 t 的贡献($1 \leqslant i \leqslant r, 1 \leqslant j \leqslant m$)；$d_{ij}$—$i$ 输入功率对温度节点 j 的贡献($1 \leqslant i \leqslant r, 1 \leqslant j \leqslant m$)；$d_i$—所有输入功率的整体贡献(叠加定理)($1 \leqslant i \leqslant r$)。

从图 7.3 中可以看到几个 m 块的 RC 单元。m 通常为考虑约简的时间常数的数量。同时 m 也对应于 Ritz 向量的数量。对于每个输入功率 i，可以观察 r 个块，其对应于所考虑的功率对每一个 r 个输出温度的贡献，这意味着耦合项。d_{ij} 表示输入功率 i 对节点 j 处温度的贡献。由叠加定理可以得到所有输入功率的全部贡献。

在这种情况下，用于 SPICE 电路的无源元件的总数是 $r \cdot r \cdot m$。例如，如果考虑每个栅指都指定一个温度和 20 个 Ritz 向量的八指晶体管，则需要使用 1280 个无源元件来产生热子电路。

图 7.4 所示为近似的精度与 Ritz 向量数。

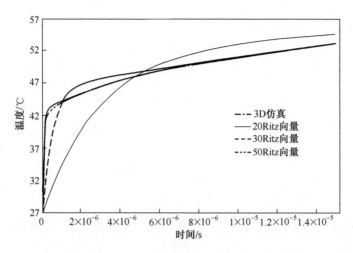

图 7.4 近似的精度与 Ritz 向量数。增加向量数可以提高精度。
无论向量数多少，最终解是由第一个 Ritz 向量给出的

7.2.2.4 AlGaN/GaN HEMT 模型验证

对于 AlGaN/GaN HEMT 器件,由于陷阱效应和自热效应同时存在,导致很难通过测试的方法提取热阻。但是,可以利用测试的热阻的 DC 值来校准仿真结果。为此,可以采用文献[32]中提出的方法,在该方法中,温度计是通常称为 RON 的器件的"ON"电阻。这表明,只要对器件的陷阱效应做一些假设,器件的热阻就可以准确确定[33]。该方法利用器件的"ON"电阻与温度线性相关的特性。通过不同温度下的脉冲测量,然后在不同的 DC 功率电平测量,可以在一定的精度下提取热电阻。

图 7.5 所示的测量结构是用线性材料所做的 FE 模拟。由 MOR 方法提取的热阻参见图 7.6。这表明在 GaN HEMT 器件中的温度增加比在 GaAs 器件中更快。使用测量值的校准,需要考虑 GaN 和 SiC 的非线性热导率。此外,考虑了 2.2×10^{-8} 的热边界电阻(TBR)以适应测量结果,该 TBR 值与文献[34]中的一致。

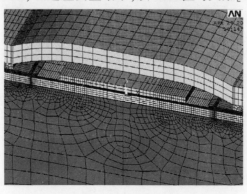

图 7.5 AlGaN/GaN HEMT 网格

201

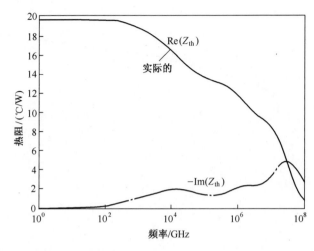

图 7.6 经过 MOR 后得到的 8×75μm AlGaN /GaN HEMT 器件的热阻

7.3 陷阱效应

本节介绍 FET 中陷阱效应的建模。由于陷阱效应对基于 FET 的 IC 可以达到的功率以及线性度是有害的,因此从 20 世纪 80 年代后期以来,学者们已经做了许多努力,研究晶体管模型中的各种效应。第一个陷阱模型是为 GaAs MESFET 开发的,其中对陷阱物理机理的透彻理解可以为模型设计者提供必要的物理基础。如今,在大多数应用中,由 GaN HEMT 代替 GaAs MESFET,然而强陷阱效应通常使前者无法达到预期的功率性能。这引起了研究者对此类模型的兴趣,更重要的是,一些陷阱问题本质上是 GaN HEMT 独有的特性,并且不可能很快得到解决。对于 GaN HEMT 技术,模型设计者面临着新的挑战,因为其陷阱机理比 MESFET 更复杂,因此不是那么好理解。另一方面,他们希望能全面归纳出器件电特性同样的影响,并且针对 GaAs 基器件开发的陷阱模型架构对于 GaN HEMT 技术仍然有效。

在本章的第一部分,将对陷阱效应的物理特性进行研究(关注 GaN HEMT),作为引言,介绍模型的发展并给出有哪些需要考虑的重要特性。随后,将介绍和讨论作为强调色散效应手段的脉冲 *I–V* 测量,通过测量获得提取非线性 FET 模型中电流源和陷阱电路参数的数据。最后,将给出最常见的陷阱模型,比较其特性、影响和限制条件。需要特别注意的是由本书作者开发的陷阱模型,该模型将作为介绍参数提取方法的基础。

7.3.1 功率 FET 陷阱效应的物理机理

从电子学观点来看,陷阱定义为半导体带隙中的能级。在 FET 中,陷阱能引起器件电性能异常,称为电流崩塌,或跨导和输出电导频率色散[35-37]。实际上,由于陷阱具有以微秒到秒甚至更慢的时间常数捕获和释放自由电荷的能力,从而导致器件沟道电流对 RF 驱动下快速电信号的延迟响应。在近几十年对 GaAs 基器件中陷阱的存在和认识已经开展了广泛的研究[38]。已经开发出用以提供陷阱在器件结构中的活化能和物理位置绘图的具体表征方法[39-41]。这些工作有助于推断出陷阱的物理来源,这是去除陷阱或者至少通过改进制造工艺来降低陷阱密度的必要步骤。在 GaN HEMT 中,由于测量的不可重复性,或者甚至在某些情况下测试的不可重复性,使得陷阱的识别更困难[42]。以下 3 个主要因素可以解释该原因:

（1）不同的材料质量和不稳定的生长过程。

（2）较大的陷阱密度。在器件结构中,由于不能获得体 GaN,通过使用晶格失配的 Si 或 SiC 衬底会引起高位错密度;在自由表面,较大的电离施主密度是在沟道中产生二维电子气(2D EG)所需正电荷的来源[43]。

（3）在宽带隙器件中存在的高电场会产生特定的机制,例如 Poole-Frenkel 效应[44]。

识别器件中显现的陷阱的特性,还可以帮助我们更好地理解观察到的电性能异常所涉及的物理机理,这通常归功于物理仿真的帮助。通过仿真的方法理解在给定陷阱密度、给定的活化能在晶体管结构中的给定位置处,陷阱如何影响器件电性能并成为电性能异常的起因。换句话说,仿真有助于在孤立的陷阱现象与宏观的不明显的陷阱效应之间建立联系,特别是由于 FET 结构中驱动电压函数的 NL 电场分布。

然而,式(7.14)中电子陷阱的 Shockley-Read-Hall(SRH)统计速率方程,强调了陷阱的重要特征,即由自由电子的捕获和发射两个过程之间的平衡决定陷阱的占用率。

$$\frac{\mathrm{d}f_T}{\mathrm{d}t} = n \cdot C_n(1 - f_T) - e_n \cdot f_T \tag{7.14}$$

式中:

$$C_n = \sigma_n \cdot v_{th_n} \tag{7.15}$$

其中:f_T 为深阱的电子占有率;n 为电子浓度;σ_n 为电子捕获截面;v_{th_n} 为电子热速度。捕获率由 $n \cdot C_n$ 给出,而发射率 e_n 由式(7.16)中给出的阿仑尼乌斯定律确定。

$$e_n = \frac{1}{\tau_{\text{emission}}} = A \cdot T^2 \cdot e^{-E_A/kT} \tag{7.16}$$

式中:A 为常数;T 为温度;τ_{emission},E_A 分别为捕获的电荷发射时间常数和激活能。

因此,捕获速率与电子浓度成正比,这一点与温度相关性较强的发射速率不同。这组方程表明,发射时间常数通常比捕获时间常数大几个数量级。陷阱的这种特殊行为对于晶体管在瞬态但同时处于稳定的 RF 驱动下器件电特性的理解非常重要。

从电气观点来看,FET 中出现的电性能异常可以分为两种效应,即栅极延迟和漏极延迟,它们分别对应于电流对栅极和漏极电势调制的延迟响应。这种分离是有意义的,每个效应仅与一个控制电压(V_{gs} 或 V_{ds})相关。因此,在频域中,栅极延迟对跨导(输出电流相对于 V_{gs} 的偏导数)的影响是显著的,而漏极延迟影响的是输出电导(电流相对于 V_{ds} 的偏导数)。

这些效应可以从图 7.7 所示 GaN HEMT 器件的电流测量结果中看出。在图 7.7(a)中,V_{gs} 从 $V_p = -6V$ 脉冲变化到 $V_{gs} = -5V$,V_{ds} 恒定保持在 5V。因此,瞬态与栅极延迟效应相关。在图 7.7(b)中,V_{ds} 从 22V 脉冲下降到 18V,并且 V_{gs} 恒定保持在 −5V。此时,瞬态与漏极延迟效应相关。将两种效应分开也有其物理意义,每种效应都由不同的机制决定:栅极延迟效应主要是由于表面陷阱,而漏极延迟效应主要是由于缓冲或衬底陷阱[48,49]。下面将对这些机制做简要介绍。

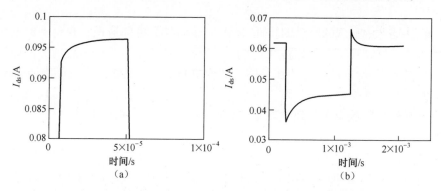

图 7.7 GaN HEMT 中当栅源电压和漏源电压为脉冲时观察漏极电流
(a)电流瞬变为栅极延迟;(b)电流瞬变为漏极延迟。在这两种情况下,
温度变化是可以忽略不计的,并且温度变化不能解释电流瞬变。

7.3.1.1 漏极延迟(DL)效应

在 GaAs MESFET 中,有源层下面存在的深阱被认为是陷阱效应的诱因。MESFET 器件的输出电流由沟道的有效厚度决定并受栅极电势调制。然而,在衬底[50]或衬底–沟道界面[51]中存在电离陷阱的情况下,输出电流也通过耗尽层到有源层的扩展来调制。漏极电势决定衬底中自由电子的注入,从而导致漏极延迟效应。漏极延迟也称为"自虚栅",陷阱充当虚栅端子[52]。

虚栅作为 GaAs MESFET 器件中的主要色散效应,已经被广泛研究。第一个陷阱模型详细描述了减少陷阱的难度及陷阱对器件电性能的巨大影响,本书后面将详细说明。

GaN HEMT 器件中的漏极延迟现象与 GaAs MESFET 器件非常相似。然而，GaN HEMT 器件中的电流是通过沟道中自由电子的密度来调制而不是沟道有效厚度。2DEG 的存在对于补偿 AlGaN-GaN 界面处的正(压电)电荷 σ_{pos} 是必要的。然而，如果在 AlGaN-GaN 界面附近的电离陷阱的合成电荷不为零而为负，则通过改变 2DEG 密度(n_s)来保持平衡。如式(7.17)所示，在施主和受主的存在下：

$$+ \sigma_{pos} = q \cdot n_s - q \cdot Nd^+ + q \cdot Na^- \tag{7.17}$$

式中：Nd^+ 为电离施主密度；Na^- 为电离受主密度。

图 7.8 所示的原理图说明了在施加漏极电压脉冲时陷阱对 2DEG 密度(n_s)的影响。显示的是 3 种不同情况下的导带图(在栅极之下)：(a)初始状态；(b)正漏极电压变化之后；(c)回到初始电压。这里假设深的受主和施主陷阱存在于缓冲层中(也可能在补偿的半绝缘缓冲层中的情况)密度分别为 Na 和 Nd，并且 Nd> Na(不完全补偿)。因此，为了保持平带条件，在没有电场的情况下，费米能级被钳位到施主能级：

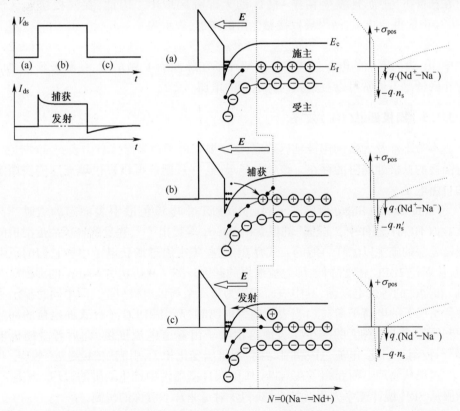

图 7.8　GaN HEMT 缓冲层中陷阱捕获和释放机理及其对 2DEG 密度影响的描述，2DEG 能够维持电荷平衡。需要注意的是，缓冲层中的其他陷阱构型将得到相同的推论以及同样的结果

$$Nd^+ - Na^- = 0 \qquad (E = 0) \tag{7.18}$$

另一方面，AlGaN-GaN 界面处的电场不为零，并且施主被电子填充。当电荷总量为零时达到平衡，导致(情况(a))：

$$n_s = Nd^+ - Na^- + \sigma_{pos}/q \tag{7.19}$$

当漏极电压为脉冲高位时(情况(b))，电场垂直分量的增加引起来自 2DEG 中的电子更深的散射，而这些电子可以被施主陷阱捕获。因此，电离施主的密度减小(填充的施主为中性)至标记为 Nd $'^+$ 的值，致使产生新的电荷平衡方程以及 2DEG 密度的减小，记为 n_s'：

$$n_s' = Nd'^+ - Na^- + \sigma_{pos}/q \tag{7.20}$$

当漏极电压为脉冲下限(情况(c))时，发生相反的现象：一部分施主不再受到任何电场的影响，于是发射它们捕获的电子。一旦慢发射过程结束，2DEG 密度可以再次由式(7.19)表示。然而，这里给出的示意图很简单，从而可以很好地理解 HEMT 器件中的漏极延迟效应：由于电场的方向性，电子向缓冲层中的散射不仅发生在栅极下方，而且发生在栅-漏区的大部分区域中。因此，在漏极接触区的 2DEG 密度也会减小，结果导致接触电阻的增加，表示为

$$R_{access} = 1/(q \cdot n_s \cdot \mu_n) \tag{7.21}$$

式中：μ_n 为沟道中的电子迁移率。这解释了在脉冲 $I-V$ 测量时，在漏极延迟效应存在的情况下经常可以观察到的膝电压的增加。

7.3.1.2　栅极延迟(GL)效应

本节不涉及太多的栅极延迟效应，这主要是由于在半导体自由表面，特别是靠近漏极的栅极处陷阱的存在。该处电场最强，并且栅极可以提供填充这些表面态的自由电子。

Ladbrooke 和 Blight 研究了 GaAs MESFET 中电流色散中表面态的贡献[53]。在 GaN HEMT 器件中，"虚栅"的概念由 Vetury 等提出[54]，并且解释了靠近漏极的栅极处深的施主以怎样可能的方式存在，这些施主通过捕获电子中和它们的正电荷，从而使 2DEG 密度降低，即电流崩塌的起因。图 7.9 所示为 Vetury 的虚栅概念(a)和器件的等效电路图，其中表面态作为第二个栅极电极(b)。图中同时显示了两种情况下的电荷平衡：(1)当表面施主电离时，产生 2DEG，(2)表面电荷的部分中和导致 2DEG 密度的减少。表面自由电子由隧道电流提供，而后者受栅极电势[42]控制。因此，电流色散明显与栅-源电压变化相关，引起"栅极延迟"效应。

这里从物理方面介绍了在 GaAs 基和 GaN 基器件中产生陷阱的机理。陷阱行为服从 SRH 统计速率方程，说明捕获和发射是非常不对称的机制。

然而，这种单陷阱物理现象不能解释单独电流色散，必须考虑器件结构中的陷阱位置及其电气环境。这样可以确定两种不同的机制：缓冲层陷阱和表面态陷阱，

分别导致漏极延迟和栅极延迟现象。然而,实际情况更加复杂。例如,在一些情况下,这两种效应不能做到完全的物理分离:GL 可能是由于高反向电压下的体效应引起的,如在 RF 过激励时遇到的那样[55]。表面陷阱也可能对影响电场的漏极电势的变化敏感,从而增强来自于栅极的电子隧穿效应[56]。更一般地,电场对通过陷阱中心的电子动力学影响强烈。因此,通过简单的 SRH 统计,不可能如式(7.14)所示那样在所有情况下都能很好地描述 GaN HEMT 中的捕获和发射速率。例如,通过提供电子的隧穿机制减缓表面态的填充,通过降低其表面活化能的 Poole-Frenkel 效应能够提高电子的发射速率[44]。

对陷阱效应物理现象的这段简短介绍,足以接近它们的表征和建模,这将在以下部分中说明。

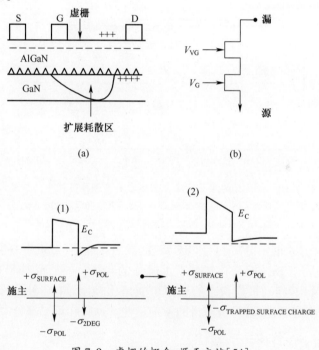

图 7.9　虚栅的概念,源于文献[54]

(a)AlGaN 表面的薄层正电荷部分中和;(b)等效 HEMT 电路具有两个栅极电位:VG 为金属栅极,V_{VG} 为虚拟栅极。
下面为在电离表面施主存在下的 GaN HEMT 能带图:(1)诱发 2DEG 的产生;
(2)当电荷被捕获在表面时,导致随后该 2DEG 的减少。

7.3.2　用于陷阱效应量化和 FET 建模的脉冲-Ⅳ 特性

提取晶体管非线性模型最困难的任务之一是对电流源的恰当描述。输出电流不仅取决于 RF 电压,而且取决于非线性效应,例如引起低频(LF)色散的自热和陷阱效应。脉冲-Ⅳ 测量是提取晶体管电流源模型参数最常见的手段。图 7.10 解释了这一点。图中给出了在 RF 驱动下器件的色散效应随时间的演化。例如在 GaN HEMT 中,热效应可以持续几十毫秒,陷阱捕获释放过程需要几秒钟。捕获过程在这里被认为是高频效应,并且假设其足够快到能够跟随 RF 信号的变化。根据其特征测量时间,最常见的测试方法也在该原理图中给出。该图说明两点:①如果脉冲–IV 特征时间选择为捕获和发射过程之间,则采用第一部分将要介绍的方法可以区分这两种效应。在这一部分中,也将对出现的测量问题进行特别强调。(2)脉冲–IV 测量的特征频率理论上接近低通函数的截止频率,该函数用于区分高频部分和低频部分的电流[57],如式(7.22)所示。

$$I_{\mathrm{ds}} = I_{\mathrm{ds_{LF}}} + I_{\mathrm{ds_{RF}}} = \left[\left(1 - H(\omega)\right)\right] \cdot I_{\mathrm{ds}} + H(\omega) \cdot I_{\mathrm{ds}} \tag{7.22}$$

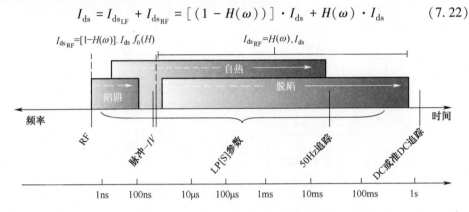

图 7.10 最常见的测量方法在晶体管典型频率范围中的位置

脉冲–IV 测量的作用是仅表征电流的 RF 部分,即自热效应较少和固定的陷阱效应。本原理图中给出了低频 S 参数,作为表征 DC 到 RF 跨导色散和(或)输出电导色散的有力手段。

因此,这种方法能够分离 LF 和 RF 特性,然后在确定(或选定)的 LF 状态下提供 RF 特性,不同于 DC(部分自热是不可避免的)状态。然而,选择良好的 LF 状态,即器件处于 RF 特性最佳状态的选择可能是比较困难的。更重要的是如果器件的低频状态不能再现,会导致测量的不确定性。这将在第二部分中详细解释。

7.3.2.1 陷阱效应量化

脉冲–IV 测量原理将在 7.4 节中介绍。由于使用的脉冲长度非常短,使其成为快速评估陷阱效应,甚至分辨栅延迟和漏延迟效应的有力手段[58]。实际上,假设发射过程比脉冲持续时间长并且捕获几乎是瞬时的,而这将导致脉冲期间两种可能性的选择,即是由瞬时电压($v_{\mathrm{gsi}}, v_{\mathrm{dsi}}$)确定的陷阱状态,还是保持在稳定的静态点电压($V_{\mathrm{gsq}}, V_{\mathrm{dsq}}$)确定的电平。以下 3 种静态偏置点的情况特别令人关注:

(1)($V_{\mathrm{gsq}} = 0, V_{\mathrm{dsq}} = 0$)。在这种情况下,$IV$ 特性的描述确保栅–源电压脉冲为负,漏源电压为正。捕获过程在脉冲期间占优势,则与栅延迟和漏延迟相关的陷阱快速达到由瞬时电压 v_{gsi} 和 v_{dsi} 决定的稳态。实际上,这里获得的特性除了热效应以外与 DC 特性相类似。

(2) ($V_{gsq} = V_p$, $V_{dsq} = 0$)。这里,与第一种情况相同,漏–源电压脉冲为正。然而,栅–源电压脉冲是正的,并且发射占优势。发射时间比脉冲持续时间长很多,所以与栅延迟相关的陷阱电荷在脉冲期间不随时间变化。因此,这些陷阱将在由静态电压 V_{gsq} 确定的电平下保持过充电状态,并且在 IV 测量中电流色散将增大。

(3) ($V_{gsq} = V_p$, $V_{dsq} = V_{ds0}$ = 工作电压)。这里,当 $V_{dsi} < V_{ds0}$ 时(当 $v_{dsi} > V_{ds0}$ 时,与第二种情况类似),发射对栅延迟和漏延迟相关的陷阱均占主导地位。陷阱保持过充电到由 V_{gsq} 和 V_{dsq} 确定的电平,然后栅延迟和漏延迟相关的陷阱效应使电流色散增强。通过比较情况(1)和(2)来评估与栅延迟效应相关的色散程度,通过比较(2)和(3)评估与漏延迟效应相关的色散。

必须注意的是,3 种情况下的热状态是相同的,静态耗散功率始终为零。因此,测量的差异只是由于陷阱相关的色散造成的。

7.3.2.2　测试问题

本节讨论对存在陷阱效应的晶体管进行脉冲–IV 测试相关的潜在问题。如前所述,脉冲–IV 测试能够突出色散效应的可能性是基于如下事实:与脉冲持续时间相比,捕获过程持续时间非常短,并且发射过程在脉冲结束前还没有开始。然而,由于晶体管中的陷阱效应的复杂行为和时间常数的复杂变化,这些假设的理想情况不可能一直验证。

使用仅包括 GL 效应(仅考虑一种陷阱)的晶体管模型执行的 4 个瞬态模拟,如果这些假设条件没有满足,对测量的影响可能是什么。这项研究的诱因是:对 GaN HEMT 进行的测试表明,有时在微秒范围内观察到的类似捕获的瞬态通常会持续非常长的发射过程(几秒甚至几分钟)。然而,这里将不考虑这些现象的物理可能性。下面将会说明对测试结果产生较大影响的陷阱相关的时间常数和脉冲的设置。

对于不同的捕获时间常数和两组不同的栅–源静态电压,对瞬时电流 i_{dsi} 进行评估($v_{gsi} = -4V$, $v_{dsi} = 20V$, t = 脉冲开始之后的 350ns),以便量化栅延迟相关的色散效应。脉冲持续时间固定为 400ns,脉冲重复周期为 10μs。仿真结果如图 7.11 所示:左图呈现了 $V_{gsq} = -8V$ 和 $V_{dsq} = 20V$ 时的脉冲;右图为 $V_{gsq} = 0V$ 和 $V_{dsq} = 20V$ 时的脉冲。

• 捕获是快速的($\tau_{capture} = 10ns$)—释放过程比脉冲持续时间长,但比脉冲重复周期短($\tau_{emission} = 2μs$):(图 7.11 中的情况(a))。

这种情况可以认为是理想情况,当 $V_{gsq} = 0$ 时,捕获过程在测试时完成,释放过程在下一个脉冲之前完成。然而,当 $V_{gsq} = -8V$ 时,陷阱在脉冲期间没有被激活,并且电流的增大导致在 $V_{gsq} = -8V$ 和 $V_{gsq} = 0V$ 时测试的瞬时电流之差比期望的更小,因此估算的栅延迟相关的色散比实际小。

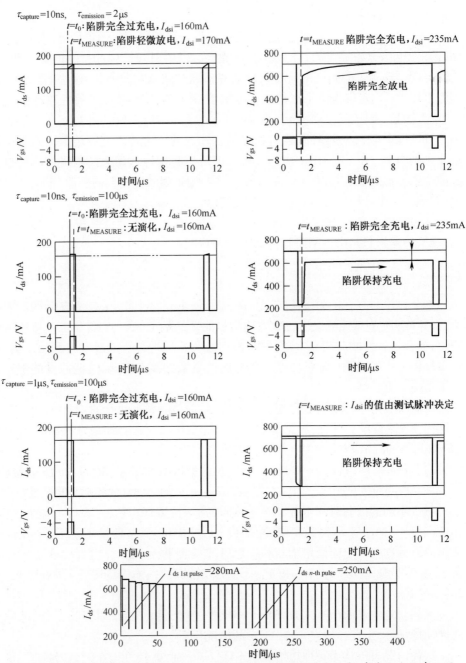

图 7.11 采用仅包括栅延迟效应的通用 GaN HEMT 模型做的瞬态仿真,考虑一个具有不同捕获时间常数的陷阱电平,$\tau_{\text{capture}} = 10\text{ns}, \tau_{\text{emission}} = 2\mu\text{s}$(情况 a);$\tau_{\text{capture}} = 10\text{ns}, \tau_{\text{emission}} = 100\mu\text{s}$(情况 b);$\tau_{\text{capture}} = 1\mu\text{s}, \tau_{\text{emission}} = 100\mu\text{s}$(情况 c)。脉冲持续时间为 400ns,脉冲重复周期为 10μs。对于左图,V_{gs} 脉冲从 $v_{\text{gsq}} = v_{\text{p}} = -8\text{V}$ 到 $v_{\text{gsi}} = -4\text{V}$。对于右图,$V_{\text{gsq}} = 0\text{V}, v_{\text{gsi}} = -4\text{V}$。在所有情况下,$V_{\text{dsq}} = v_{\text{dsi}} = 20\text{V}$。模拟过程中没有考虑自热效应

● 捕获是快速的（$\tau_{capture}$ = 10ns）—释放过程比脉冲持续时间和脉冲重复周期长（$\tau_{emission}$ = 100μs）：（图 7.11 中的情况（b））。

捕获过程在测试期间就结束，但是当 V_{gsq} = 0 时，释放过程在脉冲到来之前还没有完成。因此，在脉冲开始时陷阱的充电状态没有保持在其稳态值（由 V_{gsq} 确定）。然而，这对测试时的充电没有影响，因为脉冲期间的快速捕获仅取决于瞬时电压，并且不受脉冲之前的陷阱状态的影响。

此外，与前面情况不同的是，陷阱在 V_{gsq} = −8V 的测试中没有被激活，则可以准确地评估色散效应。这个结果表明，具有长释放时间常数的陷阱存在对测试结果没有影响，这对于 GaN HEMT 的测试是非常重要的。

● 捕获是快速的（$\tau_{capture}$ = 10ns）—释放过程比脉冲持续时间短（$\tau_{emission}$ = 300ns）（图 7.11 中未示出）。

在这种情况下，捕获和释放在脉冲期间发生，并且没有在两种配置之间观察到差别。一切都与 DC 情况下测试结果相同，脉冲比捕获和释放时间都长。

● 与脉冲持续时间相比，捕获过程较长（$\tau_{capture}$ = 1μs）—与脉冲持续时间和脉冲重复时间（$\tau_{emission}$ = 100μs）相比，释放过程较长（图 7.11 中的情况（c））。

这种情况更复杂。如先前所观察到的（在情况（b）中），当 V_{gs} = −8V 时，陷阱没有激活。然而，由于捕获过程较慢，当释放过程占主导地位时，陷阱态（电流）在一个脉冲期间未达到最终值，并且在两个脉冲之间的时间段内没有时间恢复稳态。这会导致电流在脉冲期间产生缓慢漂移，则由于第一个脉冲，使电流的测试值取决于时间（参见图 7.11 下面的图，其对应于右侧具有更多的脉冲的图）。因此，具有快速采集能力的脉冲-IV 测试装置给出的测试结果，将与具有较长脉冲周期或在若干脉冲上平均测量的测试装置给出的结果不同。

图 7.12 总结了这里研究的 4 种情况的测试差异。灰点对应于静态偏置点 V_{gsq} = 0V 的瞬时电流；黑点对应于静态偏置点 V_{gsq} = −8V 的瞬时电流。对所有情况下（最好的是第二种情况）的色散效应（电流之间的差）进行不同的评估。在图 7.12（b）中，两个不同静态偏置点（V_{gsq} = 0 和 V_{gsq} = −8V）的两个 IV 网络仿真结果说明了第二种情况，并显示了通常测量的 IV 特性。

这项研究已经说明了非理想晶体管或不准确的脉冲周期和脉冲持续时间设置可能出现的测量问题。实际情况远比这个单陷阱示例复杂得多，实际器件中几个陷阱电平（具有不同的时间常数）同时活跃。此外，V_{gs} 和 V_{ds} 应同时激发，而 V_{ds} 在此处保持恒定。

当脉冲不是完美的方形，特别是当脉冲开始或结束时出现电压过冲时，由于快速捕获过程可能在短电压过冲持续期间发生，因此可能会产生其他的色散效应评估误差。Baylis 等[59] 也指出，当发射时间常数长于脉冲周期时，脉冲发生器的阻抗可能会对测量结果产生显著影响。通常最好选择尽可能长的脉冲重复周期，以

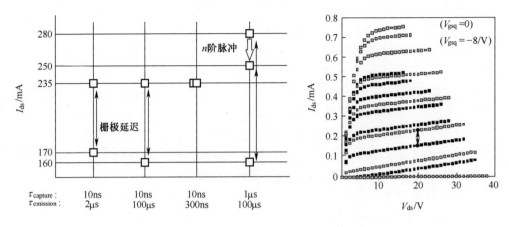

图 7.12　$V_{gsi} = -4V, V_{dsi} = 20V$ 时不同情况下测得的电流

灰点表示 $V_{gsq} = 0V$ 的电流,黑点表示 $V_{gsq} = -8V$ 的电流。对于每一种组合,栅极延迟的电平是不同的。在右侧,两个 IV 网络的仿真结果显示了第二种组合下($\tau_{capture} = 10ns, \tau_{emission} = 100\mu s$)的栅极延迟效应。

避免大多数的测量问题。此外,当可以选择时,优先选择产生低电流水平的小栅宽器件,以便限制过冲的产生。

7.3.2.3 非线性建模的特征

　　脉冲–IV 测量的另外一个用途是用于晶体管建模。实际上,通过设置静态热点获得准等温测量,对于改善模型中的电流源参数提取精度是非常有意义的。相同的推论已应用于陷阱效应:这些效应可以由静态偏置点固定并且限定,从而对电流源进行更精确的建模。然而,在大信号 RF 激励下,由于发射和捕获时间常数之间的不对称性较大,陷阱的电荷电平并非由静态偏置点确定,而更可能是由峰值电压 $V_{gs\,peak}$ 和 $V_{ds\,peak}$ 决定的。事实上,陷阱很快充电到峰值,并且在 RF 周期内没有时间放电。

　　为了说明电流源的正确建模中遇到的问题,图 7.13 中的 IV 网络上叠加了大信号负载周期(这里不考虑热效应)。这里,在 RF 激励下的 A 点处的电流由在 C 处达到的峰值电压 $V_{gs\,peak}$ 和 $V_{ds\,peak}$ 确定。这些电压取决于输入功率,也取决于输入阻抗和负载阻抗。如果电流源由 $V_{gsq} = 0$ 和 $V_{dsq} = 0$ 的直流测量结果或脉冲–IV 测量结果建模,则 A 点处的陷阱态由 A 点处的电压 V_{gs} 和 V_{ds} 确定,这与 C 点处的电压 V_{gs} 和 V_{ds} 区别很大。如果电流源由静态偏置点 B(应用的标称工作点)的脉冲–IV 测量结果建模,则 A 点处的陷阱由静态电压 $V_{gs\,B}$ 和 $V_{ds\,B}$ 确定。因此,脉冲测量是更好的获得理想 IV 特性的手段。然而,陷阱效应的动态特性(峰值电压依赖于 P_{in} 和 Z_{in}、Z_{out})不能合理地再现。

　　当静态偏置选择在标称工作点时,此示例突出了相比于直流测量脉冲–IV 测

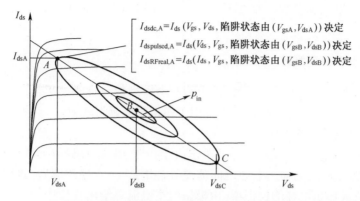

$$I_{dsdc,A} = I_{ds}(V_{gs}, V_{ds}, \text{陷阱状态由}(V_{gsA}, V_{dsA})\text{决定})$$
$$I_{dspulsed,A} = I_{ds}(V_{ds}, V_{gs}, \text{陷阱状态由}(V_{gsB}, V_{dsB}))\text{决定}$$
$$I_{dsRFreal,A} = I_{ds}(I_{ds}, V_{gs}, \text{陷阱状态由}(V_{gsB}, V_{dsB}))\text{决定}$$

图 7.13　通过低频测量近似确定 RF 特性。脉冲测量比 DC 测量更精确,
但不能再现真实的 RF 性能和电荷捕获的动态演化

量的优势。从热效应的观点来看,这种静态偏置也十分有趣,因为 RF 放大中的器件温度在一级近似下由标称工作点确定,特别是在 A 类或 AB 类中。这就解释了为什么这样的测量已成功地用于定义模型中的电流源参数,而模型中的陷阱效应和热效应却没有被建模[4]。

然而,脉冲-IV 测量不能实现器件在大信号 RF 驱动下被"看到"的实际特性。即使使用非常精确的 IV 模型,实际和测量的 LF 色散效应状态之间的差异,解释了有时在准确地模拟大信号测量时遇到的困难。因此,包括陷阱效应的非线性模型精度更高,特别是在大信号激励下,实际的陷阱电荷与由静态偏置点确定的陷阱电荷偏离最大。

这里给出了量化色散效应的方法和测量问题的简要概述,表明脉冲-IV 测量的执行建立在对陷阱效应和测量设置有很好的理解上,并且必须非常小心地利用测量得到的数据。

此外,已经证明脉冲测量是获得 RF IV 特性的最准确的手段,因为脉冲测量使得 LF 效应固定在选定状态。然而,陷阱态在 RF 驱动下不是恒定的,而是与 RF 信号之间存在复杂的关系。为了提高模型精度,已有学者开发了陷阱电路,将在第 8 章中进行介绍。

7.3.3　陷阱效应模型

如前所述,陷阱效应可能会对 FET 的电性能产生显著的影响。因此,从非线性器件建模的早期开始,就已经开发了几种陷阱模型。随着技术的整体改进和对更高精度的需求,这些模型的模拟应用范围已经从小信号拓展到大信号。

本章将介绍最常见的陷阱模型功能,从最简单的模型到最准确的模型,循序渐进地解释它们的功能。本书作者提出了一种针对谐波平衡仿真优化的非线性模型,这里将特别强调参数提取方法。最后,将介绍陷阱模型对模型精度改进方面的影响和好处。

7.3.3.1 现有模型概述

下面重点介绍漏极延迟模型,因为第一个模型的设计考虑了自-背栅,即漏极延迟效应。下面给出的一些电路也可用于模拟栅极延迟效应。

1)"RC 分支"型模型

第一个陷阱模型的开发是为了考虑由小信号 RF 特性提取的输出电导与 DC 或低频 IV 测量得到的输出电导之间的差异(由于自-背栅效应)。该模型在高频下添加了直流输出电导的校正项(由模型的主电流源给出)。

在低频:

$$G_{dsLF} = G_{dsDC} \tag{7.23}$$

在高频:

$$G_{dsHF} = G_{dsDC} + \Delta G_{ds} \tag{7.24}$$

从 LF 到 HF 的转变由陷阱的发射时间常数决定,其决定了陷阱会不会"跟随"信号的变化而变化。Camacho-Penalosa 和 Aitchison 开发了第一个这种类型的小信号模型[60]。该模型包括额外的 RC 电路,添加到与电流源并联处,如图 7.14 所示。选择使 $1/R = \Delta G_{ds}$ 和 $RC = \tau_{emission}$ 的电阻和电容值。

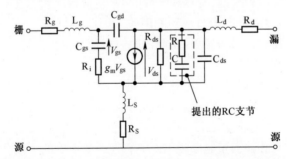

图 7.14 文献[60]提出的小信号模型,用于模拟 MESFET 小信号模型中输出电导的 LF 至 HF 色散

用这种简单方法模拟自-背栅效应,对小信号模型是有效且恰当的,但在大信号条件下则是无效的,这是因为无论偏置条件如何,校正项 ΔG_{ds} 都是恒定的。当在大信号条件下使用该模型时,可能会导致矛盾:为了对输出电导有明显的校正,RC 电路阻抗变低,则有一部分不可忽略电流可能流入 RC 电路中。如果该电流高于电流源电流,例如可能会出现接近夹断电压的 V_{gs} 值,这将导致负的漏极电流。事实上,在"RC 分支"模型中的电流表示为

$$I_{ds} = I_{dsDC} + \Delta G_{ds} \cdot (v_{ds} - v_T) \tag{7.25}$$

式中:v_T 为陷阱电荷电平的电压(并且等于电容器上的电压)。

图 7.15 说明了这个问题。在瞬态下仿真 FET 模型以再现脉冲-IV 网络。在

图 7.15(a)中,没有 RC 电路修正输出电导,该模型能够拟合在 V_{dsq} = 0V(等效于没有热效应的直流测量)下进行的测量。在图 7.15(b)中,加上 RC 电路(R = 1500Ω,RC =100μs),该模型能够拟合在 V_{dsq} = 25V 下测量的网络的输出电导(给出 V_{ds} = 25V 附近的 RF 输出电导)。然而,在仿真的 IV 网络中,电流 I_{ds} 变为负数,这当然是前后矛盾的。为了克服这个问题,Matsunaga 等[61]提出了另一种方法,即在主电流源上通过栅极控制电压中的附加项 v_T 进行校正,v_T 取决于由高阻 RC 分支提供的漏源电压的低频值。

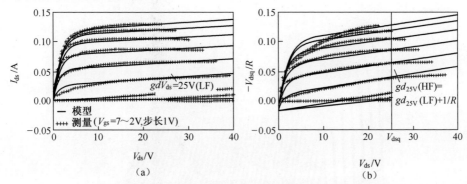

图 7.15 在大信号仿真中使用低阻抗 RC 分支遇到的问题

(a) V_{dsq} = 0V 时的测量与没有 RC 分支的晶体管模型相比;(b) V_{dsq} = 25V 时的测量与具有 RC 分支的模型相比:能够更好地再现 V_{ds} = 25V 附近的 RF 输出电导,但是电流 I_{ds} 在接近夹断时变为负值

$$I_{ds} = f(v_{gs} + v_T, v_{ds}) \tag{7.26}$$

其中

$$v_T = Ed \cdot v_{dsLF} \tag{7.27}$$

Ed 为拟合参数。

2) 非线性"RC 分支"模型

为了避免上述矛盾,并且提高简单的"RC 分支"模型相对较差的精度,已有其他模型被提出。这些模型根据瞬时控制电压 v_{gs} 和 v_{ds} 添加非线性校正项,来代替单一值的校正项 ΔG_{ds},从而使得在整个特征区间上产生 RF 输出电导值。Filicori 等[62]提出了第一个这种类型的模型。

图 7.15(b)所示的测量结果说明了这类模型的优点:一个 RC 分支模型(特别是在(v_{gsi} = [0,+ 2V],v_{dsi} = [0,10V])限定的区域内)不能准确地拟合 IV 曲线,但通过使用非线性校正项可以得到改善。而且,如果校正项在(v_{gsi} = V_p,v_{dsi} = [0,V_{dsq}])的范围内为零,则可以避免先前突出的负电流问题。

在文献[62,63]中,校正项直接引入主电流源。RC 分支(高 Z)保持不变以获得漏极电压的 LF 值 $v_{d_{LF}}$。在其他情况下[64,65],电阻直接被 RC 分支中的非线性电流源 $I_{ds\,TRAP}(v_{ds}, v_{gs})$ 代替,导致校正项有效域同样得以扩展。

不过即使如此,电流源公式表示为

$$I_{ds} = I_{ds\,DC}(v_{gs}, v_{ds}) + f_d(v_{gs}, v_{ds}) \cdot (v_{ds} - v_{d_{LF}}) \tag{7.28}$$

其中 $f_d(v_g, v_d)$ 表示在简单 RC 分支模型(见式(7.25))中替代固定 ΔG_{ds} 的非线性校正项。图 7.16 所示为校正项的一个例子,由 GaN HEMT 器件的脉冲-IV 测量得到[66]。电流源可以通过非线性公式[65]或查表[67]的方式进行建模。

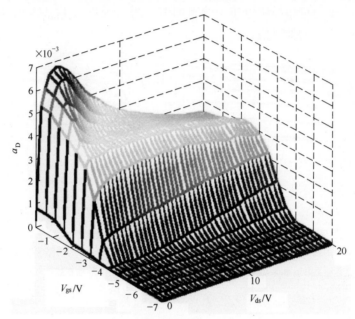

图 7.16 用 $8 \times 125 \mu m$ GaN HEMT 进行脉冲测量提取的输出电导校正项(ΔG_{ds},这里命名为 α_D)[66]。注意,在 $V_{gs} = V_p$ 处的校正项为零,因此避免了负电流,并且在膝电压区域校正项最大,与图 7.15 所示的示例需求一致

然而,它们不具备完全的大信号行为。这是因为没有考虑捕获过程,然而除了发射过程以外,捕获决定时域和大信号激励下器件的响应。实际上,仅考虑发射过程意味着考虑到陷阱电荷的密度由陷阱控制电压的平均值决定。然而,如上一节所述,陷阱电荷的密度更倾向于由峰值控制电压决定而不是其平均值。有些人可能会反驳,脉冲-IV 测量是大信号,并且可以被这些"仅发射"模型很好地复现。然而,这种特征对应于非常具体和独有的情况,在该情况下,由于较短的脉冲持续时间,陷阱态由静态偏置 V_{dsq} 确定,静态偏置 V_{dsq} 也等于漏极电压的 LF 值。

尽管如此,这些模型的修正项定义域很广是一个明显的改进。此外,还对瞬态部分进行了一些改进。例如,文献[68]中的发射时间常数与温度相关。Brady 等[69]还提出了一种三极点滤波器,以便考虑到具有 3 种不同发射时间常数的 3 个陷阱电平的存在。

由于修正项的提取过程相对简单,从较少的脉冲-IV 测量[62]到小信号和脉冲-IV

测量较好的精度,因此这些模型被广泛使用[70-72]。此外,这些模型中的大多数也以非常类似的方式考虑了由于栅极延迟效应引起的色散效应。

3) 大信号模型

学者们已经开发了能够区分捕获和发射过程对漏极电压变化贡献的其他陷阱模型。第一个完整的大信号模型由 Kunihiro 和 Ohno[47] 开发,他们设计了一个自背栅子电路,由背栅电极(位于沟道下方的缓冲层–衬底界面)的电荷变化进行计算。陷阱电荷的时间相关偏差来自 SRH 统计的速率方程(见式(7.14)),则

$$\frac{\mathrm{d}\Delta Q_{\mathrm{b}}}{\mathrm{d}t} = -JsB \cdot (e^{e \cdot \Delta Q_{\mathrm{b}}/C_{\mathrm{b}} \cdot k_{\mathrm{b}} \cdot T} - 1) - \frac{\Delta Q_{\mathrm{b}}}{R_{\mathrm{b}} \cdot C_{\mathrm{b}}} \qquad (7.29)$$

式中:ΔQ_{b} 为陷阱占有率的偏差。

该方程式表明,电子捕获(第一项)和发射(第二项)可以分别用流过二极管和电阻的电流来表示,该电流对背栅电容 C_{b} 进行充电和放电(参见图 7.17,其中 $C_{\mathrm{b}} = C_{\mathrm{sb}} + C_{\mathrm{bd}}$)。背栅电极($Q_{\mathrm{b}}$)上的电荷对应于陷阱电荷。然后,根据 MESFET 器件中的自背栅机理,背栅电压被加到主电流源的阈值电压上,以模拟沟道的收缩。

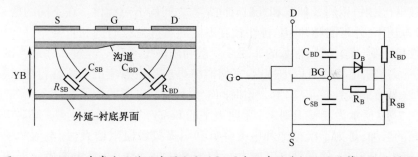

图 7.17　HJFET 中寄生元件示意图和文献[47]中具有伪背栅终端的等效电路模型。
与之前介绍的模型一样,假设背栅电压的变化与漏电压的变化成正比,
这一点已经得到实验验证(例子参见参考文献[73])

Rathnell 和 Parker 开发了另一种大信号模型[74]。这里,发射和捕获电流由基于非线性方程的源产生,两电流方向相反,于是在电容器上产生充电和放电的对抗(参见图 7.18 所示的原理图)。陷阱效应的贡献通过将陷阱电荷等效电压(电容器电压)加到主电流源的栅极控制电压上实现:

$$I_{\mathrm{ds}} = f(v_{\mathrm{gs}} + v_{\mathrm{t}}, v_{\mathrm{ds}}) \qquad (7.30)$$

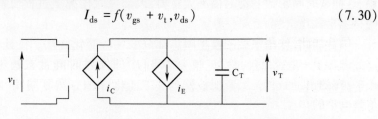

图 7.18　文献[74]中的陷阱模型示意图。两个电流源对电容器 C_{T} 进行
充电或放电,其电压表示陷阱态

模拟捕获和发射的两个电流源直接由 SRH 统计得到,并由电势 v_i 控制,其相当于陷阱的激活能和费米能级之差。

由于这两个模型由 SRH 统计得出,因此有明确的物理意义。然而,如本节第一段所述,陷阱模型必须能够模拟在控制电压作用下陷阱对器件电性能的影响,然而控制电压与单陷阱电平及其自身物理现象之间并无明显的联系。在第一种模型中,这种关联是通过适合于 MESFET 的物理和几何考虑建立的。然而,通过瞬态测量,可以更好地实现参数提取。在第二种模型中,这种关联纯粹是由脉冲-IV 测量提取得到的现象模型,尤其是该模型用于具有复杂陷阱效应的 GaN HEMT 之后更是如此[75]。

因此,如果使用物理定义来确保模型的物理意义,则纯粹的现象模型可能是首选:提取参数的方法是相同的,但是模型更灵活,可以根据测量特点进行调整。Leoni 等[73]提出了一种可以视为"2 路 RC 分支"的模型:二极管用于从一个路径切换到另一个路径,而不管电压变化是正还是负,即捕获或发射哪个占主导地位。因此,每个路径中的两个电阻值完全不同,并且允许电容器快速充电(捕获)以及缓慢放电(发射)以顾及捕获和发射时间常数之间的不对称性。在不同的栅-漏和栅-源电压下,外延的脉冲-IV 特性具有不同的脉冲持续时间和重复率,同时提供非线性校正项、发射时间常数的非线性变量和陷阱电平数。经过一些适当的简化后,设计的陷阱电路具有以下特点:它们能够再现陷阱效应的非线性行为,模拟电流色散(具有非线性校正项)和发射时间常数对控制电压的依赖性。

图 7.19 所示为能够识别 3 个陷阱电平的 Leoni 的漏极延迟模型。陷阱电荷相关电路的增加,是为了模拟饱和电流降低和漏极接触电阻增大(用电流源使电流减小,寄生 MESFET 使漏极电阻增大),如测量结果一样(并且由漏极延迟效应预期,参见第 7.3.1 节)。

4) 用于谐波平衡仿真的完整大信号模型

前面的模型在电流色散和时域中完全是非线性的,因此是最准确的。而获得如此高精度的代价是需要大量的测量和花费很长的时间做数据处理。然而,大多数功率器件 IC 都是在 HB 仿真器中设计的,其中只有陷阱电荷的稳态值才是重要的(与瞬态或包络瞬态仿真不同)。陷阱的不对称行为是基础,它决定了陷阱电荷稳态;捕获时间常数的绝对值不太重要,大部分时候捕获过程比发射更快,并且系统是不平衡稳定的。

因此,作者提出了关于模型瞬态部分的一些简化方法。设计的大信号陷阱模型能够在 HB 仿真器中真实反映大信号行为且具有简化的参数集。因此,需要最少的附加测量即可提取模型参数[6]。下面将详细介绍其架构、功能及参数提取方法。

在该模型中,通过向主电流源的栅极控制电压添加寄生电压来考虑陷阱效应

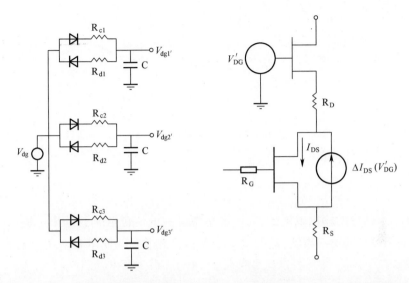

图 7.19　用于模拟 MESFET 漏极延迟效应的 Lnieo 模型拓扑。定义 3 个陷阱电平，
导致模型具有 3 个双路 RC 分支电路。MESFET 寄生参数和电流源用于增大漏极电
阻降低饱和电流，见文献[73]的测试结果

对电流的贡献(参见文献[61,74])。这样就可以在不修改主电流源的情况下添加
陷阱对电流的贡献，从而简化其实现过程。事实上：

$$I_{ds} = f(v_{gs}, v_{ds}, v_T(t)) \tag{7.31}$$

可以重写为

$$I_{ds} = f(v_{gsT}, v_{ds}) \tag{7.32}$$

其中

$$v_{gsT} = f(v_{gs}, v_T(t)) \tag{7.33}$$

漏极延迟子电路原理图如图 7.20 所示，该图可以分为两部分：一个能够再现
陷阱非对称行为和捕获发射两个过程的包络检测器。该电路重复很多次直至陷阱
电平被考虑。类似于之前所述的"2 路 RC 分支"模型。然而，只有一个二极管同
样有 $R_{emission} \gg R_{capture}$。当二极管断开时(漏极电压变为正)，电流几乎只流过
$R_{capture}$ 并对电容器充电，以便模拟捕获过程。发射过程由电容通过 $R_{emission}$ 的放电
模拟，二极管在漏极电压变负期间被阻断。电容电压 V_C 与以前的模型一样，与陷
阱电荷的密度相关，两个时间常数定义为

$$\begin{cases} \tau_{capture} \approx R_{capture} \cdot C \\ \tau_{emission} = R_{emission} \cdot C \end{cases} \quad (R_{capture} \ll R_{emission}) \tag{7.34}$$

电路的第二部分实现对电容器电压的处理，以便综合陷阱的贡献。则

$$V_T = k \cdot I_{d_{EST}} \cdot (v_{ds} - v_C) \tag{7.35}$$

219

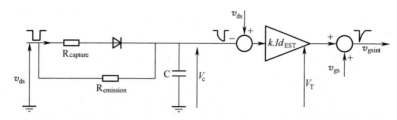

图 7.20 文献[6]中完整的漏极延迟子电路。电路的左边部分代表陷阱的等效电荷,第二部分修正电流源的控制电压 v_{gs}。相同的架构可用于模拟二极管倒相和 $k<0$ 的栅极延迟效应

和

$$V_{gsint} = V_{gs} + k \cdot I_{d_{EST}} \cdot (v_{ds} - v_C) \tag{7.36}$$

式中:$I_{d_{EST}}$ 为估计的输出电流,引入该项是考虑到电流色散是总输出电流(以一阶近似)的一部分的这一事实,然后使 V_T 与其线性相关。为简单起见,$I_{d_{EST}}$ 表示为

$$I_{d_{EST}} = \begin{cases} G_{m_{EST}} \cdot (v_{gs} - V_p) & (v_{gs} > V_p) \\ 0 & (\text{其他}) \end{cases} \tag{7.37}$$

在 $v_{gs} = V_p$ 处平滑过渡。则主电流源为:

$$I_{ds} = f(v_{gs} + k \cdot I_{d_{EST}} \cdot (v_{ds} - v_C), v_{ds}) \tag{7.38}$$

图 7.21 所示的时序图显示了施加的漏极电压脉冲从 30V 到 10V,$k \cdot I_{d_{EST}} = 0.01$ 时的子电路内部电压和输出电流。电容瞬态电压呈现为缓慢的发射和快速捕获过程。然后对其进行处理以给出 v_T,其表示陷阱效应对控制电压 v_{gs} 的贡献。

除瞬态外,控制电压 $v_{gs\,int}$ 等于外部控制电压 v_{gs},则电流由主电流源决定,后者模拟静态点($V_{gsq} = 0, V_{dsq} = 0$)的脉冲-IV 网络,电流的测量是在陷阱的稳定状态完成的。

需要注意的是,式(7.38)可以以类似于式(7.25)中给出的模型得到,以间接方式导出。为了说明这一点,可以做一个简单的计算,考虑主电流源与 V_{gs} 线性相关,即:

$$I_{ds} = GM \cdot (v_{gs} - V_p) \tag{7.39}$$

然后,由式(7.38)和式(7.39),得

$$I_{ds} = GM \cdot [v_{gs} + k \cdot I_{d_{EST}} \cdot (v_{ds} - v_C) - V_p] \tag{7.40}$$

$$I_{ds} = GM \cdot (v_{gs} - V_p) + GM \cdot k \cdot I_{d_{EST}} \cdot (v_{ds} - v_C) \tag{7.41}$$

$$I_{ds} = I_{dsDC} + \Delta G_{ds} \cdot (v_{ds} - v_C) \tag{7.42}$$

因此,该公式等价于式(7.25),其中:

$$\Delta G_{ds} = GM \cdot k \cdot I_{d_{EST}}(v_{gs}) \tag{7.43}$$

然而,实际情况下,主电流源也与 v_{ds} 相关,意味着 ΔG_{ds} 的表达式也与 v_{ds} 相关(不能像式(7.43)那样简单地计算)。图 7.22 所示为漏极延迟模型的等效校正项

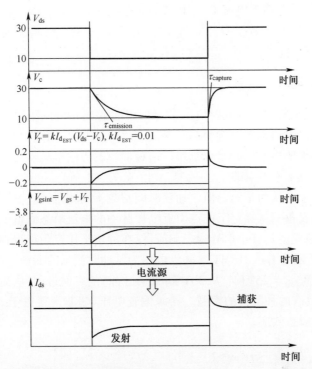

图 7.21   漏极延迟子电路内部电压和输出电流的时序,漏极脉冲从 30V 到 10V,$k \cdot I_{d_{EST}} = 0.01$

ΔG_{ds} 的示例[4],在晶体管模型中包括"修正的 Tajima"电流源。然后由两个脉冲 $-IV$ 网络在不同漏源静态电压下的仿真,并进行下面的计算,就可以得到 ΔG_{ds}:

$$\Delta G_{ds} = \frac{idsi_{V_{dsq} = 25V} - idsi_{V_{dsq} = 0}}{v_{dsi} - 25} \tag{7.44}$$

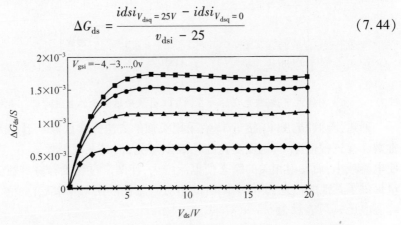

图 7.22   加入漏极延迟子电路修正后的输出电导,显示了与 v_{gs} 和 v_{ds} 的相关性, 即使 $I_{d_{EST}}$ 只是简单地表示为 v_{gs} 的函数。在这个例子中,器件是 $2\times50\mu m$ 的 GaN HEMT, 具有真实的延迟效应。参数值为 $k = 1, G_{M_{EST}} = 0.02$

221

该图表明,尽管估算电流 $I_{d_{EST}}(V_{gs})$ 的表达式简单,但模型综合的非线性校正项与 v_{gs} 和 v_{ds} 都相关。在文献[73]或文献[66]中,已研究该模型典型的晶体管 IV 特性曲线(见图 7.16)。

7.3.4 参数提取

如前所述,只要捕获比发射快得多,在 HB 模拟时精确的陷阱时间常数建模便没有任何意义。时间常数没有引起兴趣的另一个原因,是由于与发射相关的指数项和与自热相关的指数项的组合是难以通过简单的方法准确地提取。还有一个原因是 GaN HEMT 器件中陷阱行为的复杂性(见 7.3.1 节)。

时间常数通常认为是固定值。捕获时间常数不用测量,因为捕获通常很快,测量需要特定的设备。从额定工作点附近电压脉冲的电流瞬态测量中提取发射时间常数。于是,该模型具有小信号瞬态响应,仅在额定工作点附近得到验证。

图 7.23 所示为 GaN HEMT[6] 漏极电压为脉冲时测量的漏极电流瞬变,为了触发接近工作点 $V_{ds\,0}=25V$(V_{ds} 从 30V 到 20V 脉冲)的发射过程,从而将两个时间常数分离,实现具有两种陷阱的模型。栅源偏置电压 V_{gs} 非常接近于夹断,以避免自热及其相关的瞬态效应。

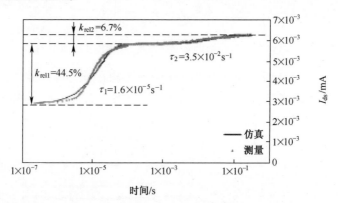

图 7.23 在发射模式下,漏极电压脉冲在额定工作点附近测量的电流瞬变。确定了两个陷阱[6]

通过使脉冲电压 V_{gs} 接近 V_{gs0},采用类似的方法提取栅极延迟相关的发射时间常数。在这种情况下,温度变化往往难以避免,但是在发射模式下,热相关的瞬态使电流减小,而发射相关的瞬态使电流增大,使两个过程更容易辨别。这些瞬态测量提供了其他的信息,即每个陷阱的相对电流色散比 k_{rel1} 和 k_{rel2}。考虑两种陷阱,瞬态电压 v_T 可表示为

$$v_T = A_{DL} \cdot I_{d_{EST}}(v_{gs}) \cdot [k_{rel1} \cdot (v_{ds} - v_{C1}) + k_{rel2} \cdot (v_{ds} - v_{C2})] \quad (7.45)$$

式中:A_{DL} 为拟合参数。

为了更方便,将 A_{DL} 和 $G_{M_{EST}}$(式(7.37)中引入)合并成一个拟合参数,其作用

是在不同偏置电压下拟合脉冲-IV 特性。如果模型设计者确定他的模型不会用于瞬态仿真，那么最大限度地简化情况甚至可以考虑只有一个陷阱（$k_{\mathrm{rel1}} = 100\%$），时间常数可以设置为任意值（保持 $\tau_{\mathrm{capture}} \leqslant \tau_{\mathrm{emission}}$），并且 A_{DL} 和 GM_{EST} 可以合并为一个用于设置电流色散的参数，而不会引起 HB 模拟中的任何精度损失。然后，得益于单参数电路，捕获效应可以进行建模（$I_{\mathrm{d_{EST}}}$ 的截止电压具有与主电流源相同的值）。

7.3.5　晶体管模型精度的改进

如前所述，"非线性 RC 分支"模型通常能最精确地再现脉冲-IV 特性，特别是当模型参数直接从测试中提取时。然而，当发射占优势并且陷阱电荷取决于静态电压时，模型能够复现器件的特性，但是如果捕获过程发生变化，则不能准确地与测量结果相匹配。相反，无论捕获过程如何，这里介绍的完整大信号模型都能够拟合测量结果。图 7.24 所示为具有很强的漏极延迟效应的 GaN HEMT 器件测量和仿真的脉冲-IV 特性之间的比较。通过 $v_{\mathrm{dsi}} = V_{\mathrm{dsq}}$ 处曲线斜率的变化可以清晰地看出发射和捕获两个过程之间的过渡。

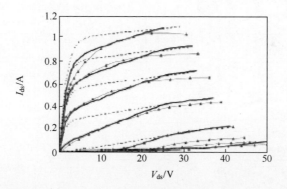

图 7.24　具有较强漏极延迟效应的晶体管的仿真（瞬态）和测量脉冲-IV 曲线之间的比较，$V_{\mathrm{gsq}} = V_{\mathrm{p}}$，$V_{\mathrm{dsq}} = 25\mathrm{V}$。陷阱模型能够从捕获切换到发射，并在 $V_{\mathrm{dsi}} = V_{\mathrm{dsq}}$ 时重现输出电导（电流斜率）的剧烈变化。$V_{\mathrm{ds}} > 25\mathrm{V}$ 时测量值与模型之间的微小差异主要是由于模型中没有考虑的栅极延迟效应造成的[6]

本节提出的完整大信号模型已经通过与瞬态测量结果[47,73,74]比较而得到验证。结果表明，当考虑陷阱效应时，特别是在较大的负载阻抗范围内，利用负载牵引和时域负载牵引（LSNA）可以更好地再现 FET 的功率特性[76]。图 7.25 所示为 $8 \times 75\mu\mathrm{m}$ GaN HEMT 器件在 10GHz 的 AB 类测量结果和有无陷阱效应（栅极延迟和漏极延迟）的模型仿真结果之间的比较，测量结果对应于不同负载阻抗时电压驻波比（VSWR）为 2.5 和 1.6 左右的最佳功率负载阻抗[76]。此处证明了仿真的功率特性有明显的提高。功率特性对平均漏电流特别敏感,而后者将直接影响功耗和 PAE。每个陷阱模型的贡献如图 7.26 所示,平均漏电流的形状如图 7.27 所示。

在电压波动非常小的低输入功率电平下,被捕获的电荷密度(被栅极和漏极延迟相关的陷阱捕获)可以由峰值电压 $v_{\text{gs PEAK}}$ 和 $v_{\text{ds PEAK}}$ 快速确定,在这种情况下,峰值电压几乎为偏置电压(图 7.27(a))。随着输入功率的增大(图 7.27(b)),峰值 RF 电压达到更高的值,陷阱电荷密度也同样增大。因此,捕获效应更为显著,整个 IV 特性都在恶化,同时偏置点电流也减小。

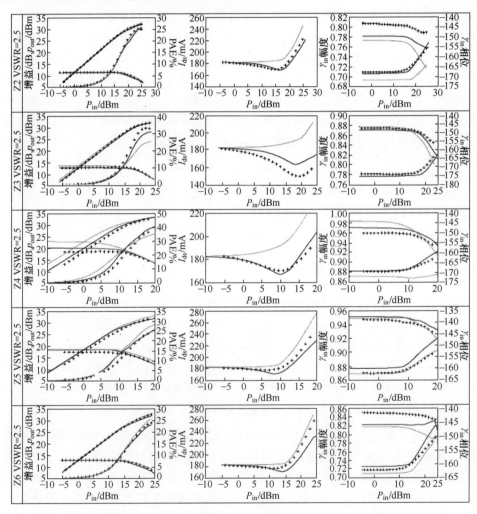

图 7.25　负载阻抗在最佳功率负载阻抗附近,VSWR 为 1.6 和 2.5 的测量和仿真结果,
仿真模型为包括陷阱效应和不包括陷阱效应的模型(十字:测量结果,黑线:
具有陷阱效应的模型,灰线:没有陷阱效应的模型)[76]

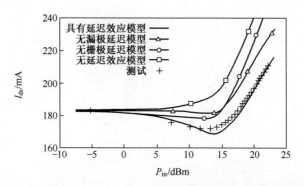

图 7.26　8×75μm GaN HEMT 器件工作于 AB 类，工作频率为 10GHz 时在最佳负载阻抗测量的平均输出电流。这种特殊的形状只能通过在非线性模型中添加陷阱子电路来实现[76]

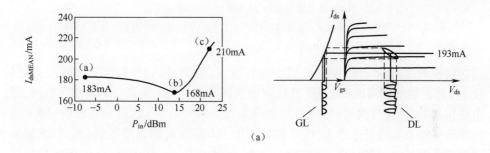

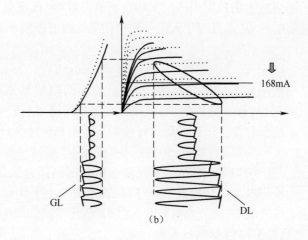

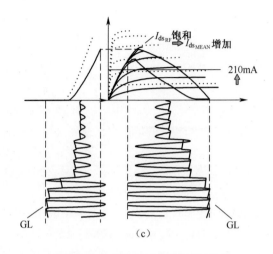

图 7.27　对受到陷阱效应影响的 FET 器件特定形状的平均
输出电流随输入功率电平变化的说明

(a)输入功率越大,通过 RF 信号"看到"的 IV 特性越恶化,首先导致平均电流减小;
(b)然后到预计没有陷阱,自偏置效应与电流色散;(c)相竞争时,电流缓慢增大

　　这种情况对应于最小的平均电流。然而,随着输入功率的持续增大(情况
(c)),陷阱越来越多地充电,色散效应越来越严重,IV 曲线进一步恶化。然而,当
电流饱和后,出现自偏压,并使平均电流增加。两种效应(色散和自偏置)相互竞
争导致平均电流的普遍增大,但是斜率却比没有陷阱时的斜率更低(图 7.26 显示
该斜率主要是由于栅极延迟效应)。注意,平均电压 V_{ds} 保持恒定(电压源保持固
定电压)。因此,陷阱电平由控制电压的平均直流值决定的"仅发射"模型,不能模
拟这种动态陷阱效应行为,并且对于大信号模拟结果的改进作用不大。

7.3.6　结论

　　本章介绍了一些最常见的陷阱模型,其中最简单的模型是通过对输出电导
(漏极延迟模型)和跨导(栅极延迟模型)值添加校正项来提高小信号模型的精度。
　　本章对考虑了捕获和释放过程模型的好处做了证明和解释。只有这些模型才
能在大信号 RF 驱动下再现陷阱效应,但是一些"仅发射"陷阱模型有时也被称为
"大信号模型",这是因为这些模型在整个控制电压范围内都包括非线性校正项。
作者提出了自己的模型以及模型参数提取过程,该模型的主要优点是能够提供陷
阱效应的真实的非线性响应,并且参数较少,如果其被用于诸如 HB 的非瞬态大信
号仿真,则模型参数甚至可以少到只有唯一一参数。尽管做了简化,但模型在 IV 和
负载牵引测量中仍然具有较高的精度。

7.4　表征工具

前面部分提出的建模过程需要一些特定的测量工具和测量方法,以准确地表征晶体管器件特性:

(1) 构成色散模型基础的静态模型必须在确保晶体管"准等温"和已知陷阱状态的条件下提取。此外,必须对晶体管的整个工作区域进行研究,包括大电流区以及击穿极限区。由于晶体管的行为由 3 个独立变量确定,分别为输入和输出电压以及温度,因此对晶体管的表征必须在不同的基板温度下进行。上述条件都通过脉冲-$I$$V$ 和脉冲 S 参数测量来满足。此外,如 7.2 节所述,通过改变诸如脉冲持续时间、循环或脉冲的起始值,便可以对脉冲参数陷阱效应进行全面的研究。

(2) 模型验证和改进需要进行动态 RF 测量。事实上,利用脉冲测量结果可以建立静态模型以及陷阱动态等效电路,但对于接近实际应用中晶体管所面临的大信号条件,全局非线性色散模型的使用仍然至关重要,大信号条件意味着非线性动态现象之间存在强烈的相互作用。负载牵引测量为表征所有这些效应提供了一种方便的方法。事实上,涉及多谐调谐,脉冲测量和时域大信号测量的负载牵引技术为所有寄生色散效应提供了广泛的表征方法。但是,需要注意的是,用于模型提取的激励信号通常非常简单,并且与晶体管最终应用中所涉及的信号相差很大。

为了实施这种表征,必须具有能够进行片上测量的通用工具,下面将介绍此类工具。

7.4.1　脉冲测量

7.4.1.1　I-V 测量

PIV 表征技术是在 20 世纪 80 年代后期开发的,并在 20 世纪 90 年代得到进一步发展[7,77-79]。图 7.28 所示为进行的 10W GaN FET 的实际测试结果,在直流和脉冲之间进行比较,提出了两种具有不同初始偏置条件的脉冲测量。由图可以清楚地看出,I-V 曲线与初始偏置条件密切相关,其特征与直流测量大不相同。应注意,直流测量是在比脉冲测量小得多的偏置区域进行的。由于直流测量对器件施加应力比脉冲测量强得多,因此这是典型的情况。在一些直流测量时由于过热或电场过强或击穿,会导致器件永久性损坏而出现无法测量的区域,可以采用 PIV 进行测量。

虽然 PIV 测量的基本原理比较简单,但如果每天都要测量也是一个巨大的挑战。晶体管内部的自热现象可能非常快,例如大功率器件被驱动到接近功率极限时,大约 50ns 的时间器件温度就会上升 20℃ , 约 400ns 的时间温度将会增加 50℃ 。

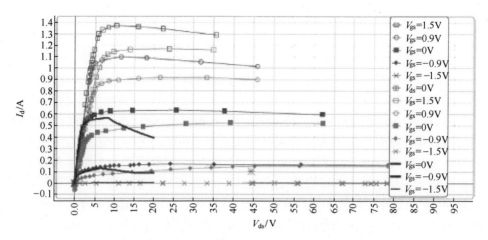

图 7.28　10W GaN 器件的 PIV 测量:直流(高达 20V)和脉冲特性比较,最高的 I_d 电流从
$(V_{ds}, I_d) = (0V, 0mA)$ 开始,较小的 I_d 电流从 $(45V, 100mA)$ 开始

这意味着等温 PIV 数据采集必须在很短的时间内完成。实际上,脉冲持续时间小
于 200ns 的 PIV 测量是比较困难的。因此,这些测量被称为"准等温"测量。在进
行 PIV 测量时有两个主要挑战,即快速偏置脉冲的产生和测量以及从器件的角度
保持表征的安全性。

快速高功率偏置脉冲的产生和测量,渡越时间仅仅是脉冲宽度的一部分,如
30ns。现在,新型高功率微波晶体管可以应对非常高的电流和电压。只有最新型
的 MOSFET 或基于 GaN 的脉冲发生器可以产生高达 300V 和 10A 的脉冲。当进行
这种测量时,必须对存在的寄生电感和电容元件非常小心。由于电压和电流脉冲
的陡峭斜率,寄生电感和电容元件在所施加的脉冲下很容易引起振铃效应。事实
上,设计师需要仔细设计脉冲源和晶体管之间的布线,比较好的做法是将脉冲偏压
发生器尽可能靠近晶体管的端子。晶体管的完整表征需要施加极端脉冲偏压条
件,例如在晶体管击穿点附近进行测量。在这种情况下,特别是当使用低阻抗发生
器时,突然的击穿效应可能会产生非常大的电流尖峰通过晶体管,瞬间破坏器件,
有时也会使脉冲发生器损坏。为了防止这种情况发生,可以在晶体管和脉冲发生
器之间加入电阻网络,电阻会保护器件,免受电流尖峰影响。此外,该电阻网络也
为测量提供了便利,允许根据器件限制来改变偏置阻抗,通过调整电阻网络以减少
或避免特定器件的参数振荡。

7.4.1.2　脉冲 S 参数测量

为了在整个工作区域和已知温度下提取晶体管的等效电路,S 参数测量必须
是在对晶体管施加短脉冲偏置期间进行。这种等温脉冲偏置 S 参数测量开创于

20 世纪 90 年代初[78-80]，直到现在仍然是一个引人关注的学术主题[81,82]。

由于脉冲 S 参数测量需要在快速脉冲条件下进行，因此非常具有挑战性。在 1990 年，VNA Anritsu Wiltron 360-PS20 能够测量短到 100ns 的射频脉冲，但是对占空比敏感性不强。实际上，测量动态范围的缩减由 $-20 \cdot \log\tau$ 给出，其中 τ 是占空比，这种 VNA 基于中频的高 Q 滤波，是当时唯一能够进行非常快速射频测量的货架产品。现今，随着新一代 VNA 的出现，已经可以使用改进的脉冲 S 参数测量方法。除了有更好的硬件外，脉冲测量的动态范围也进一步增大，但仍然对占空比不敏感。不过，现在 X 波段的 S 参数测量可以使 0.001% 的占空比动态范围优于 50dB。

同步 PIV 和脉冲 S 参数测量的另一个棘手之处在于 LF 和 RF 在频域的分离，即偏置三通。测量时对这些无源元件的要求是极为苛刻的，除了较宽的低频带宽以保证 PIV 短脉冲性能以外，而且要具有宽带 RF 特性，并且要为偏置路径提供较大的电压和电流。偏置三通通常是脉冲测量中受限最大因素。

PIV 与脉冲 S 参数测量一般在带有外部温度控制的热电偶或热室中进行，这种配置为世界各地大量优质的微波大功率晶体管模型参数提取提供数据。

7.4.2 负载牵引测量

7.4.2.1 频域负载牵引测量

如文献[83]所述，负载牵引系统通常分为有源和无源两大类。在无源负载牵引系统中，负载阻抗由无源调谐器控制。无源调谐器通常是机械的，通过金属部分在波导中移动以产生可控的反射。由文献[84]中给出的例子可以看出，无源结构的主要缺点是无法补偿耗散在被测器件和产生可控反射的无源结构之间耗散的功率。这种功率耗散不可避免地发生在晶体管端子和诸如探针、电缆、耦合器、双工器等调谐元件之间的所有部件上。因此，由晶体管看过去的反射系数最大幅度将总是小于 1。根据测试设备中不可避免的损耗总量，反射系数的最大幅度可能变得太小，以至于无法正确表征晶体管。

上述问题可以通过使用有源负载牵引来解决。通过引入一个或多个放大器产生向 DUT 输出端子传输的波信号。放大器能够补偿任何损耗并产生幅度等于甚至大于 1 的反射系数。文献[85]中描述的例子阐述了有源负载牵引的问题及益处。有源负载牵引设备的功率容量受限于所使用的放大器。

与有源负载牵引设备不同的是，无源负载牵引的最大功率容量和频率范围仅受电缆、耦合器等无源结构的限制。无源调谐器通常可以工作于多倍频程，并且可以承受大于 100W 的功率。现在绝大多数的负载牵引系统使用无源机械调谐器。注意，不同于硅 LDMOS 晶体管表现出的严重失配，GaN 晶体管的典型失配较低，大多数简单的机械调谐器都适用。

大多数经典的负载牵引系统控制负载阻抗，且仅在输入信号的基波频率进行功率测量。功率晶体管在大信号激励下，不仅会在基波频率产生输出功率，而且还会在基波的倍频，即谐波频率产生输出功率。晶体管的整体性能不仅取决于基波频率下的负载阻抗，而且还取决于谐波频率下的负载阻抗。一些负载牵引系统能够控制二次谐波甚至三次谐波频率下的负载阻抗[86,87]，这种系统称为谐波负载牵引系统。

负载牵引系统的常规扩展以调制信号的应用为主。对双音信号如此感兴趣是因为它可以用来测量某些互调特性或记忆效应。如果被测晶体管应用在脉冲条件下，则需要脉冲偏置和(或)脉冲 RF 信号激励。

7.4.2.2　时域负载牵引(TDLP)波形测量

通过在实际的大信号工作条件下测量时域电压和电流波形，并与仿真产生的时域波形进行比较，可以实现高非线性效应模型的深入验证。

具有提供这种时域电压和电流波形能力的负载牵引系统首次开发于 20 世纪 90 年代后期[88,89]，通过将调谐技术添加到大信号网络分析仪来实现[90]。非线性或大信号网络分析仪(NVNA 或 LSNA)接收机技术自身开发于 20 世纪 80 年代后期到 90 年代[91-93]。需要注意的是，通过经典负载牵引系统测量的所有功率信息都可以很容易地从时域电压和电流波形中推导得到。在典型的现代时域负载牵引(TDLP)系统中，调谐器和晶体管端子之间的入射和反射波通过两个双定向耦合结构探测感知，并通过宽带接收机在时域中测量。然后将波形信号转换成电压和电流波形 V_1、I_1 和 V_2、I_2。最古老的宽带接收机方法是使用基于混频的接收机[92]。这种接收机可以采用现有的 VNA，并逐个测量基波和谐波分量，借助于被多谐参考信号激励的参考信道校准所有谐波的相位。文献[94]中描述了现代版本的基于混频器的时域接收机。一种有效的替代解决方案基于的是使用四通道采样变频器[95]。

请注意，在 TDLP 系统中，定向耦合器一般置于晶体管和调谐器之间。这种方法的优点在于不需要知道调谐器的 S 参数，利用测量的电压本身就可以完全确定晶体管端子处的电压波。因此，TDLP 设备不再需要任何调谐器校准。第二个优点是可以始终感知所有重要的谐波信号。经典负载牵引系统则不是这样，谐波信息经常被调谐器阻隔，因此，在调谐器之后不能感知的到。但是将定向耦合器置于晶体管和调谐器之间又可能因为损耗而导致反射系数恶化。这个问题可以通过使用极低损耗的定向耦合结构来处理。目前，基本上有两种解决方案：使用定制的分布式耦合器[96]或使用波探针。波探针是环路非常小的环路耦合器，该环路远小于待测的最高频率的 1/4 波长，这种方法发表于 60 多年前[97,98]，该环路几乎不引入插入损耗，但具有足够的方向性，适用于所有负载牵引应用，耦合系数约为−20 ~ 40dB。对于较高频率，耦合系数的增大有利于谐波校准测量。通过控制波探针和传输线中心导体之间的距离，使得能够针对特定的功率电平优化耦合系数。图 7.29 所示为 XLIM /利摩日大学(法国)带有波探针的脉冲 TDLP 系统。

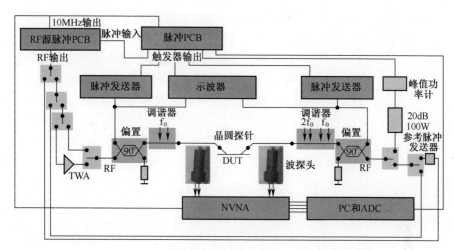

图 7.29　具有谐波调谐功能的脉冲 TDLP 系统示意图

图 7.30 所示为利用上述设备进行 TDLP 测量的完整实例。对于给定的一组

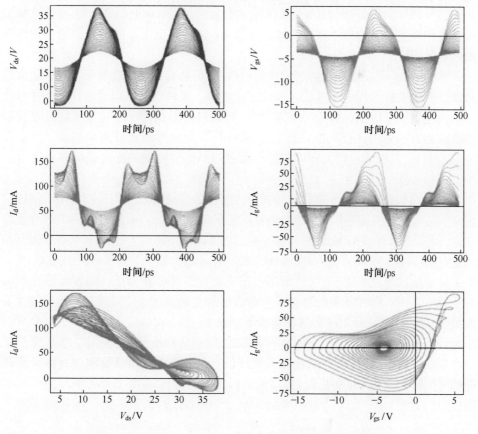

图 7.30　V_{ds} 和 I_d，V_{gs} 和 I_g 的时域波形以及相关的负载线

输入和输出阻抗,在 4GHz 对 AlGaN/GaN 晶体管进行输入功率扫描。谐波频率考虑到 16GHz,测量平面在外部(晶圆探针校准)。除了输入和输出负载线之外,图中示出了 4 个参数 V_{gs}、I_g、V_{ds}、I_d 与时间之间的关系曲线。功率电平的增加导致晶体管逐渐进入非线性区域。请注意,波形中的强非线性效应不能通过经典的负载牵引技术来表征。在 TDLP 系统出现之前,没有办法测量这些动态负载线,仅在仿真软件中可用。

几个高级实验室将 TDLP 系统扩展到脉冲、短脉冲或调制信号的测量[99-102]。这些新的测量技术正在使用更接近实际应用要求的测试信号,如雷达或宽带通信调制信号。

7.5 结论

如本章所述,色散效应的建模分为 3 步,即等温静态非线性模型提取、热去嵌电路的确定、引起陷阱色散效应的低频动态特性的等效电路提取。3 步中的每一步都需要特定的测量,例如 $I-V$ 和脉冲 S 参数测量及 TDLP 测量。这种色散模型可以模拟在连续波(CW)测量或诸如脉冲 RF 信号等更复杂的信号测量中观察到的色散效应。

然而,为了更好地理解所有这些色散效应,仍然有很多工作要做。其中最大的挑战之一就是能够用电学方法表征动态热效应。虽然现在可以通过在低频进行特定的测量提取双极型晶体管的热阻[103];然而对于 GaN 器件,因为与陷阱效应和热效应相关的时间常数在相同的量级,通过低频测量将两者分离仍然是一个共性问题。此外,色散效应对复杂调制信号激励的晶体管性能的影响仍然需要通过模拟和测量来评估。

克服模型提取技术复杂性的一种令人关注的方法是从大信号测量中直接提取模型,实际上可以将其视为 S 参数测量的扩展集[104-106]。虽然这是一个很有趣的主意,但实际上难以实现,因为与脉冲偏置技术相比,仅靠大信号波形难以探究晶体管的整个工作区域,同时弱非线性的数学表征仍然是一个尚未解决的问题。

从表征的角度来看,建模所使用的技术正在迅速更新以保持紧跟新的功率晶体管技术发展。脉冲偏置的脉冲 S 参数表征的主要问题是需要施加的脉冲幅度不断增大(高达 200V 和 10A),脉冲宽度不断减小(小于 400ns)。负载牵引测量可以采用各种不同的配置,采用有源或无源方式,以及是否处理谐波频率。负载牵引系统发展的挑战是,除了表现的低输入阻抗(低至 1Ω)性能以及处理带有多音或调制信号的高功率电平(高达数百瓦)能力以外,需要提供晶体管终端时域电压和电流波形。

致谢

作者感谢来自 3-5 实验室的 Jean Claude Jacquet 在物理模拟方面所做的工作以及与之卓有成效的讨论。

参 考 文 献

[1] E. Ngoya, C. Quindroit, and J. Nebus, "On the continuous-time model for nonlinear memory modeling of RF power amplifiers," IEEE Trans. Microw. Theory Tech. , vol. 57, no. 12, pp. 3278-3292, Dec. 2009.

[2] W. Curtice, "A MESFET model for use in the design of gaas integrated circuits," IEEE Trans. Microw. Theory Tech. , vol. 28, no. 5, pp. 448-456, May 1980.

[3] I. Angelov, H. Zirath, and N. Rosman, "A new empirical nonlinear model for HEMT and MESFET devices," IEEE Trans. Microw. Theory Tech. , vol. 40, no. 12, pp. 2258 - 2266, Dec. 1992.

[4] J. Teyssier, J. Viaud, and R. Qu'er'e, "A new nonlinear I(V) model for FET devices including breakdown effects," IEEE Trans. Microw. Guid. Wave Lett. (see also IEEE Microw. And Wireless Components Lett.), vol. 4, no. 4, pp. 104-106, Apr. 1994.

[5] O. Jardel, G. Callet, C. Charbonniaud, J. Jacquet, N. Sarazin, E. Morvan, R. Aubry, M. -A. DiFortePoisson, J. -P. Teyssier, S. Piotrowicz, andR. Qu'er'e, "A new nonlinear HEMT model for AlGaN/GaN switch applications," Microw. Integrated Circuits Conf. , 2009, EuMIC 2009, Eur. , Sep. 2009, pp. 73-76.

[6] O. Jardel, F. De Groote, C. Charbonniaud, T. Reveyrand, J. P. Teyssier, R. Qu'er'e, and D. Floriot, "A drain-lag model for AlGaN/GaN power HEMTs," Microw. Symp. , 2007. IEEE/MTT-S Int. , June 3-8, 2007, pp. 601-604.

[7] J. -P. Teyssier, P. Bouysse, Z. Ouarch, D. Barataud, T. Peyretaillade, and R. Qu'er'e, "40-GHz/150-ns versatile pulsed measurement system for microwave transistor isothermal characterization," IEEE Trans. Microw. Theory Tech. , vol. 46, no. 12, pp. 2043-2052, Dec. 1998.

[8] G. Dambrine, A. Cappy, F. Heliodore, and E. Playez, "A new method for determining the FET small-signal equivalent circuit," IEEE Trans. Microw. Theory Tech. , vol. 36, no. 7, pp. 1151-1159, July 1988.

[9] D. Root, "ISCAS2001 tutorial/short course amp; special session on high speed devices amp; modelling," IEEE Int. Symp. Circuits and Systs. , 2001. Tutorial Guide: ISCAS 2001, 2001, pp. 2.7.1-2.7.8.

［10］ J. Collantes, P. Bouysse, J. Portilla, and R. Qu′er′e, "A dynamical load-cycle charge model for RF power FETs," IEEE Trans. Microw. Wireless Compon. Let. (see also IEEE Microw. and Guided Wave Lett.), vol. 11, no. 7, pp. 296-298, July 2001.

［11］ S. Forestier, T. Gasseling, P. Bouysse, R. Qu′er′e, and J. Nebus, "A new nonlinear capacitance model ofmillimeterwave power PHEMTfor accurate AM/AM-AM/PM simulations," IEEE Trans. Microw. Wireless Compon. Lett. (see also IEEE Microw. and Guided Wave Lett.), vol. 14, no. 1, pp. 43-45, Jan. 2004.

［12］ H. Vinke and C. Lasance, "Compact models for accurate thermal characterization of electronic parts," IEEE Trans. Compon. , Packag. Manuf. Technol. A, vol. 20, no. 4, pp. 411-419, Dec. 1997.

［13］ C. Lasance, D. Den Hertog, and P. Stehouwer, "Creation and evaluation of compact models for thermal characterisation using dedicated optimisation software," Semiconductor Thermal Measurement and Management Symp. , *1999. 15* Annual IEEE, 1999, pp. 189-200.

［14］ M. -N. Sabry, "Compact thermal models for electronic systems," IEEE Trans. Compon. Packag. Technol. , vol. 26, no. 1, pp. 179-185, Mar. 2003.

［15］ D. Zweidinger, S. -G. Lee, and R. Fox, "Compact modeling of BJT self-heating in SPICE," IEEE Trans. Comput. -Aided Des. of Integr. Circuits Sys. , vol. 12, no. 9, pp. 1368-1375, Sep. 1993.

［16］ M. Rencz andV. Szekely, "Dynamic thermal multiport modeling of IC packages," IEEE Trans. Compon. Packag. Technol. , vol. 24, no. 4, pp. 596-604, Dec. 2001.

［17］ O. Mueller, "Internal thermal feedback in four-poles especially in transistors," Proc. IEEE, vol. 52, no. 8, pp. 924-930, Aug. 1964.

［18］ S. Marsh, "Direct extraction technique to derive the junction temperature of HBT′s under high self-heating bias conditions," IEEE Trans. Electron Devices, vol. 47, no. 2, pp. 288- 291, Feb. 2000.

［19］V. Szekely, "A new evaluation method of thermal transient measurement results," Microelectronics J. , thermal investigations of ICs and microstructures, vol. 28, no. 3, pp. 277-292, 1997.

［20］ N. Bovolon, P. Baureis, J. -E. Muller, P. Zwicknagl, R. Schultheis, and E. Zanoni, "A simple method for the thermal resistance measurement of AlGaAs/GaAs heterojunction bipolar transistors," IEEE Trans. Electron Devices, vol. 45, no. 8, pp. 1846-1848, Aug. 1998.

［21］ J. Lonac, A. Santarelli, I. Melczarsky, and F. Filicori, "A simple technique for measuring the thermal impedance and the thermal resistance of HBTs," Gallium Arsenide and Other Semiconductor Application Symp. , 2005. EGAAS 2005. European, Oct. 3-4, 2005, pp. 197- 200.

［22］ A. De Souza, J. -C. Nallatamby, M. Prigent, and R. Qu′er′e, "Dynamic impact of self-heating on input impedance of bipolar transistors," Electron. Lett. , vol. 42, no. 13, pp. 777-778, June 22, 2006.

［23］ B. Moore, "Principal component analysis in linear systems: controllability, observability, and model reduction," IEEE Trans. Autom. Control, vol. 26, no. 1, pp. 17-32, 1981.

［24］ C. D. Villemagne and R. E. Skelton, "Model reduction using a projection formulation," Int. J. Contr. , vol. 46, no. 6, pp. 2141–2169, 1987.

［25］ M. Safonov and R. Chiang, "A Schur method for balanced–truncation model reduction," IEEE Trans. Autom. Control, vol. 34, no. 7, pp. 729–733, 1989.

［26］ A. Rachid andG. Hashim, "Model reduction via Schur decomposition," IEEE Trans. Autom. Control, vol. 37, no. 5, pp. 666–668, 1992.

［27］ J. T. Hsu and L. Vu–Quoc, "A rational formulation of thermal circuit models for electrothermal simulation. i. finite element method [power electronic systems]," IEEE Trans. Circuits Syst. I: Fundam. Theory Appl. , vol. 43, no. 9, pp. 721–732, Sep. 1996.

［28］ J. T. Hsu and L. Vu–Quoc, "A rational formulation of thermal circuit models for electrothermal simulation. II. Model reduction techniques [power electronic systems]," IEEE Trans. Circuits Syst. I: Fundam. Theory Appl. , vol. 43, no. 9, pp. 733–744, 1996.

［29］ E. Wilson and M. W. Yuan, "Dynamic analysis by direct superposition of Ritz vectors," Earthquake Eng. Structural Dynamics, vol. 10, no. 6, pp. 813–821, 1982.

［30］ INRIA,MODULEF Manual. INRIA, 1991.

［31］ ANSYS,ANSYS Manual. ANSYS, 2008.

［32］ J. Joh, J. del Alamo, U. Chowdhury, T. –M. Chou, H. –Q. Tserng, and J. Jimenez, "Measurement of channel temperature in GaN high – electron mobility transistors," IEEE Trans. Electron Devices, vol. 56, no. 12, pp. 2895–2901, Dec. 2009.

［33］ G. Mouginot, R. Sommet, R. Qu'er'e, Z. Ouarch, S. Heckmann, and M. Camiade, "Thermal and trapping phenomena assessment on AlGaN/GaN microwave power transistor," Proc. 2010 Eur. Microw. Integrated Circuit Conf. (EuMIC), pp. 110–113, 2010.

［34］ A. Sarua, H. Ji, K. Hilton, D. Wallis, M. Uren, T. Martin, and M. Kuball, "Thermal boundary resistance between GaN and substrate in AlGaN/GaN electronic devices," IEEE Trans. Electron Devices, vol. 54, no. 12, pp. 3152–3158, Dec. 2007.

［35］ M. Khan, Q. Shur, M. S. nad Chen, and J. Kuznia, "Current/voltage characteristic collapse in AlGaN/GAN heterostructure insulated gate field effect transistors at high drain bias," Electron. Lett. , vol. 30, p. 2175, 1994.

［36］ S. Binari, P. Klein, and T. Kazior, "Trapping effects in GaN and SiC microwave FETs," in Invited Paper, Proc. IEEE, vol. 90, no. 6, June 2002, pp. 1048–1058.

［37］ I. Daumiller, D. Theron, C. Gacqui`ere, A. Vescan, R. Dietrich, A. Wieszt, H. Leier, R. Vetury, U. Mishra, I. Smorchkova, S. Keller, C. Nguyen, and E. Kohn, "Current instabilities in GaNbased devices," IEEE Electron Device Lett. , vol. 22, p. 62, 2001.

［38］ M. Rocchi, "Status of the surface and bulk parasitic effects limiting the performances of GaAs ICs," Physica, vol. 129B, pp. 119–138, 1985.

［39］ D. Lang, "Deep level transient spectroscopy: a new method to characterize traps in semiconductors," J. of Applied Physics, vol. 45, pp. 3023–3032, 1974.

［40］ D. Look,Electrical Characterization of GaAs Materials and Devices. John Wiley & Sons, 1989.

235

[41] P. Audren, J. Dumas, M. Favennec, and S. Mottet, "Etude des Pi`eges dans les transistors haute mobilit'e 'electronique sur GaAs l' aide de la m'ethode dite de "relaxation isotherme". Corr'elation avec les anomalies de fonctionnement," J. Physique III, France, vol. 3, pp. 185–206, Feb. 1993.

[42] O. Mitrofanov and M. Manfra, "Mechanisms of gate-lag in GaN/AlGaN/GaN high electron mobility transistors," Superlattices and Microstructs, vol. 34, pp. 33–53, 2003.

[43] J. Ibbetson, P. Fini, K. Ness, S. DenBaars, J. Speck, and U. Mishra, "Polarization effects, surface states, and the source of electrons in AlGaN/GaN heterostructure field effet transistors," Applied Phys. Lett. , vol. 77, no. 2, pp. 250–252, July 2000.

[44] O. Mitrofanov and M. Manfra, "Poole-Frenkel electron emission from the traps in AlGaN/GaN transistors," J. Applied Physics, vol. 95, no. 11, pp. 6414–6419, June 2004.

[45] K. Horio and Y. Fuseya, "Two-dimensional simulations of drain current transients in GaAs MESFET's with semi-insulating substrates compensated by deep levels," IEEE Trans. Electron Devices, vol. 41, no. 8, pp. 1340–1346, Aug. 1994.

[46] R. E. Anholt, Electrical and Thermal Characterization of MESFETs, HEMTs, and HBTs. Artech House Publishers, 1995.

[47] K. Kunihiro and Y. Ohno, "A large-signal equivalent circuit model for substrate induced drain-lag phenomena in HJFET's," IEEE Trans. Electron Devices, vol. 43, no. 9, pp. 1336–1342, Sep. 1996.

[48] W. Mickanin, P. Canfield, E. Finchem, and B. Odekirk, "Frequency-dependent transients in GaAs MESFETs: process, geometry and material effects," 11th Annual, Gallium Arsenide Integrated Circuit (GaAs IC) Symp. , 1989, pp. 211–214.

[49] R. Yeats, D. D' Avanzo, K. Chan, N. Fernandez, T. Taylor, and C. Vogel, "Gate - slow transients in GaAs MESFETs - causes, cures, and impact on circuits," in Proc. Int. Electron Device Meeting, 1988, pp. 842–845.

[50] P. Hower, W. Hooper, D. Tremere, W. Lehrer, and C. Bittman, "The Schottky barrier GaAs field effect transistors," Gallium Arsenide and Related Compounds, Conf. Ser. no 7. Institute of Physics, 1968.

[51] T. Itoh and Y. Yanai, "Stability of performance and interfacial problems in GaAs MESFET's," IEEE Trans. Electron Devices, vol. ED-27, no. 6, pp. 1037–1045, June 1980.

[52] N. Scheinberg, R. Bayruns, and R. Goyal, "A low frequency GaAs MESFET circuit model," IEEE J. Solid-State Circuits, vol. 23, no. 2, pp. 605–608, 1988.

[53] P. Ladbrooke and S. Blight, "Low - frequency dispersion of transconductance in GaAs MESFET's with implications for other rate-dependent anomalies," IEEE Trans. Electron Devices, vol. 35, no. 3, pp. 257–267, Mar. 1988.

[54] R. Vetury, N. Zhang, S. Keller, and U. Mishra, "The impact of surface states on the DC and RF characteristics of AlGaN/GaN HFETs," IEEE Trans. Electron Devices, vol. 48, no. 3, pp. 560–566, Mar. 2001.

［55］ K. Horio, A. Wakabayashi, and T. Yamada, "Two-dimensional analysis of substrate-trap effects on turn-on characteristics in GaAs MESFETs," IEEE Trans. Electron Devices, vol. 47, no. 3, pp. 617-624, Mar. 2000.

［56］ T. Barton and P. Ladbrooke, "The role of the surface in the high voltage behaviour of the GaAs MESFET," Solid State Electron., vol. 29, no. 8, pp. 807-813, 1986.

［57］ D. Root, S. Fan, and J. Meyer, "Technology independent large-signal non quasi-static FET model by direct construction from automatically characterized device data," Eur. Microw. Conf. Dig., 1991, pp. 927-932.

［58］ C. Charbonniaud, S. De Meyer, R. Qu'er'e, and J. Teyssier, "Electrothermal and trapping effects characterization of AlGaN/GaN HEMTs," in 11th GaAs Symp., Oct. 2003, pp. 201-204.

［59］ C. Baylis, L. Dunleavy, P. Ladbrooke, and J. Bridge, "The influence of pulse separation and instrument input impedance on pulsed IV measurement results," in 63rd ARFTG Conf. Dig., 2004, pp. 1-6.

［60］ C. Camacho-Pēnalosa and C. Aitchison, "Modelling frequency dependence of output impedance of a microwave MESFET at low frequencies," Electron. Lett., vol. 21, no. 12, pp. 528-529, June 1985.

［61］ N. Matsunaga, M. Yamamoto, Y. Hatta, and H. Masuda, "An improved GaAs device model for the simulation of analog integrated circuit," IEEE Trans. Electron Devices, vol. 50, no. 5, pp. 1194-1199, May 2003.

［62］ F. Filicori, G. Vannini, A. Santarelli, A. Mediavilla-S'anchez, A. Taz'on, and Y. Newport, "Empirical modeling of low-frequency dispersive effects due to traps and thermal phenomena in III-V FET's," IEEE Trans. Microw. Theory Tech., vol. 43, no. 12, pp. 2972-2978, Dec. 1995.

［63］ A. Parker and D. Skellern, "A realistic large-signal MESFET model for SPICE," IEEE Trans. Microw. Theory Tech., vol. 45, no. 9, pp. 1563-1571, Sep. 1997.

［64］ T. Brazil, "A universal large-signal equivalent circuit model for the GaAs MESFET," 21st Eur. Microw. Conf., Stuttgart, Germany, vol. 2, Dec. 1991, pp. 921-926.

［65］ T. Fernandez, Y. Newport, J. Zamamillo, A. Taz'on, and A. Mediavilla, "Extracting a bias-dependent large-signal MESFET model from pulsed IV measurements," IEEE Trans. Microw. Theory Tech., vol. 44, no. 3, pp. 372-378, Mar. 1996.

［66］ A. Jarndal, B. Bunz, and G. Kompa, "Accurate large-signal modeling of AlGaN-GaN HEMT including trapping and self-heating induced dispersion," Proc. 18th Int. Symp. Power Semiconductor Devices & IC's, June 2006.

［67］ A. Raffo, A. Santarelli, P. Traverso, M. Pagani, F. Palomba, F. Scappaviva, G. Vannini, and F. Filicori, "Improvement of PHEMT intermodulation prediction through the accurate modelling of low-frequency dispersion effects," IEEE MTT-S Int. Microw. Symp. Dig., 2005, pp. 465-468.

［68］ P. Canfield, S. Lam, and D. Allstot, "Modeling of frequency and temperature effects in GaAs MESFET's,"IEEE J. Solid-State Circuits, vol. 25, no. 1, pp. 299-306, Feb. 1990.

［69］ R. Brady, G. Rafael-Valdivia, and T. Brazil, "Large-signal FET modeling based on pulsed measurements,"IEEE MTT-S Symp. , June 2007, pp. 593-596.

［70］ A. Santarelli,V. Di Giacomo, A. Raffo, F. Filicori, G. Vannini, R. Aubry, and C. Gacqui`ere, "Nonquasi – static large – signal model of GaN FETs through an equivalent voltage approach,"Int. J. RF and Microwave Computer-Aided Eng. , pp. 507-516, Nov. 2007.

［71］ I. Angelov,V. Desmaris, K. Dynefors, P. Nillson, N. Rorsman, and H. Zirath, "On the large-signal modelling of AlGaN/GaN HEMTs and SiC MESFETs,"13th GAAS Symp. , Paris, 2005, pp. 309-312.

［72］ T. Roh, Y. Kim, Y. Suh, W. Park, and B. Kim, "A simple and accurate MESFET channel-current model including bias dependent dispersion and thermal phenomena,"IEEE Trans. Microw. Theory Tech. , vol. 45, no. 8, pp. 1252-1255, Aug. 1997.

［73］ R. Leoni, III, M. Shirokov, J. Bao, and J. Hwang, "A phenomenologically based transient SPICE model for digitally modulated RF performance characteristics of GaAs MESFETs,"IEEE Trans. Microw. Theory Tech. , vol. 49, no. 6, pp. 1180-1186, June 2001.

［74］ J. Rathnell and A. Parker, "Circuit implementation of a theoretical model of traps centres in GaAs and GaN devices,"Microelectron: Des. , Technol. , and Packag. III, Proc. SPIE Conf. Microelectronics, MEMS and Nanotechnology, vol. 6798, 2007, pp. 67 980R (1-11).

［75］ S. Albahrani, J. Rathnell, and A. Parker, "Characterizing drain current dispersion in GaN HEMTs with a new trap model,"Proc. 4th Eur. Microw. Integrated Circuits Conf. , Sep. 2009, pp. 339-342.

［76］ O. Jardel, F. De Groote, T. Reveyrand, J. Jacquet, C. Charbonniaud, J. Teyssier, D. Floriot, and R. Qu′er′e, "An electrothermal model for AlGaN/GaN power HEMTs including trapping effects to improve large-signal simulation results on highVSWR,"IEEE Trans. Microw. Theory Tech. , vol. 55, no. 12, pp. 2660-2669, Dec. 2007.

［77］ M. Paggi, P. H. Williams, and J. M. Borrego, "Nonlinear GaAs MESFET modeling using pulsed gate measurements,"IEEE Trans. Microw. Theory Tech. , vol. 36, no. 12, pp. 1593-1597, 1988.

［78］ J. F. Vidalou, F. Grossier, M. Camiade, and J. Obregon, "On-wafer large signal pulsed measurements," in Proc. IEEE MTT-S Int. Microw. Symp. Dig. , 1989, pp. 831-834.

［79］ B. Taylor, M. Sayed, and K. Kerwin, "A pulse bias/RF environment for device characterization,"Proc. 42nd ARFTG Conf. Dig. , vol. 24, Fall, 1993, pp. 57-60.

［80］ A. Parker, J. Scott, J. Rathmell, and M. Sayed, "Determining timing for isothermal pulsedbias S-parameter measurements,"Proc. IEEE MTT-S Int. Microw. Symp. Dig. , vol. 3, 1996, pp. 1707-1710.

［81］ P. Aaen, J. A. Pla, and J. Wood,Characterization of RF and Microwave Power FETs. Cambridge Univ. Press, 2007.

［82］L. Betts, "Tracking advances in pulsed S－parameter measurements," Microw. and RF J. , Sep. 2007.

［83］F. Deshours, E. Bergeault, F. Blache, J. －P. Villotte, and B. Villeforceix, "Experimental comparison of load－pull measurement systems for nonlinear power transistor characterization," IEEE Trans. Instrum. Meas. , vol. 46, no. 6, pp. 1251－1255, 1997.

［84］C. Tsironis, "Harmonic rejection load tuner," Oct. , 2001. US patent no. 6297649. Field Oct. 2001.

［85］A. Ferrero, "Active load or source impedance synthesis apparatus for measurement test set of microwave components and systems," Jan. 2003. US patent no. 6509 743. Field Jan. 2003.

［86］Maury, Device Characterization with Harmonic Source and Load Pull, Maury Microwave Corporation, Dec. , 2000, application Note 5C－044.

［87］Focus, Load Pull Measurements on Transistors with Harmonic Impedance Control, Focus Microwaves, Aug. , 1999.

［88］D. Barataud, F. Blache, A. Mallet, P. P. Bouysse, J. －M. Nebus, J. P. Villotte, J. Obregon, J. Verspecht, and P. Auxemery, "Measurement and control of current/voltage waveforms of microwave transistors using a harmonic load－pull system for the optimum design of high efficiency power amplifiers," IEEE Trans. Instrum. Meas. , vol. 48, no. 4, pp. 835－842, 1999.

［89］J. Benedikt, R. Gaddi, P. J. Tasker, and M. Goss, "High－power time－domain measurement system with active harmonic load－pull for high－efficiency base－station amplifier design," IEEE Trans. Microw. Theory Tech. , vol. 48, no. 12, pp. 2617－2624, 2000.

［90］J. Verspecht, "Large－signal network analysis," IEEE Microwave J. , vol. 6, no. 4, pp. 82－92, 2005.

［91］M. Sipila, K. Lehtinen, and V. Porra, "High－frequency periodic time－domain waveform measurement system," IEEE Trans. Microw. Theory Tech. , vol. 36, no. 10, pp. 1397－1405, 1988.

［92］U. Lott, "Measurement of magnitude and phase of harmonics generated in nonlinear microwave two－ports," IEEE Trans. Microw. Theory Tech. , vol. 37, no. 10, pp. 1506－1511, 1989.

［93］J. Verspecht and D. Schreurs, "Measuring transistor dynamic loadlines and breakdown currents under large－signal high－frequency operating conditions," Proc. IEEE MTT－S Int. Microw. Symp. Digest, vol. 3, 1998, pp. 1495－1498.

［94］P. Blockley, D. Gunyan, and J. B. Scott, "Mixer－based, vector－corrected, vector signal/ network analyzer offering 300kHz－20GHz bandwidth and traceable phase response," Proc. IEEE MTT－S Int. Microw. Symp. Digest, 2005.

［95］J. Verspecht, "The return of the sampling frequency convertor," Proc. 62nd ARFTGMicrow. Meas. Conf. Fall, pp. 155－164.

［96］V. Teppati and A. Ferrero, "A new class of nonuniform, broadband, nonsymmetrical rectangular coaxial－to－microstrip directional couplers for high power applications," IEEE MWC, vol. 13, no. 4, pp. 152－154, 2003.

[97] H. C. Early, "A wide-band directional coupler for wave guide," Proc. IRE, vol. 34, no. 11, pp. 883-886, 1946.

[98] R. F. Schwartz, P. J. Kelly, and P. P. Lombardini, "Criteria for the design of loop-type directional couplers for the L band," IRE Trans. Microw. Theory Tech. , vol. 4, no. 4, pp. 234-239, 1956.

[99] J. Teyssier, S. Augaudy, D. Barataud, J. Nebus, and R. Qu′er′e, "Large-signal time domain characterization of microwave transistors under RF pulsed conditions," 57th ARFTG Conf. Dig. , vol. 39, May 2001, pp. 1-4.

[100] J. Faraj, F. De Groote, J. -P. Teyssier, J. Verspecht, R. Qu′er′e, and R. Aubry, "Pulse profiling for AlGaN/GaN HEMTs large signal characterizations," 38th Eur. Microw. Conf. , 2008. EuMC 2008. , Oct. 27-31, 2008, pp. 757-760.

[101] F. De Groote, P. Roblin, Y. -S. Ko, C. -K. Yang, S. J. Doo, M. V. Bossche, and J. -P. Teyssier, "Pulsed multi-tone measurements for time domain load pull characterizations of power transistors," Proc. 73rd ARFTG Microw. Meas. Conf, 2009, pp. 1-4.

[102] M. Abouchahine, A. Saleh, G. Neveux, T. Reveyrand, J. -P. Teyssier, D. Rousset, D. Barataud, and J. -M. Nebus, "Broadband time-domain measurement system for the characterization of nonlinear microwave devices with memory," IEEE Trans. Meas. Tech. , vol. 58, no. 4, pp. 1038-1045, 2010.

[103] A. El Rafei, R. Sommet, and R. Quere, "Electrical measurement of the thermal impedance of bipolar transistors," IEEE. Electron Device Lett. , vol. 31, no. 9, pp. 939-941, 2010.

[104] J. Verspecht, D. Schreurs, A. Barel, and B. Nauwelaers, "Black box modelling of hard nonlinear behavior in the frequency domain," Proc. IEEE MTT-S Int. Microw. Symp. Dig. , vol. 3, 1996, pp. 1735-1738.

[105] M. C. Curras-Francos, P. J. Tasker, M. Fernandez-Barciela, Y. Campos-Roca, and E. Sanchez, "Direct extraction of nonlinear FET Q-V functions from time domain large signalmeasurements," IEEE Trans. Microw. Wireless Compon. Lett. (see also IEEE Microw. Guided Wave Lett.), vol. 10, no. 12, pp. 531-533, 2000.

[106] J. Verspecht, D. Gunyan, J. Horn, J. Xu, A. Cognata, and D. E. Root, "Multi-tone, multi-port, and dynamicmemory enhancements to PHD nonlinear behavioral models from large-signal measurements and simulations," Proc. IEEE/MTT-S Int. Microw. Symp, 2007, pp. 969-972.

第8章

模型构建和验证的优化微波测量

Dominique Schreurs, Maciej Myslinski 和 Givanni Crupi

8.1 引言

　　微波器件的建模过程是基于计算机辅助设计(CAD)仿真或是测量技术。前者是集约模型的基础,而集约模型是用于数字和低频(而非微波)模拟设计选用器件的优选建模技术,而本书重点介绍的是第二种技术,即在模型构建过程中使用的测量技术。本章介绍的是通过实验设计获得构建高效、准确的模型需要的采集测量方法。本章重点介绍模型构建以及更重要的模型验证中使用的线性和非线性微波测量技术。噪声测量不包含在本章的范围内,读者可以参考专门针对噪声建模的第 10 章。

　　本章首先简要回顾线性和非线性微波测量技术。随后,由于晶圆上的器件是嵌入在版图结构中实现片上测量的,所以焊盘和连接传输线的效应需要从测量中去除,特别是器件在硅衬底上的情况,这是因为过去嵌和欠去嵌可能导致非物理的器件参数值,因此去嵌是非常重要的一步。由于数学计算过程的差异,下面将分别讨论线性和非线性测量技术。

　　下面继续讲解器件建模遇到的线性测量问题。如果目的是提取模型参数的偏压相关性,如在稍后阶段讲到的非线性模型,则需要的所测量的量易于扩展,特别是宽带功率器件的情况下,采用有效的方式收集测量数据。

　　接下来,就线性和非线性测量进行模型验证,引入标准量来量化模型的精度,并且说明了如何最好地描述非线性测量,以推断模型不准确的原因。

　　最后一部分讨论建模过程中非线性测量的使用,并基于时域数据和频域数据对模型进行了区分。

　　在整章,列举实例以阐述用于实验设计的各种技术。然而,器件建模的测量实现并非是点按一下按钮即可完成的简单过程。读者应该意识到,实验的限定条件(如偏置范围、频率范围等)均取决于器件工艺,因此必须针对每个正在研制中的新器件定制有针对性的实验设计。

8.2 微波测量和去嵌

8.2.1 线性与非线性微波测量

线性微波测量的原理如图8.1所示。器件偏置在感兴趣的工作条件下,小的入射电压行波 a_1 施加在器件上,而端口2端接 50Ω 负载。作为响应,器件会将散射电压行波散射向端口1和端口2,分别表示为 b_1 和 b_2。器件对给定激励线性响应的情况下,测量 b_1 和 b_2 仅包含一个频谱分量,且与激励信号的频率相同,均为 f_0。激励信号也可以在器件的端口2处施加,表示为 a_2,在这种情况下,端口1端接 50Ω 负载。

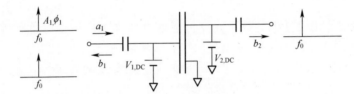

图 8.1 微波线性矢量测量示意图

使用 S 参数测量表征微波器件的线性特性,S 参数的定义如式(8.1)所示,S 参数是与频率相关的复数。在诸如晶体管的有源器件情况下,S 参数还与偏置相关。注意到为了获得 S 参数,仅需要得到散射和入射电压行波的比率,而不是它们的绝对值。因此,可以从相对简单的微波测量和校准技术中精确地获得 S 参数。能够进行线性测量的仪器是矢量网络分析仪[1]。

$$S_{11} = \frac{b_1}{a_1}\bigg|_{a_2=0} \quad , \quad S_{12} = \frac{b_1}{a_2}\bigg|_{a_1=0}$$

$$(8.1)$$

$$S_{21} = \frac{b_2}{a_1}\bigg|_{a_2=0} \quad , \quad S_{22} = \frac{b_2}{a_2}\bigg|_{a_1=0}$$

为了表征微波器件的非线性特性,需要非线性测量。在这种情况下,对器件施加大信号激励(图8.2)。结果,散射的电压行波频谱不仅具有激励频率而且还有其谐波处的频谱分量,原因是器件具有非线性的物理特性。8.4节中的图8.10描述了一个示例,由于激励信号很小,在 DC 工作点附近的局部器件特性可以近似为线性;而当激励信号变大时,实际的曲线形状开始发挥作用,响应为失真的时域波形,例如,当瞬时栅极电压达到夹断条件时,漏极-源极电流的波形显现为削波波形(图 8.14)。失真的时域波形对应于频域中谐波分量的频谱。

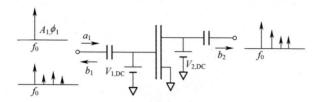

图 8.2　微波非线性矢量测量示意图

　　在表征方面,如果可以测量每个频谱分量幅度和相位的绝对值,则可以获得最完整的信息,大信号网络分析仪能够实现这样的测量需求。最初的测试装置是基于采样[2],但最近开发的基于混频器的设备[3]可以使用示波器在时域中完成相同的测量。在这种情况下,优选四通道模式,不仅能够同时表征 4 路电压行波,而且还可以用于校准[4]。在 8.4.2 节中,我们将说明同时测量 4 路电压行波能够给出造成模型不准确的有用信息。

8.2.2　去嵌

　　晶体管的典型版图如图 8.3 所示。虚线椭圆描绘的是实际的器件。为了实现测量,器件需要嵌入在由焊盘和短路传输线分支组成的结构中,用于将焊盘与器件相连接。焊盘置于共面波导结构中,即地-信号-地的结构中,该接地与信号之间间距与测量探头的间距尺寸兼容。在该特定示例中,信号焊盘略微延伸超过接地部分,使得在其最终应用中能够更容易地引线以键合器件。鉴于我们想要的是在虚线椭圆区域内表征和对器件建模,那么现在具体的难题是需要将测量校准到探针尖端。因此,参考平面必须从探针尖端变换到实际的器件端口,该变换过程称为去嵌。去嵌不是校准的一部分,这是因为实际上存在用于直接在 DUT 所在的衬底上进行校准的技术[1]。该方法需要在同一晶圆上采用一系列校准基准进行校准,但由于不能确定 50Ω 电阻(实际上由并联的两个 100Ω 电阻实现,并与共面波导结构兼容)的制造精度,所以该方法是通过使用具有变化长度的多个传输线实现的。传输线的长度范围决定了校准有效的频率范围。由于会耗费版图布局的面积,因此通常不可能将这组校准组件集成在晶圆上,所以需要在专用的校准衬底上进行校准以及退耦去嵌。

　　另外,需要注意是去嵌对于硅衬底上的器件(硅基上的 MOSFET, GaN HEMT 等)是特别重要的。而在 GaAs、InP 等半绝缘衬底上的器件,传输线的部分可以由并联的电容和串联的电感和电阻网络来近似。这些元件通常合并在器件模型的外围核心,冷测量(漏-源直流电压等于 0V)方法足够完成元件值的提取。在硅衬底的情况下,由于有衬底损耗,传输线部分的模型则更复杂。由于后者导致需要太多的未知量直接从器件的 S 参数测量中提取出来,因此专门的去嵌步骤是必不可少的。

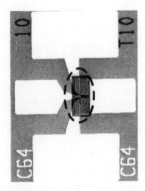

图 8.3　晶体管版图,实际器件由虚线椭圆线表示

　　焊盘和连接传输线如图 8.4 所示。在端口 1 和端口 2 处,传输线部分由串联阻抗和并联导纳的网络近似。需要注意的是,该电路在较高频率下可能变为分布式的,即网络多次重复。发生这种情况的频率取决于传输线尺寸,但通常情况下仅包含一个近似网络的原理图可以在至少 50GHz 频率范围下使用。原理图中,端口 1 和端口 2 之间还存在耦合导纳以及将器件的源极连接到地的阻抗。这两部分归于去嵌网络还是器件本身仍存在争议,这取决于实际器件类型及其布局是否将这两部分包括在去嵌过程中。总体目标是去嵌测量焊盘以及连接传输线直到对应于在实际电路设计中器件嵌入的参考平面。去嵌网络中的所有元件都是复数且与频率相关的。

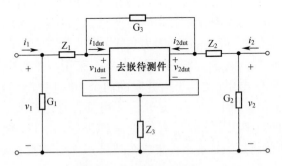

图 8.4　去嵌网络示意图

　　为了确定去嵌元件的值,使用虚拟结构,即一些开路、短路、直通等简单的无源部件。通过对这些虚拟结构进行多次测量,就可以得到确定去嵌元件值的必要信息。根据器件布局,目标频率范围以及晶圆上的可用空间,虚拟结构的数量通常为

1~4,并根据结构数量调整相应的数学过程[5-7]。需要注意,与片上校准需要的多个传输线相比,虚设结构在晶圆上消耗更少的面积。

一旦去嵌元件的值已知的,则可以从测量中减去去嵌原理图,结果参考平面将从探针前端移动到器件端口。线性和非线性测量的数学过程是不同的。

在线性测量的情况下,通过 S 参数,Y 参数和 Z 参数之间的变换来减去原理图。式(8.2)总结了与图 8.4 中的拓扑相对应的步骤。首先,将测量的 S 参数 S_{meas} 变换为 Y 参数 Y_{meas},然后减去两个并联导纳。接下来,将所得到的 Y 参数 Y_A 变换为 Z 参数 Z_A,再减去串联阻抗,如果存在连接到源的阻抗同样需要减去。如果考虑耦合导纳,则存在另一步从所得到的 Z 参数 Z_B 到 Y 参数 Y_B 的变换。最后,将所得到的 Y 参数 Y_{DUT} 转换为 S 参数 S_{DUT},S_{DUT} 是实际器件的测量数据的集合。

$$① \quad S_{\text{meas}} \rightarrow Y_{\text{meas}}$$

$$Y_A = Y_{\text{meas}} - \begin{bmatrix} G_1 & 0 \\ 0 & G_2 \end{bmatrix}$$

$$② \quad Y_A \rightarrow Z_A$$

$$Z_B = Z_A - \begin{bmatrix} Z_1 + Z_3 & Z_3 \\ Z_3 & Z_2 + Z_3 \end{bmatrix} \tag{8.2}$$

$$③ \quad Z_B \rightarrow Y_B$$

$$Y_{\text{DUT}} = Y_B - \begin{bmatrix} G_3 & -G_3 \\ -G_3 & G_3 \end{bmatrix}$$

$$④ \quad Y_{\text{DUT}} \rightarrow S_{\text{DUT}}$$

在非线性测量情况下的公式是不同的,由于 S、Y、Z 参数是线性量,因此这些参数不能用于表征大信号条件下的晶体管。所以用端口的电流和电压来表征相应的方程,并通过应用基尔霍夫定律减去去嵌网络:

$$i'_1 = i_1 - v_1 G_1$$

$$i'_2 = i_2 - v_2 G_2$$

$$v'_1 = v_1 - i'_{\text{gs}} Z_1$$

$$v'_2 = v_2 - i'_2 Z_2$$

$$v_{1\text{DUT}} = v'_1 - (i'_1 + i'_2)Z_3$$

$$v_{2\text{DUT}} = v'_2 - (i'_1 + i'_2)Z_3$$

$$i_{1\text{DUT}} = i'_1 - (v_{1\text{DUT}} - v_{2\text{DUT}})G_3$$

$$i_{2\text{DUT}} = i'_2 - (v_{2\text{DUT}} - v_{1\text{DUT}})G_3 \tag{8.3}$$

图 8.5 所示为去嵌对线性测量的影响。测量的 S 参数清楚地示出了由于有耗衬底而在低频处存在的扭曲。在去嵌之后,扭曲消失了。此外注意到,去嵌之后增益(S_{21})有所增加,原因在于减去了连接传输线和焊盘的损耗。去嵌之后的增益是器件的实际增益,因此分析在探针尖端测量的增益可能被误导。

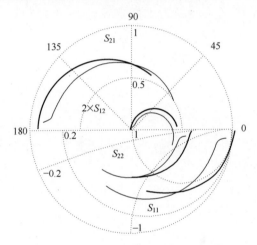

图 8.5　去嵌前后测量的 S 参数($0.3 \sim 50\text{GHz}$);器件是 FinFET
（频率范围:$0.3 \sim 50\text{GHz}$,$V_{gs} = 0.8\text{V}$,$V_{ds} = 1.2\text{V}$）

同样,去嵌前后的非线性测量数据也明显不同,如图 8.6 所示。该图给出了栅极-源极电流时域波形作为 FinFET 的栅极-源极电压的时域波形的函数。FinFET 是一种新兴的 MOSFET 型晶体管[8]。可以观察到去嵌使测试的轨迹发生了旋转。产生的旋转轨迹在物理上是有意义的。FET 型晶体管的本征大信号模型通常由电流源和电荷源并联组成。由于栅极 DC 电流在所考虑的器件中可以忽略,所以在栅极处仅有电荷源,或者换句话说,在小信号下栅极-源极行为特性可以理解为电容性的。众所周知,通过电容器的电流与其两端的电压之间存在 90° 的相移,而这在实际去嵌测量中真正的确认了。注意,这种简化的说明忽略了器件的寄生元件。人们不应该忽视的是去嵌过程是不会去除晶体管的外部寄生元件的(图 8.7)。同样,分析探针尖端的参考平面处的结果可能导致错误的结论。

要注意去嵌过程允许参考平面移动以便更接近实际晶体管,但是对于线性和非线性测量的效果是截然不同的,这点很重要。在前一种情况下,去嵌允许完全去

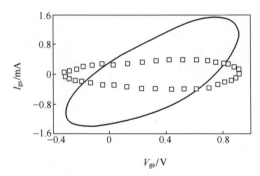

图 8.6　测量(线)和去嵌(符号)$I_{gs}(t)$ 作为 $V_{gs}(t)$ 的函数；器件是 FinFET
$(f_0 = 4\text{GHz}, P_{in} = -0.24\text{dBm}, V_{gs} = 0.3\text{V}, V_{ds} = 0.9\text{V})$

除与虚设结构相关联的寄生贡献,而在后一种情况下,这些贡献有可能包括在新的
参考平面处晶体管的源和负载的阻抗中。需要牢记,小信号近似下的晶体管工作
状态仅取决于在所选直流偏置点处的器件的特性。因此,一旦晶体管已经用线性
测量(如 S 参数测量)充分地表征,则对于固定 DC 偏置点处的任何外部激励和终
端负载,器件响应均可以预测。另一方面,大信号条件下的晶体管工作状态取决于
在其端口处叠加特定时变信号(DC 和 RF 分量)后器件的特性。结果,对于给定的
时变信号,基于非线性测量(如大信号网络分析仪测量)的晶体管表征不能用于预
测其对任何外部激励和终端负载的响应。因此,非线性测量参考平面的改变意味
着在新平面处呈现的器件源和负载的阻抗应该也包括与虚拟结构相关联的寄生参
数的贡献。

8.3　线性模型构建的测量

构造微波器件线性模型的目标是确定小信号等效电路各组成部分的值。FET
的小信号等效电路的典型示例如图 8.7 所示。请注意,原理图的拓扑结构必须针
对每种器件类型进行调整。例如,如果器件制造在硅衬底上,则应当包含衬底效
应。小信号等效电路由表示物理布局(如欧姆源极和漏极电阻)的非本征部分和
表示真实器件工作的本征部分组成。由于晶体管的工作状态取决于所施加的 DC
偏置电压,因此小信号等效电路本征部分的元件是与偏置相关的。而非本征部分
的元件来源于器件布局,其是无源的,所以假设元件的值是与偏置无关的。

从 S 参数测量提取小信号等效电路的元件值。S 参数测量必须在各种 DC 偏
置条件下进行,以便能够确定本征模型的偏置相关性。提取步骤的详细介绍在本
书的其他章节中涉及,而作为本章重点的实验设计方面,在覆盖器件的工作范围的
一系列 DC 偏置电压下收集 S 参数测量数据是非常重要的。通常定义一个矩形网

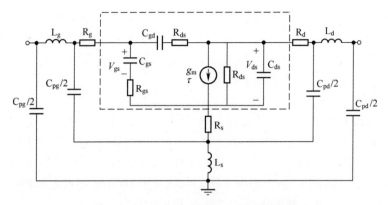

图 8.7　FET 型器件的小信号等效电路模型

格,其中 DC 栅极-源极电压和 DC 漏极-源极电压以等间隔的步长变化。网格的边界受到最大 DC 功率耗散的限制,同时也受到栅极-源极和漏极-源极电压的联合限制,该联合关系对击穿而言是决定性的。步进间隔的大小取决于器件类型,它应该小到可以准确地捕获器件行为的变化,而这种变化是因 DC 工作点变化引起的,原因在于与偏置相关的小信号等效电路是非线性模型构建的基石。

　　FET 的非线性模型的本征部分的典型构成如图 8.8 所示。由于非本征部分与偏置无关,其拓扑与小信号模型中的拓扑保持相同,因此这里不进行论述。该模型是通过将偏置相关的小信号等效电路参数向本征端口电压集成来获得的。再次需要注意的是,本征非线性模型的实际拓扑可能需要根据器件类型进行调整。例如,所示的原理图默认忽略了非准静态效应,如 R_{gs}、R_{gd}、τ 和可能的更高阶效应。

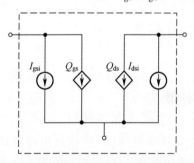

图 8.8　FET 型器件的大信号准静态等效电路模型

　　如果在 S 参数测量期间,DC 工作点中的步长与器件工作状态的变化相比太大,则误差会在积分过程中累积。最佳步长依赖于器件技术本身,在低功率 GaAs HEMT 中,对于 DC 栅-源电压步长的典型值为 50mV,而 DC 漏-源电压的步长为 100mV。根据器件技术的供电电压,这将导致几百次的 S 参数测量。而在具有大得多的 DC 工作范围的大功率器件(如 GaN HEMT)的情况下,等距栅格则会很轻易地导致需要几千次 S 参数的测量,这在实际 S 参数收集上是不可行的。为了优化实验设计,必须采用非均匀网格。收集 S 参数测量值的情况下,DC 工作点的密度应当在器件特性变化快速的区域更高,而在器件特性变化缓慢的区域中可以更小。已有文献报道了用于识别快速变化区域的方法[9,10]。一开始在粗网格上收集 S 参数测量,如图 8.9 中的菱形符号所示。接下来,评估网格点与其直接相邻的点之间的 S 参数特性的变化情况,如果变化高于预定阈值,则添加另外的点(由点表示)。在图 8.9 所示的小尺寸 GaN 器件的示例中,我们观察到在过渡到夹断区域处的点密度较高,同样在低漏–源电压处的线性区域与饱和区域之间的过渡处点密度也较高。在给出的示例中,由于 DC 功耗的限制,在高栅极–源极电压和高漏极–源极电压处没有点。通过采用这种自适应实验设计,即使对于大功率器件,所需的测试数量也可以减少到可接受的数量范围内。

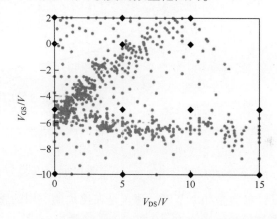

图 8.9　作为迭代过程的结果选择的偏置点的图示,初始偏置点
用菱形标记,器件是 GaN HEMT

8.4　模型验证的测量

微波测量不仅可以用于构造器件模型,显然也可以用于评估其精度。在本节中,我们讨论如何选择测试方法来最佳地评估晶体管的模型精度。我们分别论证线性模型和非线性模型验证。

8.4.1　线性模型验证

线性模型是微波晶体管最简单的模型,但是却不能因此而低估其验证的重要性,因为该模型足以应对各种类型的微波电路的设计,如低功率高增益放大器、低噪声放大器(在噪声模型也可用的情况下),此外更重要的是线性模型是构建非线性模型的基础。

当考虑用于模型验证的 S 参数测量时,存在几个维度的自由度,可以改变直流工作点、频率范围、环境温度等。实际上,在所有可能的条件下检验模型是否准确是不可行的,所以应当采取恰当的策略。针对直流工作点,重要的是在工作条件下检验模型,该工作条件正是应用模型的电路具备的设计工作状态。在放大器设计的情况下,典型的方法是沿着对应于预期放大器设计类型(例如, A 类, AB 类等)的负载线上的多个偏置点评估模型精度。当小信号模型拟用作非线性模型构建的基础时,评估应包括沿积分路径的极端偏置点。示例如图 8.10 所示。建议在冷状态(漏极-源极电压等于 0V)、夹断、拐点区域、接近功耗极限和接近最大漏极-源极电压极限的情况下测试线性模型。

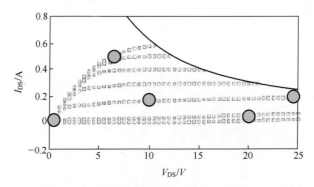

图 8.10　用于检验模型精度的有代表性的偏置点。器件是低功率 GaN HEMT

另一个实验设计参数是频率范围。建议是在比预期应用的感兴趣的带宽宽大约 20% 的带宽上测试模型。图 8.11[11] 中的例子将测量(以符号表示)与仿真结果进行了比较。在简单模型(由虚线表示)情况下,较高频率处测量的和仿真的 S_{22} 之间存在偏差。在更复杂的模型中,仿真结果由实线表示,其可以在高达 90GHz 的频率下仍能产生精确的 S_{22} 结果。这给我们的启发是,如果目标应用在毫米波范围内,则在微波频率获得良好的模型精度不能保证毫米波频率的良好结果。频率越高,分布效应开始起的作用越大,这些效应在较低频率范围内的测量数据中是不显现的。尽管在感兴趣的频率范围上检查模型的准确度听起来是显而易见的,但是这在实际中是经常被忽视的。设计者们依赖于代工厂提供的库模型,通常不会仔细注意代工厂规定的有效工作频率范围,而这常常会导致研制的电路不能如同仿真的一样良好工作。

由于实验条件的不断扩展,制定了标准量以总结线性模型的整体性能[12]。式(8.4)总结了所用的公式。第一个参数 M1_SP$_{xy}$(式(8.4a))是该模型与 S 参数测量一致性的度量。下标 xy 表示对于 4 个 S 参数中的每一个均存在这样的结果。在整个频率和偏置范围上进行累加。公式是以有理的形式表示相对于 S 参数幅度

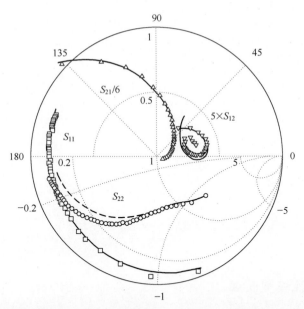

图 8.11　测量(符号)和仿真(实线)的 S 参数。虚线表示在不考虑输出电导时延情况下提取的模型所仿真的 S_{22};器件是 GaAs pHEMT(频率范围:4~90GHz,V_{gs} = 0.0V 和 V_{ds} = 1.5V)

的误差。例如,对于增益 S_{21} 或值较低的 S_{12},则 0.1dB 的偏差具有不同的重要性。由于该标准量要产生 4 个值,即每个 S 参数对应一个值,也有其他的表达方法。M2_SP 的表达式(式(8.4b))的依据是单向转换增益 G_{TU}(式(8.4c))。该功率增益定义对于放大器设计是十分重要的,而放大器设计是晶体管模型的主要应用领域。此外,增益表达式(式(8.4c))是 3 个 S 参数的组合,缺失的 S_{12} 由于其值相对较低,因而其缺失对晶体管的建模影响不大,故基于单向传转换增益的度量对于建模估计而言是足够的。如果还对在评估中包括 S_{12} 感兴趣,则可以使用基于稳定性参数 K(式(8.4e))的度量 M3_SP(式(8.4d))。

　　该标准量的优点是简洁,意味着它们可在有限的数值中总结模型精度。这取决于所选择的度量表达式的集合,但是另一方面这也带来了劣势,将结果归结成几个数字,失去了产生模型不准确根源的痕迹。因此,建议在选定实验条件数量的情况下,使用这些度量的组合进行深入的分析,如同前面所解释的一样。

$$M1\_SP_{xy} = \sqrt{\frac{\sum_M \sum_N |S_{xy}^{meas} - S_{xy}^{sim}|^2}{\sum_M \sum_N |S_{xy}^{meas}|^2}} \qquad (a)$$

$$\text{M2\_SP} = \sqrt{\frac{\displaystyle\sum_{M}\sum_{N}|G_{\text{TU}}^{\text{meas}} - G_{\text{TU}}^{\text{sim}}|^2}{\displaystyle\sum_{M}\sum_{N}|G_{\text{TU}}^{\text{meas}}|^2}} \qquad(\text{b})$$

$$G_{\text{TU}}^{\text{max}} = \frac{1}{1-|S_{11}|^2}|S_{21}|^2\frac{1}{1-|S_{22}|^2} \qquad(\text{c}) \qquad\qquad(8.4)$$

$$\text{M3\_SP} = \sqrt{\frac{\displaystyle\sum_{M}\sum_{N}|K^{\text{meas}} - K^{\text{sim}}|^2}{\displaystyle\sum_{M}\sum_{N}|K^{\text{meas}}|^2}} \qquad(\text{d})$$

$$K = \frac{1-|S_{11}|^2 - |S_{22}|^2 + |\Delta|^2}{2|S_{12}S_{21}|} \qquad(\text{e})$$

8.4.2 非线性模型验证

用于评估晶体管的非线性模型精度的合理实验条件的范围明显高于线性模型的情况。不仅有偏置、频率和环境温度作为参数,而且还有基带、基波和谐波频率上的输入功率、输入端和输出端呈现的负载。最后是激励类型,范围从简单的连续波激励到复杂的调制激励。而数据是在时域、频域或是调制域呈现也需要进行选择。

图 8.12 和图 8.13 所示为频域中的模型评估[13]。针对测量,大信号网络分析仪[2-4]不仅能预测模型频谱分量的幅度,还可以预测相位,而使用频谱分析仪测量时,只能获得如图 8.12 所示的测试结果。

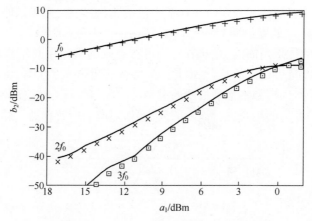

图 8.12 输出功率前 3 个谐波的测量(符号)和仿真(实线)幅度;器件是
MOSFET(V_{gs} = 0.6V,V_{ds} = 1.2V,f_0 = 3.6GHz)

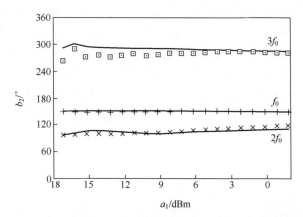

图 8.13　输出功率的前 3 个谐波的测量(符号)和仿真(实线)相位;
器件是 MOSFET($V_{gs} = 0.6V, V_{ds} = 1.2V, f_0 = 3.6GHz$)

为了确定模型不准确性的原因,即它是否与模型化的非线性电荷源或非线性电流源相关(图 8.8),时域中的评估通常对此指导意义更大。为此,时域波形不再表示为时间的函数,而是相互之间绘制,如图 8.14[14]所示,绘制的是栅极-源极电流波形相对于栅极-源极电压波形的关系。由于 FET 的输入是电容性的(栅极泄漏很小),我们预计电流和电压之间存在 90° 的相移。因此,滞后曲线的起始端主要是为测量输入电容值。如果模型预测偏离了测量,我们可以将其归结为对输入电容值的过度或过低估计。由于输入电容与偏置之间存在相关性,因此其值在 RF 输入信号波动情况下不是恒定的,所以最终绘制的形状不是完美的椭圆形。同样我们可以绘制漏-源电流时域波形与栅源时域波形之间的关系。在这种情况下,电荷源和电流源均有贡献。图形的起始端又与电荷模型相关,而图形的长度和曲率则与电流源模型相关。

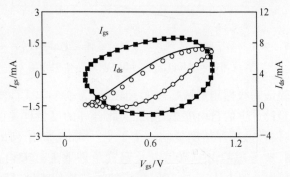

图 8.14　测量(符号)和仿真(线)的输入(黑色方块,左轴)和转移
(白色圆圈,右轴)轨迹;器件是 FinFET($f_0 = 15GHz, V_{gs} = 0.6V, V_{ds} = 0.6V, P_{in} = 1.7dBm$)

　　模型也可以在实验条件下使用调制激励来评估。使用双音激励的示例如图 8.15 和图 8.16 所示[15]。在测量仪器中,RF 响应(图 8.15 中用灰色表示)与基带响应(图 8.15 中的黑色实线表示)分开测量。将两个测量结果叠加,可以实现与模型预测的比较(图 8.16)。注意到标准仪器测量的仅是灰色表示的 RF 响应[16],因此将图 8.15 的 RF 响应与模型预测值进行比较可能导致错误的结论。证据是图 8.16 中的仿真包络如同电流夹断一样,是符合自然规律的。

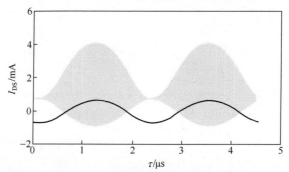

图 8.15　双音激励下测量的瞬时 I_{ds} 射频包络和基带响应(实线);
器件是 FinFET(f_0 = 4GHz,载波间隔 = 440kHz,V_{gs} = 0.3V,以及 V_{ds} = 0.9V)

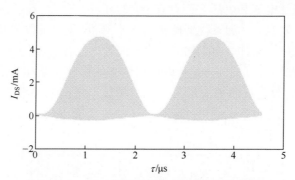

图 8.16　双音激励下瞬时 I_{ds} 的仿真包络;器件是 FinFET(f_0 = 4GHz,
载波间隔 = 440kHz,V_{gs} = 0.3V,V_{ds} = 0.9V)

　　同用于模型验证的线性测量情况一样,也已经为基于非线性测量的评估定义了度量。由于实验设计中的自由度更宽泛,因此合理的度量种类也很多。根据模型所针对的应用,仅考虑和评估度量的一个子集。式(8.5)中列出了通用度量表达式,在基频范围、所考虑的谐波数量以及偏置条件下进行求和。其中式(2.5)(a)~(j)为度量在频域的表达式,而在时域中的表达式如式(8.5k)所示。在频域中,度量分为单音测量和双音测量来,其中式(8.5)(a)~(d)为单音测量,式(8.5)(e)~(j)为双音测量。标准量 M1_LS_TD_B$_p$ 表示在端口 p 处以及载波频率 f_0 的各次谐波上(h 为谐波次数)，散射电压行波 b_1 和 b_2 的测量和仿真的复包络之间的一致性。在等式中，j 指时间采样序号。已经引入加权度量(右列)以强调在电路设计的感兴趣的条件下具有良好的模型精度更重要的。对于放大器，这对应于具有大振幅电平的频谱分量(式(8.5b))，该限定条件能够产生最佳的功率附加效率(PAE)(式(8.5f))，以及最高的三阶(式(8.5h))和五阶(式(8.5j))互调电平的最差情况。然而，在实际情况下，已经证明常规度量(左列)和相应的加权度量(右列)结果之间的差异很小[17]。

$$\text{M2\_LS\_1T} = \sqrt{\frac{\sum_M \sum_N \sum_{f_0}^H |P_{\text{out}}^{\text{meas}} - P_{\text{out}}^{\text{sim}}|^2}{\sum_M \sum_N \sum_{f_0}^H |P_{\text{out}}^{\text{meas}}|^2}} \qquad (a)$$

$$\text{M1\_LS\_1T\_W} = \sqrt{\frac{\sum_M \sum_N \sum_{f_0}^H \frac{|P_{\text{out}}^{\text{meas}}|}{P_{\text{outh}}^{\text{meas}}} |P_{\text{out}}^{\text{meas}} - P_{\text{out}}^{\text{sim}}|^2}{\sum_M \sum_N \sum_{f_0}^H |P_{\text{out}}^{\text{meas}}|^2}} \qquad (b)$$

$$\text{M2\_LS\_1T} = \sqrt{\frac{\sum_M \sum_N \sum_{f_0}^H (\text{Phase}(P_{\text{out}if_0}^{\text{maeas}}) - \text{Phase}(P_{\text{out}if_0}^{\text{sim}}))^2}{\sum_M \sum_N \sum_{f_0}^H \text{Phase}(P_{\text{out}if_0}^{\text{maeas}})^2}} \qquad (c)$$

$$\text{M3\_LS\_1T} = \sqrt{\frac{\sum_M \sum_N |\text{Gain}^{\text{meas}} - \text{Gain}^{\text{sim}}|^2}{\sum_M \sum_N |\text{Gain}^{\text{meas}}|^2}} \qquad (d)$$

$$\text{M4\_LS\_1T} = \sqrt{\frac{\sum_M \sum_N |\text{PAE}^{\text{meas}} - \text{PAE}^{\text{sim}}|^2}{\sum_M \sum_N |\text{PAE}^{\text{meas}}|^2}} \qquad (e)$$

$$\text{M4\_LS\_1T\_W} = \sqrt{\frac{\sum_M \sum_N \frac{|\text{PAE}^{\text{meas}}|}{\max |\text{PAE}_n^{\text{meas}}|} |\text{PAE}^{\text{meas}} - \text{PAE}^{\text{sim}}|^2}{\sum_M \sum_N |\text{PAE}^{\text{meas}}|^2}} \qquad (f)$$

$$\text{M1\_LS\_2T} = \sqrt{\frac{\sum_M \sum_N |\text{Im}D_3^{\text{meas}} - \text{Im}D_3^{\text{sim}}|^2}{\sum_M \sum_N |\text{Im}D_3^{\text{meas}}|^2}} \qquad (g)$$

$$\mathrm{M1\_LS\_2T\_W} = \sqrt{\frac{\sum\limits_{M}\sum\limits_{N}\dfrac{|\mathrm{IM}D_3^{\mathrm{meas}}|}{\max|\mathrm{IM}D_{3n}^{\mathrm{meas}}|}|\mathrm{Im}D_3^{\mathrm{meas}} - \mathrm{Im}D_3^{\mathrm{sim}}|^2}{\sum\limits_{M}\sum\limits_{N}|\mathrm{Im}D_3^{\mathrm{meas}}|^2}} \qquad (\mathrm{h})$$

$$\mathrm{M2\_LS\_2T} = \sqrt{\frac{\sum\limits_{M}\sum\limits_{N}|\mathrm{Im}D_5^{\mathrm{meas}} - \mathrm{Im}D_5^{\mathrm{sim}}|^2}{\sum\limits_{M}\sum\limits_{N}|\mathrm{Im}D_5^{\mathrm{meas}}|^2}} \qquad (\mathrm{i})$$

$$\mathrm{M2\_LS\_2T\_W} = \sqrt{\frac{\sum\limits_{M}\sum\limits_{N}\dfrac{|\mathrm{IM}D_5^{\mathrm{meas}}|}{|\mathrm{IM}D_{5n}^{\mathrm{meas}}|}|\mathrm{Im}D_5^{\mathrm{meas}} - \mathrm{Im}D_5^{\mathrm{sim}}|^2}{\sum\limits_{M}\sum\limits_{N}|\mathrm{Im}D_5^{\mathrm{meas}}|^2}} \qquad (\mathrm{j})$$

$$\mathrm{M1\_LS\_TD\_B}_p = \frac{1}{H}\sum\limits_{h}\sqrt{\frac{\sum\limits_{M}\sum\limits_{N}\sum\limits_{j}|b_p^{\mathrm{meas}}(t_j) - b_p^{\mathrm{sim}}(t_j)|^2}{\sum\limits_{M}\sum\limits_{N}\sum\limits_{j}|b_p^{\mathrm{meas}}(t_j)|^2}} \qquad (\mathrm{k}) \quad (8.5)$$

8.5 非线性模型构造的测量

一个新兴的研究领域是通过非线性测量构建微波器件的非线性模型。这是最合乎逻辑的方法,因为该过程是直接得到非线性模型,而无需再经由偏置相关的小信号等效电路模型及因此需要的 S 参数测量。大信号网络分析仪的引入使之成为可能[2],这也开启了不同建模方法的发展,正如文献[18-22]中所述。人们可以将建模方法分为基于时域或基于频域两类。在接下来的章节中,将分别重点介绍基于时域和频域中的一种方法,并讨论相应的实验设计。两种方法的共同点是它们都属于行为模型的范畴,与前面章节中讨论的等效电路模型的区别在于这些模型将器件视为黑匣子,或者换句话说,没有考虑物理行为也不需要了解。在等效电路模型的情况下,电路拓扑与 DUT 的物理行为相关联。实际中对行为模型的兴趣源于这种类型的模型同样可以应用于建模微波电路,而这在等效电路中是不可行的。

8.5.1 基于时域测量的模型构建

第一种方法是基于大信号矢量测量的时域表示法,其起源于状态空间建模。这是一个非常广泛的建模概念,它不仅适用于电气工程,也同样适用于机械工程和化学工程。

状态方程的通用公式表示为:

$$\dot{X}(t) = f_a(X(t), U(t))$$
$$Y(t) = f_b(X(t), U(t)) \tag{8.6}$$

式中: $U(t)$ 为输入向量; $X(t)$ 为状态变量向量; $Y(t)$ 为输出向量; 上标表示时间导数; 函数 $f_a(\cdot)$, $f_b(\cdot)$ 为相关性的分析函数。

在将状态空间建模概念应用于微波晶体管时, 状态方程(式(8.6))改写为式(8.7)[20]。作为输出的端口电流表示为端口电压及端口电压和端口电流的时间导数的函数, 其中端口电压、电流的最高导数的阶数由该器件的动态特性决定。

$$\begin{cases} I_1(t) = f_1(V_1(t), V_2(t), \dot{V}_1(t), \dot{V}_2(t), \ddot{V}_1(t), \cdots, \dot{I}_1(t), \dot{I}_2(t) \cdots) \\ I_2(t) = f_2(V_1(t), V_2(t), \dot{V}_1(t), \dot{V}_2(t), \ddot{V}_1(t), \cdots, \dot{I}_1(t)_1, \dot{I}_2(t) \cdots) \end{cases} \tag{8.7}$$

式中: $I_i(t)$ 为端口电流; $V_i(t)$ 为端口电压; 上标表示(高阶)时间导数。

另一种可选择的公式可以表示为散射电压波 b_1 和 b_2 作为入射行进电压波 a_1 和 a_2 的函数以及必要的提取状态变量(如 a_1 和 a_2 的时间导数)。

注意式(8.7)仅适用于没有长期记忆效应的器件。在微波电子学中, 通常分为长期和短期记忆效应。短期记忆效应的时间常数在纳秒范围内, 大约同载波频率周期相似; 而长期记忆效应则具有毫秒或微秒范围内的时间常数。导致长期记忆效应的物理效应是温度效应以及晶体管内的陷阱。此外, 测量设备的外围电路可能会导致长期记忆效应, 如偏置三通的低频阻抗。读者可参考文献[23]了解等式(8.7)的扩展内容, 其中包含了长期记忆效应。

在实验设计方面, 目的是用测量数据覆盖状态空间, 以确定式(8.7)中的函数 $f_1(\cdot)$ 和 $f_2(\cdot)$。当在电路设计或其他应用中使用所得到的模型时, 需要保证密集的和完整的覆盖以避免内插和外推的必要。

使用单音激励的测量存在着不足。每次测量结果如图 8.14 所示的轨迹。获取的数据仅涉及轨迹本身上的数据点。这意味着将需要在各种实验条件下(偏置范围、载波频率和功率电平)进行大量的测量, 以便获得状态空间所需的密集覆盖。由于本章的重点是高效的实验设计, 因此, 该类测量是不能满足需求的。

与 RF 载波频率相比, 使用双音间隔小的多音激励会得到大量的数据点。以双音激励为例, 如图 8.15 所示。一个包络周期相当于几乎 10000 个 RF 周期。当应用奈奎斯特准则进行采样时, 将最终得到数倍于上述 RF 周期数的数据点, 而这仅为一次测量的数据。

如果双音间隔较小, 则采集数据点的数量增加。采用这种方式, 将会由于数据点的数量变得太大而导致数据后处理出现问题。解决的方案是对测量进行欠采样, 文献中提出了两种方法, 即在时域均匀采样[24]和在非线性参数域均匀采样[25]。

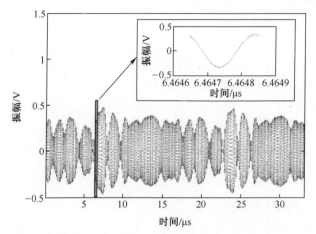

图 8.17　63 音 CDMA 多态的时域波形；插图—放大到一个
RF 载波频率周期。该器件是评估板上的通用 PA

　　下面通过说明性示例来讨论这两种方法。在所考虑的情况中，与上述双音激励相比，考虑码分多址（CDMA）激励在实际应用中更现实。由于数据是由大信号矢量测量收集的，所以限定条件为信号应该是周期性的。由于这个原因，调制的 CDMA 激励近似为 63 音多正弦信号[26]。以这样的方式确定多个正弦中的每个双音的振幅和相位，使得多个正弦的统计特性结果接近目标数字调制激励的统计特性[27]。图 8.17 显示了包络并且在插图中放大了一个 RF 周期。

　　文献[24]中介绍的调制包络的时域均匀采样是一种直接的方法，与众所周知的恒速采样原理类似，其包含沿着调制包络的周期 T_{IF} 选择 N_{IF} 个 RF 载波周期，连续的采样点之间具有恒定时间间隔 $\Delta t_{IF} = T_{IF}/N_{IF}$。为了获得由最大 k_{max} 谐波组成的 RF 波形的平滑表示，通常每周期需要的样本数为 $N_{RF} = \text{ovs} \cdot 2k_{max}$（其中 ovs 表示过采样因子）。通过调制包络采样获得的数据量的简化取决于 N_{IF} 的数值，该方法如图 8.18 所示。

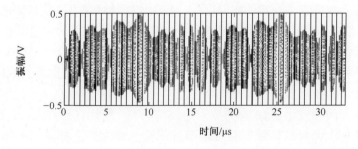

图 8.18　类 CDMA 多正弦波形的时域均匀采样；垂直线—RF 载波频率的选定周期

　　结果表明,所得模型的精度很大程度上依赖于包络的实际形状[28],由图 8.19 可以直观地理解。该图示出了通过对调制包络周期进行均匀采样而获得的 $a_1(t)$ 和 $b_2(t)$,共覆盖了 18 个 RF 周期。可以观察到覆盖范围并不均匀,在小振幅处存在大量的数据点,并被一组与较大振幅相关的 RF 周期的间隙隔开。这是由于对于大部分包络周期而言幅度太小所造成的,结果就会导致只有很少的大幅度 RF 周期可以被选中。当基于这样的数据构建模型时,模型在实际应用时就需要插值。只要采样时间步长是均匀的,所获得的覆盖极大地取决于信号的特性,如波峰因数。类似于在器件的特性变化快速的工作区域中执行更密集的线性测量的网格(8.3 节),我们的目的在于寻找一种替代方法,通过该方法在具有更强非线性的区域中收集更多数据点。这引起了用于欠采样包络周期的第二种方法的发展,即比照非线性度量的均匀采样[25]。

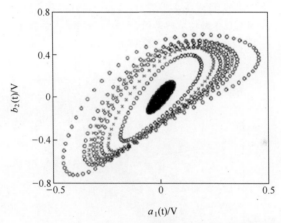

图 8.19　由 18 个 RF 周期(圆圈和叉号)表示的对应于调制
包络周期内的时域均匀采样的 $a_1(t)$ 和 $b_2(t)$

　　在非线性度量分段均匀采样方法[25]中,基于沿调制包络周期的许多 RF 周期计算的非线性度量来选择 RF 载波频率周期。非线性度量 σ 由式(8.8)给出,其定义为归一化轨迹 $\tilde{b}_2(t_q,t_r)$ 和归一化参考(线性)轨迹 $\tilde{b}_2(t_q,t_{\mathrm{ref}})$ 之间正交距离的均方根(RMS):

$$\sigma_{\mathrm{r}} = \sqrt{\frac{1}{N_{\mathrm{RF}}}\sum_{t_q \in T_q} |\tilde{b}_2(t_q,t_r) - \tilde{b}_2(t_q,t_{\mathrm{ref}})|^2}, \forall\, t_r \in T_r \backslash t_{\mathrm{ref}} \tag{8.8}$$

归一化就是将输出散射波 $b_2(t)$ 的瞬时幅度除以在每个 N_{IF} RF 周期中达到的 $a_1(t)$ 波形的峰值。选择参考 RF 周期 $\tilde{b}_2(t_q,t_{\mathrm{ref}})$ 作为可忽略的非线性失真干扰。这通常发生在驱动被测器件进入线性工作状态的较低或者中等输入信号电平的情况。接下来,根据该非线性度量的均匀采样条件选择 RF 周期,如图 8.20 所示。

这样的采样方式导致更均匀的覆盖,即在选择的 RF 周期之间存在更少的间隙,如图 8.21 所示。必须注意,与时域中的均匀采样相比,采用第二种方法的好处会随着所选 RF 周期数量的增加而下降[29]。

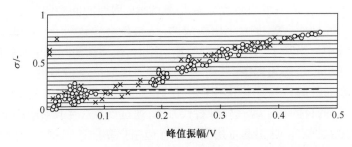

图 8.20　512 个 RF 周期的输出多正弦波形(两个 256 个 RF 周期对应于
−16dBm 和 0dBm 处产生的 63 音多正弦信号)计算的非线性度量域中的分段等距采样,
并绘制为输入峰值振幅增量的函数;水平线和圆圈表示在 σ 域中分段、
等距选择的 46 个样本,而虚线标记了 σ_{th} 参数

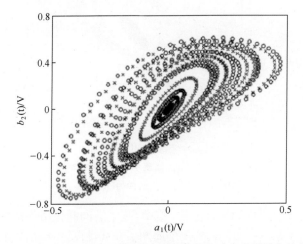

图 8.21　由 18 个 RF 周期(圆圈和叉号)表示的对应于调制包络周期内
σ 非线性度量的均匀采样的 $a_1(t)$,$b_2(t)$

从上面的分析,人们也许可以得出如下结论:使用复杂的多正弦激励,如近似数字调制信号的激励总能得到最佳的模型精度。下面的示例则证明该结论是错误的。

对于所考虑的示例,已经构造了 3 个行为模型[30]:第一模型基于功率扫描的单音测量,称为"模型 1";第二模型是基于涉及 63 音多正弦激励的"模型 63";第三个模型是基于一组功率扫描单音测量和 63 音多正弦激励测量组合的"模型 63+1"。不同于模型构造测量的方法,这 3 个模型应用 8.4.2 节中介绍的度量来估计,结果总结在表 8.1 中。

表 8.1　3 个行为模型的度量结果,这 3 个行为模型分别由功率扫描单音"模型 1"、
具有 63 音类 CDMA 激励的"模型 63"以及组合"模型 63+1"的测量结果构建所得

模型度量	M1_LS_1T	M3_LS_1T	M1_LS_TD_B1	M1_LS_TD_B1	M1_LS_2T	M2_LS_2T
模型 1	0.039	0.043	3.181	7.602	0.085	0.220
模型 63	0.669	0.734	0.813	2.837	0.805	0.904
模型 63+1	0.042	0.029	0.638	1.042	0.099	0.395

从表 8.1 可以推论出基于多正弦激励(模型 63)的模型不总是产生最低的度量值,或者换句话说,模型并不总是最准确的。基于单音调激励 M1_LS_1T 和 M3_LS_1T 的度量,模型 1 的表现就比模型 63 好。基于组合的模型 63+1,能够产生与模型 1 类似的结果。分析多弦激励的模型预测并且调整调制域中的度量表达式 M1_LS_TD_B1 和 M1_LS_TD_B2,63+1 型再次产生了最好的结果,并且甚至比基于不同的多正弦激励模型 63 的结果更好。模型 1 导致明显的误差。最后,我们比较了双音激励的模型。直觉上人们可能会预测,基于多正弦的模型 63 将能够预测双音测量结果,因为双音也是多音的。结果表明,模型 1 的性能最好,其次是模型 63+1。这可以从图 8.22 中推导出原因。该图分别显示了用于模型 1 和模型 63 结构的测量数据的覆盖范围。可以看到,前者的覆盖范围非常类似于双音测量的覆盖,这就解释了度量结果。在模型 63 的情况下,需要外推来预测双音激发的响应,并且外推通常导致更大的不准确度。这个例子再次证明了状态空间的覆盖是构建好的状态空间行为模型的前提。

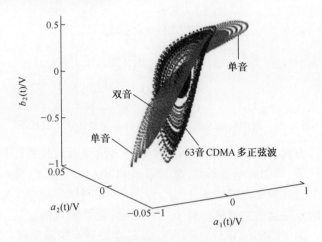

图 8.22　用于功率扫描的单音测量、双音测量和 63 音
多正弦测量的 $a_1(t)$ 和 $a_2(t)$

8.5.2 基于频域测量的模型构建

在模型构造中使用大信号矢量测量的第二个示例是在频域中描述的行为模型。散射波 b_1 和 b_2 表示为入射波 a_1 和 a_2 的函数,即

$$b'_{ph} = Sf_{ph11} |a_{11}| + \sum_{\substack{ij \\ ij \neq 11}} (Sf_{phij}a'_{ij} + Sfc_{phij}(a'_{ij})^*) \tag{8.9}$$

式中:p, h 分别为输出端口和谐波指数;i, j 分别为应用探测信号的输入端口和谐波指数;上标 $*$ 表示共轭运算符;上标 $'$ 表示相对于载波频率处的 a_1 的相移。

$$x'_{ph} = x\exp(-jh\phi(a_{11})) \tag{8.10}$$

复系数 Sf_{phij} 和 Sfc_{phij} 称为 S 函数[22]。注意,为了简化式(8.9),忽略了器件响应的 DC 部分。更完整的描述可以在文献[30]中找到。

式(8.9)中求和的意义可以最好地由图 8.23 解释。其原理是在大信号工作条件下,DUT 的响应进行了线性化。在端口 1 处施加频率 f_0 的单音激励,端口 2 处的结果由灰色的频谱分量表示。该状态用于确定大信号工作条件。当在谐波频率(或在端口 2 处的基波频率)施加小探测信号时,结果在每个其他频谱分量处存在线性响应。当小探测信号的功率增加时,器件响应的相应变化不能通过与入射相量的简单线性关系来描述。为了改进这一点并保持简单的线性组合框架,增加了新的模型项,这些附加项与入射波相量共轭相关[21]。

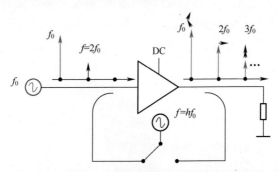

图 8.23 用于收集 S 函数行为模型提取数据的设置简化图

在实验设计方面,确定未知的 S 函数参数的方法是通过将器件置于感兴趣的大信号工作条件下,即固定偏置条件、载波频率和输入功率电平,然后在端口 1 和端口 2 处的每个谐波频率处顺序地注入小探测信号,同样在端口 2 处注入基波频率 f_0 的小探测信号并且增加测量。对于各个激励,需要测量所有基波和谐波频谱分量处的响应。为了能够区分 Sf_{phij} 和 Sfc_{phij},每个设置至少需要测量两次,也就是说对探测信号在两个不同的相位值情况下测量。一旦收集了所有测量,就可以从式(8.9)开始通过求解线性方程组来确定 S 函数参数。由于噪声、源产生的谐波、

源和 DUT 之间的非线性作用、非完美匹配的终端等测量缺陷(图 8.24)的存在,通常需要优化过程。最后,为了获得用于器件的一般模型,对于其他大信号工作条件必须重复该过程。

获得 S 函数参数的另一种方式是施加频率稍微偏移的小探测信号。该方法已在文献[31]中介绍,并通过仿真以及随后的测量[22]证明。这个过程如图 8.25 所示。

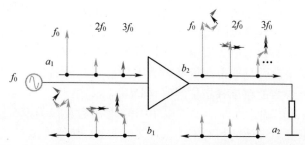

图 8.24　在 f_0 处由单音大信号激励的两端口非线性元件的端口处的入射波和散射波的简化频域表示,以及由于源谐波、源与 DUT 以及非完美匹配的终端之间的非线性相互作用引起的一些小信号

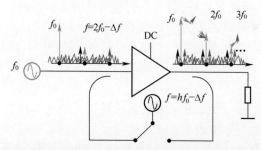

图 8.25　用于收集 S 函数行为模型直接提取的调制数据的设置的简化图

之前需要通过求解线性方程组来确定 S 函数参数,该方法的优点是不再需要收集所有测量数据。S 函数参数反而可以从部分测量集合中直接确定,即直到感兴趣的谐波为止,使得总的测量时间更短。计算 S 函数 Sf_{phij} 和 Sfc_{phij} 的表达式为

$$Sf_{phij} = \frac{b_p'(hf_0 - \Delta f)}{a_1'(jf_0 - \Delta f)}$$

$$Sfc_{phij} = \frac{b_p'(hf_0 + \Delta f)}{(a_1'(jf_0 - \Delta f))^*}$$

(8.11)

注意,不能假设一个理想的单音大信号激励用以驱动 DUT。在实际情况中,入射波总是包含一些小的非零谐波分量,体现在输出相量中。因此,不能从输出和输入相量的比率直接计算大信号系数 S_{fph11}。相反,需要首先使用先前确认的小信

号 S 函数参数来减去谐波的贡献,如式(8.12)所示。

$$Sf_{ph11} = \frac{\beta'_p(hf_0)}{a'_1(f_0)}$$

$$\beta'_p(hf_0) = b'_p(hf_0) - \sum_{\substack{ij \\ ij \neq 11}} \left(Sf_{phij} a'_i(jf_0) + Sfc_{phij} \left(a'_i(jf_0) \right)^* \right) \tag{8.12}$$

重要的是要考虑获得的参数值可能由于加性噪声和相位噪声的影响而变化(图8.25)。此外,长期记忆效应可能发挥作用。因此,频偏的选择不是任意的,而是需要考虑相位噪声存在以及可能的长期记忆效应影响下仔细选择。

为了估计 S 函数参数的真实值并评估结果的变异性,可以重复测量多次。基于该重复的测量集合并且假设测量噪声为零均值正态分布,可以使用变量误差技术来估计 S 函数参数的幅度和相位的值,如文献[22]所述。

S 函数参数的不确定性的知识可以用于简化 S 函数行为模型[32]。最重要的模型参数是根据其估计值的相对不确定性来选取的,其估计值是通过阈值推算得到的。相对不确定性代表估计参数的不确定性与其预期值的比率,从式(8.9)中去除相对不确定性大于阈值的所有 S 函数参数。相对不确定性是评估模型阶降低的良好标准,其可以通过下面的论述直观地理解。一般来说,对于具有较小期望值的 S 函数参数,相对不确定性最大,即小期望值预示着对探测输入信号的输出相量响应小,导致信噪比降低,并且因此导致测量不确定性的增加,进而直接影响估计参数的不确定性。该类 S 函数参数对式(8.9)的贡献很小,因此可以忽略。已经通过实验证明阈值为 1% 或 -40dB 可使型阶数大大降低,而预测精度则没有实质性损失[32]。

最后需要注意的是 S 函数和基于描述函数的其他频域行为模型依赖于在一组大信号工作点周围进行数据收集的非线性微波器件响应的线性化。为了确保线性化原理以及模型的有效性,必须在模型参数提取实验时选择适当的激励电平。

文献[33]中提出的过程方法背后的原理是增加小探测信号的幅度(图8.26),并观察相应的散射波相量的变化。如上所述,该方法只有通过施加相对于基频网格 hf_0 稍微偏移 Δf 的小信号,使得在小信号和共轭小信号的贡献在频率上分离时才成为可能。为了保持线性化的假设,要求偏移频率 $hf_0 - \Delta f$ 及其共轭频率 $hf_0 + \Delta f$ 的响应幅度是线性变化的,而基频网格 hf_0 上的响应幅度保持不变。同时,hf_0 和 $hf_0 \pm \Delta f$ 的响应与相应的大信号和小信号输入之间的相位关系必须保持恒定。注意,相对于探测信号的反相相位,在共轭频率 $hf_0 + \Delta f$ 响应的情况下计算相位差。最后,探测信号电平不能在对应于 hf_0 和 $hf_0 - \Delta f$ 分量的高阶互调频率处引起任何响应。一般来说,寻找探测信号的最大幅度是在所有这些假设有效的前提下开展的。

为了在数据被测量噪声干扰的情况下选择适当的电平,可以将线性和常数值

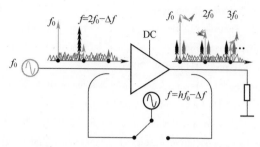

图 8.26　收集调制数据的设置的简化图,收集的数据用于 S 函数行为
模型的直接提取;扫描探测音功率以确定模型的线性有效范围

模型分别拟合到对应的输入-输出关系的频率分量。如前所述,在处理测量噪声时,可以分析 n 个误差变量(EIV)估计器的成本函数,同时增加探测信号的幅度[33]。只要假设的关系成立,成本函数值就保持在期望值 95% 的置信范围内。当违背假设的时候,实际成本函数值超出置信界限。此前的最大幅度恰好决定了所需的最大允许探测信号电平。

参 考 文 献

[1] A. Rumiantsev and N. Ridler, "VNA calibration," IEEE Microwave, vol. 9, no. 3, pp. 86-99, 2008.

[2] J. Verspecht, P. Debie, A. Barel, and L. Martens, "Accurate on wafer measurement of phase and amplitude of the spectral components of incident and scattered voltage waves at the signal ports of a nonlinear microwave device," IEEE MTT-S Int. Microw. Symp. , 1995, pp. 1029-1032.

[3] P. Blockley,D. Gunyan, and J. B. Scott, "Mixer-based, vector-corrected, vector signal/network analyzer offering 300 kHz-20 GHz bandwidth and traceable phase response," IEEE MTT-S Int. Microw. Symp. , pp. 1497-1500, 2005.

[4] D. Williams, P. Hale, and K. A. Remley, "The sampling oscilloscope as a microwave instrument," IEEE Microwave, vol. 8, no. 4, pp. 59-68, 2007.

[5] H. Cho and D. E. Burk, "A three-step method for the de-embedding of high-frequency S-parameter measurements," IEEE Trans. Electron Devices, vol. 38, no. 6, 1371-1375, 1991.

[6] M. C. A. M. Koolen, J. A. M. Geelen, and M. P. J. G. Versleijen, "An improved de-embedding technique for on-wafer high frequency characterization," IEEE Bipolar Circuits and Technology Meeting, pp. 188-191, 1991.

[7] E. P. Vandamme, D. Schreurs, and C. van Dinther, "Improved three-step de-embedding method to accurately account for the influence of pad parasitics in silicon on-wafer RF test-struc-

tures," IEEE Trans. Electron Devices, vol. 48, no. 4, pp. 737−742, 2001.

[8] V. Subramanian, B. Parvais, J. Borremans, A. Mercha, D. Linten, P. Wambacq, et al. , "Planar bulk MOSFETs versus FinFETs: an analog/RF perspective," IEEE Trans. Electron Devices, vol. 53, no. 12, pp. 3071−3079, 2006.

[9] S. Fan, D. E. Root, and J. Meyer, "Automated data acquisition system for FET measurement and its application," ARFTG Conf. , pp. 107−119, Fall 1991.

[10] C. van Niekerk and D. Schreurs, "A new adaptive multi−bias S−Parameter measurement algorithm for transistor characterisation," Int. J. Numerical Modelling: Electron. Networks, Devices and Fields, vol. 18, no. 4, pp. 267−281, 2005.

[11] G. Crupi, D. Schreurs, A. Raffo, A. Caddemi, and G. Vannini, "A new millimeter wave small−signal modeling approach for pHEMTs accounting for the output conductance time delay," IEEE Trans. Microw. Theory Tech. , vol. 56, no. 4, pp. 741−746, 2008.

[12] M. Pirazzini, G. Fern'andez, A. Alabadelah, G. Vannini, M. Barciela, E. S'anchez, and D. Schreurs, "Apreliminary study of differentmetrics for the validation of device and behavioral models," Spring Autom. RF Tech. Group Conf. (ARFTG), 2005.

[13] D. Schreurs, "Capabilities of vectorial large−signal measurements to validate RF large−signal device models," Automatic RF Techniques Group Conference (ARFTG), Fall 2001.

[14] G. Crupi, D. Schreurs, and A. Caddemi, "Accurate silicon dummy structure model for nonlinear microwave FinFET modeling," Microelectron. J. , vol. 41, no 9, pp. 574−578, 2010.

[15] G. Crupi, G. Avolio, D. Schreurs, G. Pailloncy, A. Caddemi, and B. Nauwelaers, "Vector two tone measurements for validation of nonlinear microwave FinFET model," Microelectron. Eng. , vol. 87, no. 10, pp. 2008−2013, 2010.

[16] G. Avolio, G. Pailloncy, D. Schreurs, M. Vanden Bossche, and B. Nauwelaers, "On−wafer LSNA measurements including dynamic bias," Eur. Microw. Conf. (EuMC), 2009, pp. 930−933.

[17] D. Schreurs, "Systematic evaluation of non−linear microwave device and amplifier models," Eur. Microw. Integrated Circuits Conf. (EuMiC), 2006, pp. 261−264.

[18] D. Schreurs, J. Verspecht, B. Nauwelaers, A. Van de Capelle, and M. Van Rossum, "Direct extraction of the non−linear model for two−port devices from vectorial non−linear network analyzer measurements," Eur. Microw. Conf. , 1997, pp. 921−926.

[19] D. Schreurs, J. Verspecht, S. Vandenberghe, and E. Vandamme, "Straightforward and accurate nonlinear device model parameter estimation method based on vectorial large−signal measurements," IEEE Trans. Microw. Theory Tech. , vol. 50, no. 10, pp. 2315−2319, 2002.

[20] D. Schreurs, J. Wood, N. Tufillaro, L. Barford, and D. Root, "Construction of behavioural models for microwave devices from time−domain large−signal measurements to speed−up high-level design simulations," Int. J. RF Microw. Computer Aided Eng. , vol. 13, no. 1, pp. 54−61, 2003.

[21] J. Verspecht and D. Root, "Polyharmonic distortion modeling," IEEE Microwave, vol. 7, no.

3, pp. 44-57, 2006.

[22] M. Myslinski, F. Verbeyst, M. Vanden Bossche, and D. Schreurs, "S-functions extracted from narrow-band modulated large-signal network analyzer measurements," Autom. RF Techniques Group Conf. (ARFTG), Fall, 2009.

[23] D. Schreurs, K. Remley, M. Myslinski, and R. Vandersmissen, "State-space modelling of slow-memory effects based on multisine vector measurements," Autom. RF Techniques Group Conf. (ARFTG), Fall, 2003, pp. 81-87.

[24] D. Schreurs and K. Remley, "Use of multisine signals for efficient behavioural modeling of RF circuits with short-memory effects," Autom. RF Techniques Group Conf. (ARFTG), Spring, 2003, pp. 65-72.

[25] D. Schreurs, K. A. Remley, and D. F. Williams, "A metric for assessing the degree of device nonlinearity and improving experimental design," IEEE Int. Microw. Symp., pp. 795-798, 2004.

[26] M. Myslinski, "Using modulated signals for the validation and construction of non-linear models for microwave components," Ph. D. thesis, K. U. Leuven, Belgium, 2008.

[27] J. C. Pedro andN. B. Carvalho, "Designing multisine excitations for nonlinear model testing," IEEE Trans. Microw. Theory Tech., vol. 53, no. 1, pp. 45-54, 2005.

[28] D. Schreurs, M. Myslinski, and K. A. Remley, "RF behavioural modelling from multisine measurements: influence of excitation type," Eur. Microw. Conf. (EuMC), 2003, pp. 1011-1014.

[29] M. Myslinski, D. Schreurs, and B. Nauwelaers, "Impact of sampling domain and number of samples on the accuracy of large-signal multisine measurement-based behavioral model," Int. J. RF and Microw. Computer-Aided Eng. (RFMICAE), vol. 20, no. 4, pp. 374-380, 2010.

[30] NMDG newsletter IMS2009 special edition, 2009. [Available online: http://www.nmdg.be/newsletters/Newsletter IMS09. html].

[31] D. E. Root, J. Verspecht, D. Sharrit, J. Wood, and A. Cognata, "Broad-band poly-harmonic distortion.(PHD) behavioral models from fast automated simulations and large-signal vectorial network measurements," IEEE Trans. Microw. Theory Tech., vol. 53, no. 11, pp. 3656-3664, 2005.

[32] M. Myslinski, F. Verbeyst, M. Vanden Bossche, and D. Schreurs, "S-functions behavioral model order reduction based on narrow-band modulated large-signal network analyzer measurements," Autom. RF Techniques Group Conf. (ARFTG), 5 p., Spring, 2010.

[33] M. Myslinski, F. Verbeyst, M. Vanden Bossche, D. Schreurs, "A method to select correct stimuli levels for S-functions behavioral model extraction," IEEE MTT-S Int. Microw. Symp., pp. 1170-1173, 2010.

第9章

高效电路设计的实用统计仿真

Peter Zampardi,Yang Yingying,Hu Juntao,Li Bin, Mats Fredriksson, Kai Kwok和Shao Hongxiao

9.1 引　　言

在无线手机设计中,特别是功率放大器(PA),在保持高产量的同时,不断缩短产品上市时间的压力一直存在。为了满足这些要求,设计师需要评估当前的设计方法并确定需要改进的地方。目前,一些 PA 设计师花费大量的时间来调整优化电路。这是非常耗时的,主要的焦点是获得最佳的"标称"性能,而工艺偏差通常是事后才想起的。往往,新电路拓扑结构的实现是在最小的样本空间(通常在单个晶圆上)内评估,从而导致"一片晶圆奇迹"的结果。

不幸的是,由于设计在许多晶圆上生产,正常的工艺偏差会损害最初的"英雄"表现,而且在极端情况下,会生产出性能不可接受的产品。这些变化常常被归咎于初始材料或制造工艺,但实际上是由于预期的工艺变化。

在仿真阶段加入工艺统计可以大大减少这些令人沮丧的事件发生。到目前为止,微波设计(具体为Ⅲ-Ⅴ族设计)中统计仿真的实现受到限制[1-6],然而在硅(Si)数字或模拟混合信号设计中却非常常见。

障碍是什么?首先,Si 设计中使用的方法通常集中于本身非常耗时的蒙特卡罗(MC)仿真[4-7]。虽然对于大多数 Si 设计来说,相邻器件的失配是毁灭性的,额外的复杂性和增加的仿真时间使其对于大尺寸器件和晶圆周转时间短(几周与几个月的差别)的Ⅲ-Ⅴ族设计"不合适"。一些 Si 代工厂提供"边角"模型,但这些模型都是通过驱动那些对 RF 设计不那么重要的品质因数(如f_T)而得到的。大多数代工厂为客户提供了制造"扩展"晶圆批次的选择,以捕捉预期的工艺偏差(通过改变工艺变量)[8],但不会提供一种容易仿真该组晶圆的方法,以允许设计人员闭环仿真。

另一个障碍是 GaAs 器件建模的许多方法都是基于曲线拟合的,而不是基于物理和缩放。曲线拟合麻烦的是,如果可能,也可以提供一套准确跟踪实际工艺变化的模型。

最后的实现障碍是大多数统计分析培训将重点集中在使用与电路仿真器不兼容的特定软件包[9]。这造成了一个很大的障碍,因为设计师没有时间学习另一种软件(或者不想进一步分割设计流程)。为使统计仿真对设计人员有用,应在设计软件中可以使用。

为了克服这些障碍,开发能够将统计仿真功能嵌入设计师友好的设计流程中有几个关键要求。该方法应该:

(1) 预测并表示真实实例(不允许非物理变化)。

(2) 简单,方便,快于"试错"。否则,对设计检验而言成为额外的负担或仅为了更好地"装饰门面"。

(3) 提供深入了解可以如何使设计更好,而不仅仅是指出设计有多"差"。仿真方法应该足够直观,设计人员可以轻松评估布局或设计变更,以减少变化。

(4) 通过与相似工艺晶圆的测量结果相比较,使得与仿真闭环。

我们利用Ⅲ–Ⅴ HBT 技术(但同样适用于其他技术)的特性制定了一个设计流程:包括基于实验设计(DOE)的"统一"核心建模方法和统计仿真,选择互不关联的材料/工艺/操作变量,并在高级设计系统(ADS)中实现。这使得在一个软件工具中将 PA 的设计、仿真和统计分析进行高度融合。因为这种基于 DOE 的流程使设计人员意识到工艺偏差,并允许在将设计提交给 GaAs 之前重新进行电路设计(在最终流片前),从而可以实现更大的工艺公差。该方法为我们的研发团队和客户带来了以下好处:

(1) 产生的设计鲁棒性更高,随着工艺偏差较小,允许客户将这些部分用到手机中后"设置并忘记"。

(2) 设计拓扑的验证是在设计审查过程中包含这些仿真的结果,为失效模式的影响和分析(FMEA)提供了基础。

(3) 该方法在发展的早期阶段排除了许多被发现具有不可接受的工艺偏差的电路拓扑。

(4) 为工艺发展方向提供了指导,导致为我们的应用程序改进了工艺控制监管。

(5) 提供了一个工具,以确定对如 β 这些器件参数进行更严格控制的请求是否合理,或者是否存在电路变化的其他根本原因。

(6) 作为一个调试工具(允许"假设"仿真)。结果可视为物理晶圆制造的指南(并且比晶圆制造快)。

本章将介绍将处理统计数据纳入Ⅲ–Ⅴ族 PA 设计流程的关键要素。这是一种 3 层架构,首先确定影响器件的基本材料/工艺参数,然后确定产品性能。由于两个非常重要的原因,第一层是必要的:①通过实验验证这些变量以确定重要的相关性(或者忽略不正确的假设),后者简化了电路级仿真;②通过将统计仿真与这些不同的晶圆上制造的产品进行比较,使环路闭合。第二层实施"统一"模型,工艺技术中的所有器件物理耦合在一起,因此当进行统计仿真时,所有状态都是物理上可实现。这意味着我们使用物理、几何和工艺参数来开发每个器件的模型,而不是分别对器件进行单独的曲线拟合。第三层是将 ADS 中的"统一"模型和电路级统计仿真集成到设计流程中。

9.2 节将介绍这种方法的目标和关键要素,并将其与更常用的方法比较/对比,例如 MC 仿真和角模型。然后将详细讨论我们方法中的三层架构,突出强调这种方法的一些关键特征和优点。9.3 节将提供两个说明这个设计流程的实例。这两个实例在保持优异的标称性能情况下展现出相当低的性能差异,证明了设计拓扑和布局对性能变化的影响。9.4 节总结了我们的工作。

9.2 方法、模型开发及设计流程

9.2.1 方法的目标和要素

简单地说,这种方法的主要目的是用尽可能少的变量捕获尽量多的工艺(和产品)变化,它的前两个关键要素是基于物理的"统一"建模和 DOE 电路仿真。两者都基于 PA 设计使用大尺寸器件并且假设器件失配可忽略(因此每个器件不需要是唯一的)。只有正交变量元素注重于减少仿真运行的次数。在仿真器中的 Pareto 驱动分析(Pareto 图是一个显示因素重要性的条形图,按照重要性降序排列)为设计人员提供了易于理解的访问。这种高级单一工具集成是使该方法成为 III-V 族设计团队强大且实用工具的第三个关键因素。

9.2.1.1 基于物理的"统一"建模

我们的统一建模方法是这个设计流程的基础。这种几何和物理的建模方法(与在一些 Si 双极型建模中使用的方法类似)将在后面的部分详细描述。术语"统一"意味着由同一个节点或同一层制作的器件不仅可以共享相同的变化,而且在可能的情况下分享相同的模型参数,从而"统一了"行为。这是很重要的,因为现实中的器件就是这样运转的!

在传统的曲线拟合方法中,不同的器件是独立建模的,并没有考虑器件的一致性,例如,HBT 不与结型二极管或半导体层电阻共享模型参数。在极端情况下,具有不同尺寸或不同几何形状的相同类型器件,比如 HBT,其模型参数之间没有关联。因此,需要许多参数,在个别的基础上统计地改变这些器件中的每一个参数,并且可能出现一些非物理统计状态。

已经有基于单个器件角点建模的仿真方法报道[10]。如果存在单一的设计性能准则,用以表征单个组件在系统工作状态中占首要地位的系统,或者当所有组件的变化都不相干时(如同所有部分都是独立的分立组件一样),则该方法非常有用。在这些情况下,对各器件可以通过仿真角点的所有组合来获得合理的统计系统响应。然而,对于集成电路(MMIC),假设电路中的组件独立变化或者一个器件变化而其他器件不变,这显然是不正确的。采用这种方法将导致非物理特性情况以及浪费精力去担心绝不可能真实发生的变化。图9.1(a)所示为半导体电阻统一建模的一个很好的例子。该器件的模型仅基于工艺控制监视(PCM)数据值、几何计算和 BC 二极管模型(与 HBT 一致)。所以,我们只需要做一些少量的测量来进行验证(图9.1(b)),而不用分别提取此器件的参数。这样可以减少生成模型的工作量(不仅仅适用于 HBT),而且可以确保器件对于工艺偏差的全部响应均相同。

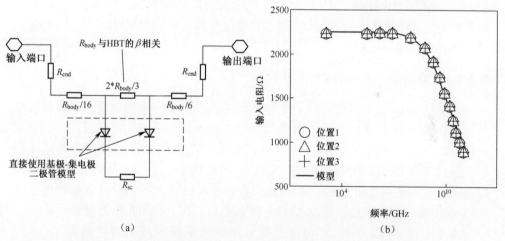

(a)　　　　　　　　　　　　　　　(b)

图9.1　统一器件建模方法的一个例子。将共享同一物理层的其他器件的参数和模型当作模型拓扑和模型参数的一部分,而不是将基极层电阻作为单独的实体建模

(a) 基极层电阻模型由一片方块电阻组成,与 HBT 参数 β 直接相关;两个基极-集电极结二极管模型,是直接从二极管器件模型"借"来描述下面的层;

(b) 统一建模的基极电阻模型准确地预测了较高频率处的由底部结二极管的结电容引起的阻抗下降。

我们的统一建模方法是一种物理角建模方法。通过输入控制片上器件的所有统计 DOE 参数,而不是单独输入,则会自动生成角模型,并自然保证物理上合理的电路角响应。

用于 DOE 仿真的参数可以是基本的外延参数(如掺杂和厚度),也可以被抽象为更高级别的工艺控制测量参数。在不同的开发阶段,两种方法我们都使用过,但是对于电路仿真,我们通常使用 PCM 参数。与通过不同的个别器件角模型运行仿真不同,这种方法减少了仿真迭代。

9.2.1.2 DOE 电路仿真

虽然基于 MC 仿真的统计模型是硅行业的规范,但是对于 III-V 族技术的设计来说,MC 仿真可能太麻烦了。特别地,DOE 方法允许更快地映射电路性能,并且更容易与我们生产线中制造的 DOE 批次相连。

DOE 在半导体行业中大量使用,但却由于在 6σ 实施中的滥用而造成不良声誉。6σ 是一种质量管理方法,在很大程度上依赖于 DOE 的使用[11]。不幸的是,DOE 滥用行为包括尝试将其应用于没有任何意义的地方(这对于曲柄转动优化问题非常有利,但却并不能帮助找到曲柄本身),并试图盲目应用该方法来代替思考和理解问题。然而,当正确使用 DOE 方法时,它可以提供一个强大的工具,并且是这种建模方法的基石。虽然对 DOE 的讨论超出了本章的范围,但读者可以在文献[12]和更详细的论述中[10,14]找到关于 DOE 方法的优秀教程。本质上,DOE 方法以受控的方式改变多个因素(变量),并允许这些因素的影响以及因素之间不同级别的相互作用能够以最少的实验来确定。

9.2.1.3 高级单一工具的集成和实现

我们在 Agilent ADS 中实现了这些模型,以便可以将自动包括对应于工艺拐角状态的简单的 DOE 模块放置于原理图中。这种方法和简单的角模型或 MC 模型之间的区别在于可以使用如 RS/1,JMP 或在这种情况下,利用 ADS 自身的统计软件包进行快速分析。同时我们也要指出,至少在 ADS 中,从 MC 数据中获取 Pareto 信息是极其困难或近乎是不可能的,必须将其导出到如 JMP 的统计分析软件包或在 ADS 中编写一些后处理功能,以确定哪些参数或相互作用是最为敏感的。

对于 GaAs HBT 芯片,有很多变数可能会随原材料或晶圆厂而发生变化。对于外延变化,建立的模型需要允许个别材料参数(如掺杂和厚度)变化。然而,对于这项工作,我们使用的模型参数,如 β,是对掺杂和厚度的响应[15]。这种联系对于帮助理解电路响应(换句话说,重要的是要知道哪个参数导致 β 变化)是非常有必要的。因此,即使统计仿真通常不需要正交性,但在电路统计仿真中仍然能运用独立(正交)的外延和工艺变量,后者用模型参数来描述。优点是双重的:它可以使仿真时间最短,以观察与更多相关变量获得的相同电路响应;并且它消除了在不正确方向上相关参数的任何非物理意义的电路响应。易受影响的参数列于表 9.1 中。这些参数适用于我们的 BiFET 工艺(包括 MESFET)。虽然我们对 FET 应用了完全相同的方法,但我们将讨论限制在 HBT 及其相关的器件。独立参数的变化由 PCM 数据获得,这也提供了参数之间的相关性(基于材料 DOE 运行[16])和参数的正交性验证[17]。再次回顾半导体电阻示例,仿真中只有 β 是易受影响的(在模型代码中 R_{bsh} 与 β 相关),而不是同时使用 R_{bsh}(也称为 R_b)和 β 两个变量来描述电阻和 HBT 的变化。我们的策略是利用尽可能少的参数捕获尽可能多的变化。

表9.1　独立的外延材料,工艺和电路操作变量,涵盖了所有片上器件的所有统计
变化及其相应的电路操作更改。大多数设计不涉及所有的片上器件;因此,
在大多数情况下,仿真中需要的统计变量小于10

PCM 参数	描　　述
PCMVt	在 BiFET 工艺中的 FET 阈值电压
PCMRef	发射极电阻
PCMbeta	HBT 的 DC 增益
PCMvbe	二极管(基极–发射极)和 HBT 的导通电压
PCMvbc	二极管(基极–集电极)和 HBT 中的 BC 结的导通电压
PCMRbcontTLM	基极接触电阻
PCMRscsh	子集电极方块电阻
PCMRscCont	子集电极接触电阻
PCMdWt	薄膜电阻器宽度变化
PCMrhot	薄膜电阻器方块电阻
PCMvsv	肖特基二极管导通电压

对于 III–V 族 HBT 技术,所有前端器件都通过重复使用结(基极–发射极或基极–集电极结等)或层(发射极、基极、子集电极)而形成,后端器件(如薄膜电阻器、MIM 电容器和电感器)则独立地形成,但是可以共用金属层。我们将模型参数分为两组:版图(几何)相关和材料(外延)相关。几何参数描述给定类型器件的布局(结构和大小)。当几何参数变化时,它们会影响所有共享特定层/结的器件。除了薄膜电阻之外,几何依赖/变化对于薄膜电阻器和外延电阻器的仿真是非常重要的。材料相关(外延)参数描述了原材料引起的参数差异。这允许我们:①仅通过改变与材料设计差异相关的几个参数对不同材料(或材料变化)上的相同几何器件进行建模;②改变具有相同材料层(如基极、发射极或集电极层)的器件变量,从而大大减少描述给定外延材料中所有器件变化所需的参数数量。下面小节描述了材料参数的选择以及材料变化对器件的影响,以便可以确定用于建模的外延相关参数(包括相关性)。

9.2.2　三段式方法

9.2.2.1　段式一:参数(因子)选择

1) 外延晶圆参数选择及对 PCM 的影响

许多不同的参数可能影响 HBT 以及使用它们制造出的电路性能。我们需要

强加的一个实际限制是用于产品认证的任何外延材料 DOE 都适用于单个工艺批次(在我们的情况下少于 20 个晶圆)。这基本上涵盖了 3 个独立的外延参数(8 个角加中心),在每个实验中重复使用这些参数(为了考虑一些工艺的变化)。我们的电参数控制监视器的参数集合中已经包括了许多重要参数(R_e、C_{bc}、C_{be} 等)的正交性组合,因此我们专注于两点:一是对电路性能有很大潜在影响的参数;二是不能由 DC PCM 数据唯一确定的参数。

众所周知,对于双极型晶体管,基极的性质在确定器件主要性能方面起着重要作用[18]。因为碳掺杂的 III-V 族 HBT 通过良好控制外延来生长,我们可以准确地指定基极厚度和掺杂。基极厚度(BT 或 W_b)和基极掺杂(BD 或 N_b)对直流电流增益(β)、导通电压(V_{be})、基极电阻(R_{bsh}))和(取决于偏置区域)RF 增益(f_T 或 f_{max})有着非常重要的影响,因此选择基极掺杂和厚度作为我们外延材料 DOE 的两个基本参数。另一个重要的电路参数是基极–集电极电容 C_{bc}。由于功率放大器工作时在基极–集电极结上具有大的电压摆幅,因此在工作范围内的关键部分 C_{bc} 由集电极厚度(CT)决定。直流增益和击穿电压 BV_{ceo}(击穿也取决于集电极厚度)之间的相互作用也是预期会发生的。因此,CT 被选为第三个参数。使用 RS1 软件,我们开发了表 9.2 所列的实验矩阵。参数在预期范围之外变化,以确保我们捕获 DOE 范围内正常预期的变化。

表 9.2 DOE 材料矩阵

实验序号	BT	BD	CT
1	Nom	Nom	Nom
2	Nom+11%	Nom+12.5%	Nom+12.5%
3	Nom+11%	Nom+12.5%	Nom−12.5%
4	Nom+11%	Nom−12.5%	Nom+12.5%
5	Nom+11%	Nom−12.5%	Nom−12.5%
6	Nom−11%	Nom+12.5%	Nom+12.5%
7	Nom−11%	Nom+12.5%	Nom−12.5%
8	Nom−11%	Nom−12.5%	Nom+12.5%
9	Nom−11%	Nom−12.5%	Nom−12.5%

图 9.2 所示为集电极厚度为标称值时几个关键参数(β,R_{bsh}(R_b) 和 BV_{ceo})与基极厚度和掺杂之间的测试相关性。分析这些数据,我们发现了几个有趣的结果:首先,β 和 R_{bsh} 彼此线性相关(斜率为 1.06),如图 9.3 所示。由体复合限定的 HBT 的直流增益对 β 和 R_{bsh} 有不同的掺杂依赖性[19],这是在意料以外的。我们预期 β 会遵循以下公式:

$$\beta = v\tau/w_{\rm b} = v \times 2.8 \times 10^{38}/w_{\rm b}N_{\rm b}^2 \qquad (9.1)$$

式中:v 为基极中的平均载流子速度;τ 为少数载流子寿命;$w_{\rm b}$,$N_{\rm b}$ 分别为基极厚度和掺杂。

$R_{\rm bsh}/\beta$ 为常数的事实意味着 β 以 $1/N_{\rm b}$ 而不是 $1/N_{\rm b}^2$ 变化。这实际上是有利的,它使得统计工艺模型更容易实现,因为知道 $R_{\rm b}$ 或 β 意味着也知道了另一个。这提供了一个很好的范例,说明了 DOE 方法非常适用于确定这些关系。图 9.4 所示为根据直接从生产数据库中提取的数据绘制的相类似的图。在这种情况下,我们会看到一个"绒毛球",从中不可能确定这些变量的正确关联。出现这种情况的原因有两个。第一个是在生产中可接受的数据比我们在 DOE 中使用的数据密集的多,导致 DOE"杠杆臂"变短,因而更难看出变量间的相关性。第二个原因是还有 DOE 以外的其他因素对增益和薄层电阻产生二次影响。虽然可以包含这些因素,但我们的兴趣在于捕捉参数和与基本的材料变化无关的因素之间的一阶关系。

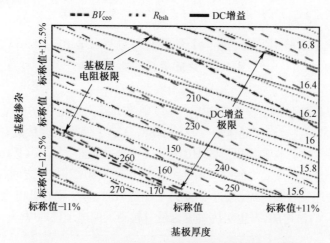

图 9.2　几个重要器件参数对基极掺杂和厚度的响应

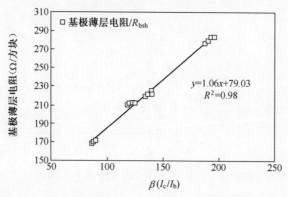

图 9.3　直流增益(β)与基极薄层电阻之间的关系。注意它们与 1.06 的斜率线性相关

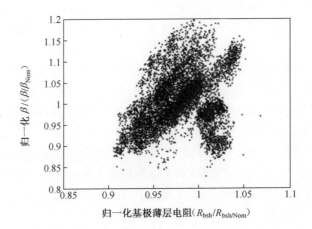

图 9.4　与图 9.3 相同的图,使用来自生产 PCM 数据库的原始数据
请注意,它看起来不是线性的而像一团毛球。

我们从这个实验中发现了另一个意想不到的关系是 BV_{ceo} 与 β 之间仅有弱耦合。在文献中找到的 BV_{cbo} 和 BV_{ceo} 之间关系的典型值为[20]

$$BV_{ceo} = BV_{cbo}/\beta^{1/n} \qquad\qquad (9.2)$$

式中:BV_{ceo} 为基极开路击穿电压;BV_{cbo} 是发射极开路击穿电压;β 为直流增益。

然而,许多现代双极型晶体管(包括 Si/SiGe)趋于偏离大多数教科书中讨论的 $n = 2$ 的情况。对于本实验测量的 HBT,通过拟合数据得到了 $n = 9.6$。式(9.2)中 $n = 9.6$ 时 BV_{ceo} 与 BV_{cbo} 之间的关系如图 9.5 所示。测试和拟合之间存在差异的一个可能原因是通常在高电流(接近峰值 β)下测量 HBT 的 β,而在低电流下测量击穿。如 Yeats 等[21] 的讨论的,寄生阻抗效应也是引起测试偏离理论的原因。

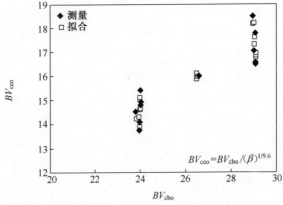

图 9.5　开路基极击穿电压 BV_{ceo} 与开路发射极击穿电压 BV_{cbo} 之间的关系
圆形是测量数据,正方形为式(9.2)的拟合,其中 $n = 9.6$。

对于集电极厚度的变化,我们发现,如预期的一样,击穿和反向偏压 C_{bc} 可以很好地与厚度相关联。PCM 行为的相关性是将电路结果关联回 PCM 数据的非常重要的环节。正如我们所展示的,这是关键的一步,因为它经常发现一些意想不到的关系,而这些关系是正确实现模型必须要理解的。已经评估了 PCM 参数对外延材料变化的依赖性(为了简洁起见,我们只显示了一个有限的子集),接下来我们进行产品级测试,以确认我们已经为电路选择的重要的材料参数。

2) PA 模块级参数选择验证

为了证明这种方法并验证我们所选择的电路材料参数的正确性,我们评估了几个不同的 PA 模块。表 9.3 中的前 3 个电路是 900MHz 蜂窝 PA 模块,第 4 个是 1.8GHz PCS 模块。来自每个晶圆的裸片采用不同的组装方式,并且收集的数据针对每个指定的外延材料变化进行分离。测试结果允许分离与工艺和材料相关的 PCM 参数。如预期的那样,我们发现关键的 RF 性能参数很大程度上取决于对初始外延原材料参数的变化。表 9.3 还显示了该 DOE 对于测量部分可实现的关键参数范围。由于设计上的差异,并不是所有的部件都对我们使用的参数变化以同样的方式响应。因此,关于给定参数如何影响电路性能的结论必须通过逐个电路进行评估。如前所述,我们选择的参数范围比我们的客户指标可接受的范围更宽,允许将数据内插到感兴趣区域(我们的输入材料规格)。我们评估外延材料变化后的电路成品率和性能,并用该信息设置给定产品系列的材料规格。因此,通过这种方法可以快速建立起由于外延材料变化引起的电路产量和性能变化。从表中我们注意到,经由第一相邻信道功率比(ACPR1)测量得到的线性度会由于材料的变化而发生显著改变。图 9.6~图 9.8 举例说明如何将其与 PCM 结果相结合。通过在变量空间上绘制一个给定的参数,并与 PCM 数据进行比较,我们可以准确地确定哪些材料参数(以及得到的 PCM 空间)将给出合格的性能。图 9.6 显示了单元 3(表中数据用于 CDMA-2K)在 IS-95 调制下的 RF 增益与基极厚度和的掺杂的函数关系。将此图与图 9.2 进行比较,我们注意到,该电路的 RF 增益与直流电流增益的走向趋势相同。图 9.7 显示了该放大器的线性度特性(分别为第一和第二通道的相邻信道功率比,ACPR1 和 ACPR2)。请注意,在这种情况下,这些参数相关性可能明显偏离直流电流增益,表明了分离基极厚度和掺杂对直流增益和 RF 性能参数贡献的重要性。最后,图 9.8 显示了电路的功率附加效率(PAE),PAE 也是与直流增益不相关的。对于该调制方案,集电极厚度对该模块没有显著的影响,但是可以对 PA 的其他性能发挥作用,如耐用性。当集电极厚度确实发挥作用时,对于每个集电极厚度生成与以上相似的曲线,并进行比较,以发现哪些部分落在规格之外。

表 9.3　外延 DOE 材料矩阵的 RF 参数范围

部分	增益	ACPR1	ACPR2	PAE
单元 1	28.9~30.7	45.6~53.4	57~61.4	NA
单元 2	26.3~29	49.6~53.3	60.3~63.2	36.4~39.2
单元 3	24.2~28	42.5~49.6	56.5~58	39.8~42
PCS-4	28.4~31.6	45.3~47.3	53.5~55.6	37.3~39.3

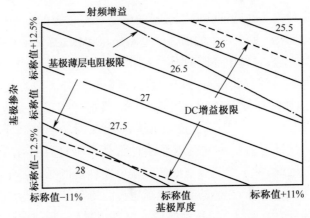

图 9.6　射频增益(在 IS-95 调制下)随基极厚度和掺杂的变化

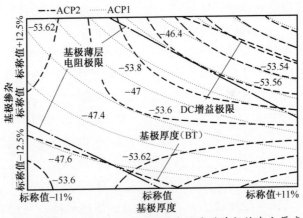

图 9.7　第一(ACP1)和第二(ACP2)信道线性度随基极掺杂和厚度的变化

　　该方法适用于由这些电路测量得到的任何参数,当然也包括成品率。如果需要,参数灵敏度的前期反馈允许对设计进行修正,从而大大提高电路产量,否则的话,直到初期生产完成才能进行检测。这种类型的系统 DOE 方法还允许 FMEA 分析产品性能,以便如果晶圆产量在未来批次上有所变化,则通过简单的比较就可以

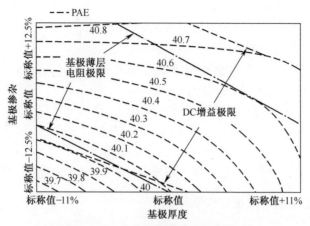

图 9.8 PAE 作为基极厚度和掺杂的函数

帮助确定根源所在。作为示例,如果电路在基极掺杂、基极厚度和集电极厚度的某些组合中表现出性能故障,但却在 PCM 通过/失败准则之内,则可以轻松地将其与图 9.2(或类似图)中的参数进行比较,以确定应查看哪些 PCM 导致成品率损失,并最终将 PCM 与材料特性联系起来。将这些性能数据与不同温度、偏置和频率下的测量结果相结合,使我们能够自信地在产品开发的早期为产品设定部分指标,并制定产品数据手册。同时允许利用最少量的制造批次实现多种材料所需的采样批次,从而节省时间和金钱。最重要的是,这种方法使我们能够为客户提供产品数据手册,用以代替大量生产数据,详细说明在产品的预生产阶段由于材料而导致的预期产品变化。

通过分析从这些晶圆收集的 PCM 数据,我们将器件内部和器件之间的重要参数彼此关联(如前所述的 β 和 R_b)。评估 DOE 晶圆本身是非常有用的,使用这些数据来生成用于仿真的统计模型,甚至可以在设计周期的前期即考虑到变化的影响。这种方法使我们能够发现器件参数之间的一些意想不到的关系,否则将会是未知的。继续运用这些 DOE 晶圆不断提供数据,以验证和改进模型统计特性,并对可能的成品率陷阱提供更深入的理解。作为一个例子,比较每个 DOE 晶圆的产品测量性能的变化与我们实验的晶圆间的变化(我们故意改变的变量),可以发现我们使用的 DOE 因素并不能完全解释测量的变化。这引向了其他领域的研究,以改善与封装和装配相关的产品产量。如果没有采用我们的 DOE 方法,将不会探索这个改进方向。

在本节中,我们开发并提出了 DOE 方法,用于新产品认证和统计模型生成的外延材料选择。这种方法通过分析 PCM 数据并与已发布的数据进行比较,为我们提供了更加深入的视野以了解器件特性。特别是 β 和 R_{bsh} 之间的关系以及 β 对 BV_{ceo} 的影响,评估和显示的状态与文献中的普遍结论相比出入较大。简单地比较这些晶圆的数据也使我们能够消除不随材料结构变化的许多参数,从而大大简化了建模任务。这种方法可以更好地了解由 PCM 测量不易确定的产品变化的原因,并为可接受的材料规格提供基于产品的标准。特别地,因为基极掺杂和厚度的影响不易与正常的 DC PCM 测量分离(多少次听到有人询问为什么电路的性能不同但是 β 是相同的?),这种方法允许独立地确定它们的影响。我们已经证明,这种方法还提供了材料参数和 PCM 之间的关键链接,这样就可以实现 PCM 和产品性能之间的联系(通过材料参数)。由于特定的结构适合单晶圆批次,可以"存储"并用于开发中的任何新产品,所以这种方法也非常有效。只要总能得到良好的材料,这样就可以快速评估模块敏感性并与本章后面开发的统计模型仿真进行比较。

9.2.2.2 段式二:统一的统计模型开发

1)用于统计仿真的模型参数选择

在上一小节中,我们探讨并确定了影响器件和电路性能的基本材料变化。在确定了这些因素后,我们现在要考虑的是它们如何影响器件模型参数。在选择可能因统计仿真而变化的模型参数时,需要考虑几个关键的综合因素。首先,用户控制参数的数量应该最小化。这使得仿真设置相对简单,不会给设计人员带来不必要的负担。第二,重要参数之间的相关性被放置在模型代码中,对用户是隐藏的。这有助于最小化输入,同时确保设计人员不会输入不切实际的参数。除 HBT 之外,其他器件也有很重要的变量包含在仿真中。对于从"前端"或有源层制造的器件,物理参数与 HBT 输入参数相关。对于后端器件(准确的电阻器,MIM 电容和电感)使用 PCM 数据,因为这些器件与前端器件不相关。对可变模型参数的选择标准要考虑以下几方面:①对电路设计重要的参数;②工艺控制测量可获得哪些数据;③基于 HBT 器件物理知识,哪些方面影响①和②。

对于 RF 电路设计,导通电压(V_{be})、直流电流增益或 $\beta(I_c/I_b)$、器件寄生电阻(R_e,R_b 和 R_c)、结电容(C_{be} 和 C_{bc})和 RF 增益(与渡越时间有关)是重要的器件参数。所有这些参数也在我们的晶圆厂工艺控制监控中测量。下一步是考察器件的物理构造,并将这些参数与模型参数进行比较。在这种情况下,我们考虑 VBIC 模型的参数,但是这种技术同样可以应用于 Gummel-Poon 模型、HiCUM、MEXTRAM 或 AHBT 模型。我们观察到导通电压、直流增益、基极电阻和渡越时间都是基极厚度和掺杂的函数(如从器件物理学所预期的那样)。直流增益和 R_b 在控制良好的工艺中实际上是相关的,因此只需要其中一个作为输入。表 9.4 所列为关键器件参数和依赖于它们的主要模型参数。模型参数与基本材料变化(基极厚度 W_b,基极掺杂 N_b 和集电极厚度 W_c)之间的相关性通过上一节中讨论的 DOE 方法进行了实验验证。然后将由 PCM 测量得到的这些晶圆晶体管电参数反过来与物理参数的变化相关联。例如,因为 β 或 R_b 是直接相关的,只有它们被允许作为统计建模的输入。了解了物理相关性后,我们来看看哪些 PCM 可以相互关联(最小化变量),以便用 PCM 数据可以驱动仿真。通过开展材料 DOE 也发现许多参数根本不会因为标准材料的变化而改变[18],所以它们不需要包括在统计仿真中。从器件物理学的理解角度(Berkner[22]对基本的器件曲线如何响应模型参数变化提供了非常好的描述),我们在 PCM 参数和模型参数之间建立了关键联系,将在下一节讨论。

表 9.4　测量参数、模型参数和观察到的曲线变化

器件参数	影响模型参数	观察结果
V_{be}	I_s, I_{bei}, I_{ben}	控制导通电压和 I_c、I_b 的改变
β	I_{bei}, I_{ben}	控制 I_b、R_b 和直流电流增益的变化
R_e	R_e	监测发射极电阻,影响 G_m 和射频增益
R_b	R_{bi}, R_{bx}	与 β 高度相关,影响射频功率增益
R_c	R_{ci}, R_{cx}	R_{ci} 不重要,R_{cx} 与 R_{csh} 相关
f_T	T_f	监测渡越时间,对基极设计依赖性小,对集电极设计依赖性强
C_{be}, C_{bc}	$C_{je}, M_e, P_e, C_{jc},$ C_{jen}, M_c, P_c	需要总的渡越时间、阻抗和射频增益

2)使用器件物理构造连接 PCM(技术变化)与模型参数

请记住,我们希望尽可能少地改变参数并保持物理一致性,我们考虑了 PA 电路设计最重要的器件参数及其与测量的 PCM 和模型参数的关系(表 9.4)。为了适应 HBT 的导通电压,设计人员只需简单地输入来自 PCM 数据(或在 DOE 控制箱中)中的器件的测量值 V_{be} 即可。在大量的测量数据分析中,我们注意到集电极和基极电流的理想因子与基极掺杂、基极厚度和集电极厚度无关。因此,为了适当地改变导通电压,我们只需要调整基极和集电极饱和电流。对于 $V_{be}(\Delta V_{be})$ 的变化,有

$$I_{s,new} = I_{s,old} e^{q\delta V_{be}/N_F kT} \tag{9.3}$$

$$I_{bei,new} = I_{bei,old} e^{q\delta V_{be}/N_{EI} kT} \tag{9.4}$$

$$I_{ben,new} = I_{ben,old} e^{q\delta V_{be}/N_{EN} kT} \tag{9.5}$$

我们从给定的模型参数面板中获取 $I_s, I_{bei}, I_{ben}, N_f, N_{ei}, N_{en}$ 参数。例如,如果 $n_F = 1.079$ 并且 $\Delta V_{be} = -10V$,得

$$I_{s,new} = I_{s,old}/1.43 \tag{9.6}$$

直流电流增益的变化几乎完全源于基极电流的变化(再次经经验验证)。因此,为了说明 β 的变化,我们只需修改 I_{bei} 和 I_{ben},可通过构建标称 β 和"PCM β"之间的比例来实现,并将变换因子应用于上述模型参数。如果给定晶圆上的 β 较高,

则 I_{bei} 和 I_{ben} 必须较低。这两个简单的修改可以说明大多数直流电流变化的原因。从前面小节的讨论中，R_b 以与 DC 增益相同的方式进行缩放（如果 β 增加则 DC 增益必然增加）。接下来，我们考虑发射极电阻 R_e。用于建模的发射极电阻测量自然需要考虑（并去除）自热。然而，对于 PCM 数据采集，这种精细的测量太耗费时间。集电极开路测量（也称为返驰）通常用于工艺控制。幸运的是，回扫测量与更精细的 R_e 测量有很好的相关性。还有必要注意，发射极电阻随面积缩放，从而可以从最小面积器件的 PCM 测量中计算/缩放各种器件的电阻。最后，我们将讨论基于这些参数的 $\tau_F(f_T)$ 的变化。不幸的是，在我们的材料变化的允许范围内，τ_F 与 β 或 R_b 并非"很好"地相关。不管怎样，存在弱相关关系，因为对于恒定的掺杂，如果 W_b 减小，则 β 增加并且 τ_F 减小。这种相关性的缺点也归咎于我们的 PCM 测量条件。由于这种弱相关性，我们仅使用 PCM 测量来调整 τ_F，但是对设计人员需要一些附加说明，在他们手动输入参数时务必遵守一些物理关系（β 和 f_T 必须朝相同的方向）。如果为了仿真预编程了一组 DOE 状态，则会避免此问题。还应该指出的是，即使不知道允许一阶仿真的确切的参数关系也可以实现，直到这些关系已知（可以被添加到已经存在的模型）。

虽然还有许多其他可能影响电路性能的参数，这些参数中的一些在制造环境中很难准确地测量，因此不包括在内。例如，C_{be} 和 C_{bc} 是重要的，并且在 PCM 中测量，但是用于建模的精确使用的数据点的准确性和数量对于统计仿真依然不够。从上一节中，我们已经从经验中发现，基本参数可以说明 PA 电路的大部分变化原因，因此在我们的主要仿真中不考虑集电极厚度（如前所述）。此外，我们发现包含精密电阻和金属-绝缘体-金属（MIM）电容的变化可以有效地获得具有片上偏置电路的精确仿真。对于薄膜电阻，使用类似于文献[23]的模型，其考虑了薄层电阻和电阻有效宽度的变化（均为 PCM 测量）。对于 MIM 电容，PCM 测量的单位面积的电容值用于仿真。该变化占我们产品水平变化的很大一部分。

3）器件模型级验证和反较

为了验证统计模型，使用从 DOE 晶圆测量的具有可选 PCM 参数的模型作为统计控制输入来仿真 HBT 的特性。仿真结果与测量结果的比较显示了模型随 DOE 变化良好。图 9.9 所示为 HBT 仿真的 DC β 随 DOE 的变化与 DOE 晶圆相应测量值的比较结果。图 9.10 所示为 DOE 变化范围内 HBT 的集电极电流对截止频率（f_T）影响的仿真和测量结果比较情况。

通过使用在测量中采用的相同条件下的模型仿真来评估所选择的 PCM 参数进行进一步验证，然后根据测量值核对仿真的 PCM 参数。图 9.11 所示为这种验证结果的一个例子，其中显示了各种尺寸的 HBT 的 PCM β 仿真及其与相应的 PCM 测量结果的比较。可以清楚地看到，由 PCM 参数表示的工艺偏差与统计模型仿真结果吻合很好。

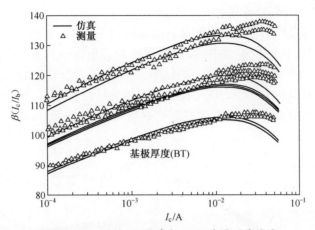

图 9.9 DC 增益(β) 仿真与 DOE 晶圆测量结果

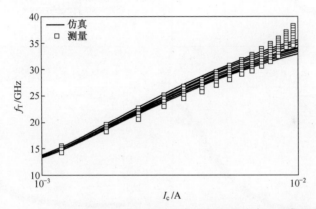

图 9.10 PCM 输入变化下 DOE 模型的集电极电流对截止频率的影响。
符号是测量数据,线是仿真数据

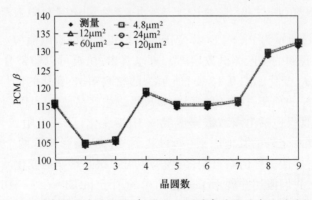

图 9.11 对各种尺寸的 HBT 在 PCM β 测量条件下的直流增益仿真

4）模块级统计模型验证

统计建模的最终目标是跟踪和仿真由于晶圆工艺和外延材料性能的波动导致 PA 电路的性能变化。在本节中,我们使用这种简单的统计模型,展示了构建在 DOE 晶圆上的功率放大器电路的一些结果,其中故意的变化代表了我们制造过程的各个角落。如图 9.12 所示,使用我们的简单统计建模方法,没有对大信号性能做任何"微调"的情况下,对于功率性能和材料均变化时的输出功率仿真和测量结果一致性很好。

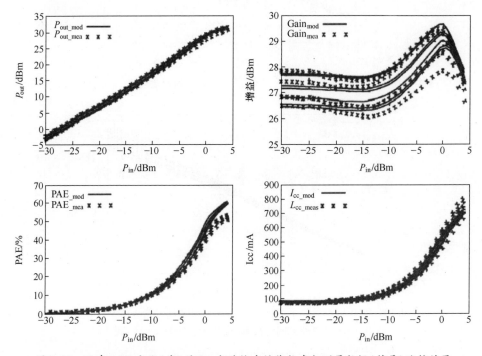

图 9.12　具有 DOE 变化(线)的 PA 电路输出性能仿真与测量数据(符号)比较结果

图 9.13(a)所示为 PA 随 DOE 变化的仿真和测量静态电流(I_{cq})之间的比较。测量数据来自我们的生产测试数据库。可以看出,仿真可以非常合理地匹配由受控变量导致的 I_{cq} 变化。图 9.13(b)所示为随材料 DOE 变化的测量 RF 增益。对变化进行了很好的预测,标称值的轻微偏离可以很容易地归因于其他因素。例如,这里所示的仿真仅包括由离散数据造成的 HBT 变化(薄膜电阻或 MIM 电容器无变化)。除了裸片之外的其他因素(如封装装/组装)能影响这两个参数也是非常普遍的。然而,即使标称值略有偏移,模型也可以跟踪增益的变化。

在本节中,我们概述并展示了一种简单的用于 InGaP-GaAs HBT 工艺的统计模型。该方法已经应用于手机功率放大器电路仿真,可以很好地跟踪工艺偏差。

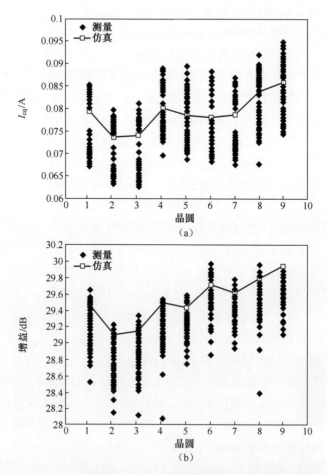

图 9.13　(a)静态电流(I_{cq})测量结果以及(b)使用改变基
极掺杂和厚度的不同批次 DOE 材料的 RF 功率增益比较结果。

该模型可用于帮助解决设计问题,并使 PA 设计随工艺偏差具有更好的鲁棒性。

9.2.2.3　段式三:集成进设计流程

1) 仿真环境中的模型实现

在开发和验证了器件级统计模型后,我们现在考虑如何将这些模型包含在设
计流程中。重点在于设计人员使用起来简单方便,我们同样将这种方法与其他常
用的实现方法进行对比和比较。

这种实现方法的另一个特点是所有的统计参数都可以很容易地固定在其标称
值或由设计者为特定的晶圆仿真设置的值。这允许设计人员在他们特定的设计中
跳过那些不包括在内或关键的参数的仿真(例如,如果肖特基二极管不在你的电

路中为什么仿真它的变化?),这大大减少了总的仿真时间。在这种选择考虑之后,典型电路仿真中的统计参数数目少于 10 个。

2) 与 MC 方法相比 DOE 方法的数值表现

MC 方法预测的平均值和分布范围取决于变量的数量和仿真次数。仿真运行与变量数之比越高,预测越准确。实际上,通常不知道哪个选定的变量对特定设计影响最大。当你已经面临项目的截止期限时,却还要运行几个小时的仿真来确定这一点,就没有什么吸引力了。更糟糕的是,如果没有足够的迭代运行,可能导致非常重要的参数没有被选择上。这两种情况都可能导致不切实际的分布范围预测和不准确的平均预测。如前所述,DOE 广泛应用于半导体行业,但却并不常为电路设计师所熟知。

当相邻器件失配可以忽略时,我们的研究表明 DOE 是一个较好的仿真选择。图 9.14 表明,对于 4 个变量的仿真,与只有 240 次 MC 仿真相比,64000 次 MC 仿真导致更宽的 I_{cq} 范围。由于典型产品产量数以百万计,使用 64000 次 MC 仿真的分布范围更能反映实际情况。但是,这 64000 次 MC 仿真需要 18.5h 才能完成。由图 9.14 还可以看出,需要大量的 MC 仿真来近似全因子(2 kmp)DOE 仿真结果,区别在于 DOE 仿真只需要 28s。为了进一步比较这些方法,我们使用 JMP 统计软件分析了另一个设计使用 250 次 MC 运行和全因子 DOE 仿真($2^5 = 32$ 次运行)的 5 个变量中每个变量的重要性(图 9.15)。分析的效果由式(9.7)(MC)和式(9.8)(DOE)表示。比较这两个公式,显然两个结果中每个变量的权重和方向是相同的,主要区别在于预测手段。正如我们前面指出的,这可能是由于太少的 MC 运行次数而导致的变量数量不足。

$$I_{cq}(\text{mA}) = 235 - 0.768\beta - 34.5V_T - 1.69\text{TaNRho} + 0.336\text{Ref} \qquad (9.7)$$

$$I_{cq}(\text{mA}) = 240 - 0.782\beta - 34.6V_T - 1.69\text{TaNRho} + 0.310\text{Ref} \qquad (9.8)$$

为了完善我们的 DOE 方法,评估了不同的 DOE 设计。全因子方法(2 kmp)使用每个因子的最大值和最小值(只有两个级别),因此对 n 个参数需要进行 2^n 次仿真运行,并允许考虑参数的子集。例如,如果我们改变了 3 个因子,则仿真点将由立方体上的顶点表示。如果我们只想看两个因子,我们只需要看几何体的面。假设更高阶的相互作用不重要或者允许它们与主要因子"混叠",则其他实验设计会牺牲一些信息(如交互信息)来减少所需的实验运行次数。这些替代设计可能无法正确反映和表示因子的各种替代位置或不同的数量级[24,25]。Plackett-Burman 实验设计:因子之间的相互作用认为是可以忽略的,并且由于设计,一些主要影响和相互作用不能分离(它们被混淆或混叠)。Box-Behnken 实验设计:每个因子有 3 个级别含一个中心点,可用于二次模型。仿真点在上面给出的 3 个因子示例的立方体中点,中心合成设计(CCD)包含与全因子和附加"星"点相同的点。对于双

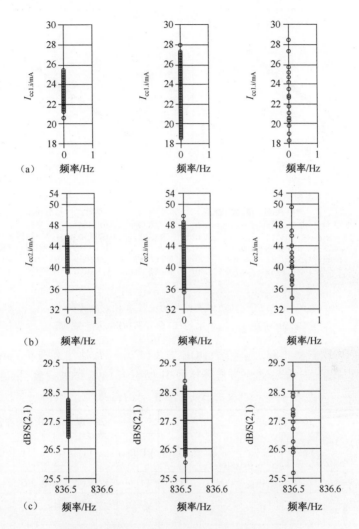

图 9.14　DOE 和 MC 仿真之间的电路响应比较

(a)240 次 MC 仿真;(b)64000 次 MC 仿真;(c)全因子 DOE。

因子的设计,星点基本上在盒子顶点 45°旋转处,表示参数的极值。这类设计用于响应(输出变量)建模中的曲率建模。3k 设计是全因子的,每个因子有 3 个级别(因此它包括立方体顶点和所有中心点)。有关 ADS 中实现的更多信息,详见文献[26]。

　　如表 9.5 所列,全因子 DOE 方法给出了与使用更密集采样的 3k 方法一致的结果,但时间效率更高。其他 DOE 方法即使比全因子稍快,但给出的结果彼此不一致。DOE 方法之间的这种不一致,部分原因是由于我们只选用了正交(器件级)变量。考虑精度和仿真时间的全因子法是最优的,被选为我们设计流程中的实现方法。

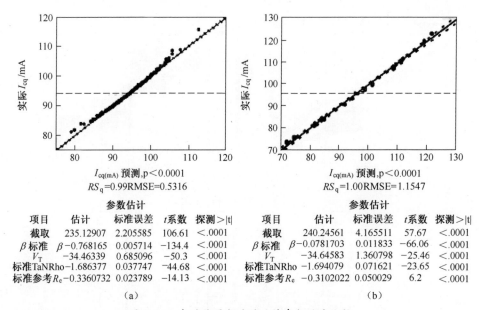

$I_{cq(mA)}$ 预测，p＜0.0001
$RS_q=0.99$ RMSE=0.5316

$I_{cq(mA)}$ 预测，p＜0.0001
$RS_q=1.00$ RMSE=1.1547

参数估计

项目	估计	标准误差	t系数	探测＞|t|
截取	235.12907	2.205585	106.61	＜.0001
β标准	β－0.768165	0.005714	－134.4	＜.0001
V_T	－34.46339	0.685096	－50.3	＜.0001
标准TaNRho	－1.686377	0.037747	－44.68	＜.0001
标准参考R_e	－0.3360732	0.023789	－14.13	＜.0001

参数估计

项目	估计	标准误差	t系数	探测＞|t|
截取	240.24561	4.165511	57.67	＜.0001
β标准	β－0.0781703	0.011833	－66.06	＜.0001
V_T	－34.64583	1.360798	－25.46	＜.0001
标准TaNRho	－1.694079	0.071621	－23.65	＜.0001
标准参考R_e	－0.3102022	0.050029	6.2	＜.0001

（a）   （b）

图 9.15　自动偏置电路的统计参数效应比较

（a）MC 仿真(运行 250 次)；(b)全因子 DOE(运行 32 次)。

表 9.5　DOE 方法比较。全因子 DOE 方法(2kmp)从性能范围和 Pareto 变量规则角度来讲,与采用更加密集采样的 3k 方法给出的结果一致,但运行时间要少得多。"敏感性分析"预测的结果完全不同

方法	I_{cq1}(mA)@25℃					25℃时 Pareto 图表变量值									
	仿真时间/s	样品号	I_{cq1_Min}	I_{cq1_Max}	I_{cq1}范围	VT	Beta	V_{be3}	Ref	Rho	dw	dl	SCdV	BCdV	V_{cc}
2kmp	488	1024	19	31	12	1	4	5		2	3	6			
Plackett－Burman	8	12	19	27	8	1	5	4		2	3		6		
Box－Behnken	33	181	21	27	6	1	4	5		2	3	6	7		
CCD	493	1045	17	32	15	1	4	5		2	3	6			
3k	16070	59049	19	31	12	1	4	5		2	3	6			
敏感度						4	1		3		2				
方法	I_{cq2}(mA)@25℃					25℃时 Pareto 图表变量值									
	仿真时间/s		I_{cq2_Min}	I_{cq2_Max}	I_{cq1}范围	VT	Beta	V_{be3}	Ref	Rho	dw	dl	SCdV	BCdV	V_{cc}
2kmp	488	1024	34	54	20	1	3	5		2	4	6			
Plackett－Burman	8	12	35	48	13	1	3	5		2	4	6	7	8	

（续）

I_{cq2}(mA) @ 25℃						25℃时 Pareto 图表变量值									
方法	仿真时间/s		I_{cq2_Min}	I_{cq2_Max}	I_{cq1}范围	VT	Beta	V_{be3}	Ref	Rho	dw	dl	SCdV	BCdV	V_{cc}
Box-Behnken	33	181	39	48	9	1	3	5	2	4	6	7			
CCD	493	1045	33	64	31	1	3	5	2	4	6	7			
3k	16070	59049	34	54	20	1	3	5	2	4	6	7			
敏感度							3	4	2			1			

dB(S_{21}) @ 25℃						25℃时 Pareto 图表变量值									
方法	仿真时间/s		dB(S_{21})-Min	dB(S_{21})-Max	dB(S_{21})-范围	VT	Beta	V_{bt3}	Ref	Rho	dw	dl	SCdV	BCdV	V_{cc}
2kmp	488	1024	25.7	29.5	3.8	1	4	5	3	2	6	7			
Plackett-Burman	8	12	26.1	28.7	2.6	1	4	5	3	2	6	7			
Box-Behnken	33	181	26.8	28.7	1.9	1	4	5	3	2	6	7			
CCD	493	1045	24.2	29.7	5.5	1	4	5		3	2	6			7
3k	16070	59049	25.7	29.5	3.8	1	4		5	3	2	6	7		
敏感度							3		2			1			

3）DOE 实现与"敏感性分析"比较

"敏感性分析"仿真是另一种用于了解电路变化性的普通分析技术，同样对其进行了评估。它的预测结果与全因子 DOE 或密集采样 DOE（3k）（表 9.5）明显不同。原因在于"灵敏度"方法一次仅考虑一个参数在标称条件周围的小扰动，而这种假设不适用于我们的特定产品，因此它不是提高设计鲁棒性的推荐方法。

4）设计流程集成于 ADS 中

由于模型、设计原理图、DOE 仿真和仿真分析（图 9.16）全部集成到 ADS 中，甚至对于没有经过统计分析训练的设计师，DOE 的设计流程也是非常实用的。因为需要进行特殊的培训，过去对许多设计师来说，统计分析是令人望而生畏的，这是 PA 设计中使用统计分析的主要障碍之一。

如图 9.17 所示，我们的集成设计流程包括迭代 DOE 仿真，检验电路性能，查看 Pareto 图，识别驱动顶层 Pareto 因子的电路元件以及修改电路。一旦修改了电路，流程会一直循环直到获得令人满意的结果。Pareto 图给出哪些变量对电路性能变化贡献最大，这样的信息对于识别设计的哪一部分或哪个特定元件应当需要修改是有效的。

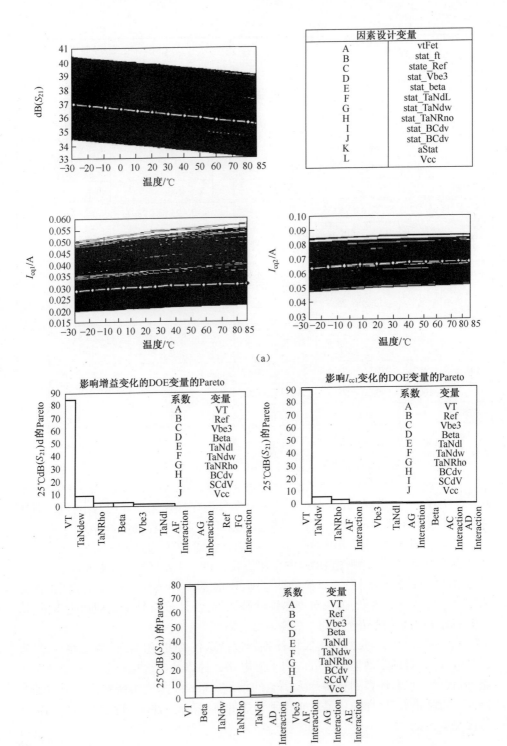

（a）

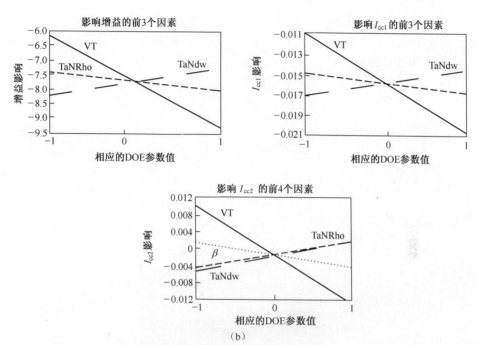

图 9.16　(a)电路性能的统计结果,方形为标称值仿真结果以及(b)统计 Pareto 图

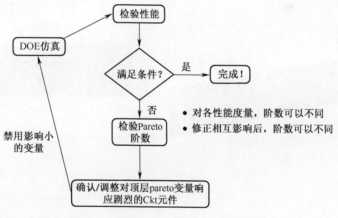

图 9.17　DOE-Pareto 驱动设计流程图

9.3　实际电路的应用实例

9.3.1　双频段 PA

在这个例子中,初步设计具有较宽的 I_{eq} 和 RF 增益变化范围(图 9.18(a))。

Pareto 分析表明 FET 器件的阈值电压变化,一些关键薄膜电阻的宽度变化以及 HBT 器件的直流增益变化是电路性能变化的主要因素(图 9.18(c))。为了解决这些顶层效应,内部参考电压和 3 个电阻器的值被确定为要更改的关键元件。改变这些元素在保持标称性能的同时大大降低了性能的变化(图 9.18(a)和图 9.18(b))。

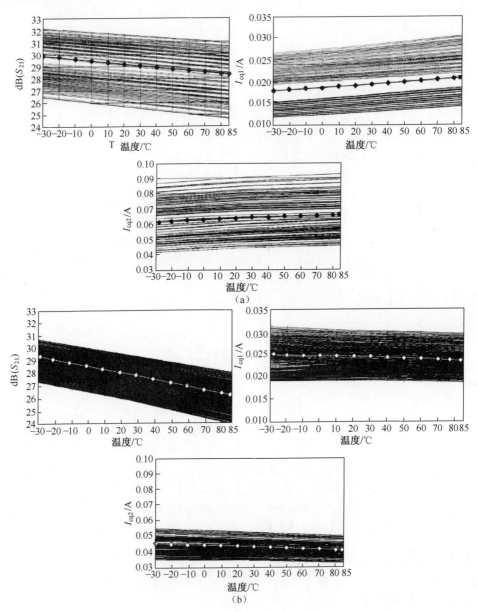

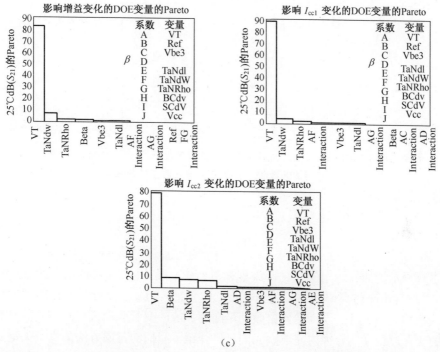

（c）

图 9.18 双波段 PA 设计的 DOE 仿真结果与分析

（a）第一次设计的性能结果（射频增益，I_{cq1} 和 I_{cq2}），方形为标称仿真结果；

（b）针对降低顶层变量进行修改后的性能，菱形为标称仿真结果；（c）初步设计的 Pareto 图。

9.3.2 WCDMA FEM

对于我们的第二个例子，最初设计中电池电压（V_{cc}）变化引起了很大的性能变化（图 9.19）。通过 DOE-Pareto 驱动的设计流程，确定了特定节点上镇流不足和上升电压是根本原因，因此在电路中增加了钳位二极管和镇流器。测量结果（图 9.19）表明，随着 V_{cc} 从 3.2V 变为 4.5V，I_{cq} 在设计改进后相对稳定，高 V_{cc} 下的标准偏差显著降低。这个例子进一步说明了我们的 DOE-Pareto 驱动设计流程的有效性。

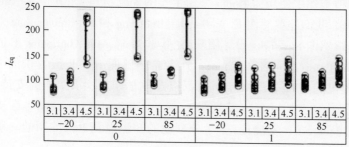

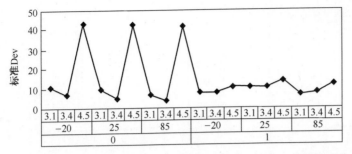

图 9.19　WCDMA FEM 设计的测量数据。证实了设计修改前后的仿真结果。
设计改变旨在消除 V_{cc} 的影响,显著改善了设计性能

9.4　总结

　　本章展示了如何运用模型设计流程来进行 PA 设计,该流程将统一的统计模型、DOE 统计电路仿真(外延/工艺和电路工作变量)、Pareto 分析和设计原理图集成为一个独立的工具。设计迭代由级别最高的 Pareto 变量驱动,设计修改,仿真和分析的交互过程在几分钟内完成。我们已经介绍了我们的三层方法的每个关键要素如何确定,与以前的统计仿真或设计区分开来。我们使用这种方法的例子表明,基于 DOE 的仿真是指导电路设计并降低给定工艺的性能变化的有效工具。我们开始讨论晶圆级材料参数,并与观察到的 PCM 和电路变化相关。我们还展示了如何将参数相互关联,并使用收集的信息来简化建模。我们展示了这些变化如何与模型参数相关联,并提供"统一的"模型基础。这些模型通过仿真 PCM 测量并与DOE 晶圆的测量电路数据进行比较来验证。最后,我们讨论了 DOE 实现的优势和两个电路实例。

致谢

　　我们要感谢在这项工作中使用的 Kopin 公司生长的外延材料,尤其是 K. Stevens 和 R. Welser 两位。我们还要感谢 K. Weller,K. Buehring 和 R. Ramanathan 对本项目的支持。也非常感谢 Skyworks 设计团队,尤其是 Mary Ann Abarientos,Gary Zhang,Ede Enobakhare,Peter Tran,Nick Cheng。作者希望感谢 Bac Tran 提供的电路测试数据,Jing Li 提供的生产线 PCM 测试数据以及他早期对这项工作的支持,还有 Skyworks 纽伯里公园的设计团队(特别是 Jane Xu 和 Sunny Chen)的不断支持。我们也非常感谢 Jack Sifri(安捷伦)善于分享他的知识以及 Pareto 图的一些

原始模板。非常感激 Robin Accomazzo 对插图和表格的帮助。最后,我们要感谢像豚鼠一样勇敢的设计师们帮助我们改善这一流程。

题词

作者想把这项工作献给我们的朋友和同事 Juntao Hu,他在本章完成之前去世了。没有他的奉献和承诺,这项工作是不可能完成的。

<h2 style="text-align:center">参 考 文 献</h2>

[1] W. F. Davis *et al.* , "Statistical IC simulation based on independent wafer extracted process parameters and experimental designs," Proc. Bipolar Circuits and Technol. Meeting, *1989*, pp. 262~265, 1989.

[2] M. Schroter *et al.* , "Statistical modeling of high~frequency bipolar transistors," IEEE Bipolar/BicMoS Circuits Technol. Meeting (BCTM), pp. 54~61, 2005.

[3] K. M. Walter *et al.* , "A scalable, statistical SPICE Gummel~Poon model for SiGe HBT's," J. of Solid~State Circuits, vol. 33, no. 9, 1998.

[4] W. Schneider, M. Schroter, W. Kraus, and H. Wittkopf, "Statistical simulation of highfrequency bipolar circuits,"Des. , Autom. Test in Eur. Conf. Exhibition, 2007, pp. 1397~1402.

[5] C. C. McAndrew, "Statistical modeling for circuit simulation,"Proc. 4th Int. Symp. Quality Electron. Des. , 2003.

[6] S. W. Director *et al.* , "Statistical integrated circuit design," IEEE J. Solid~State Circuits, vol. 28, no. 3, March 1993, pp. 193~202.

[7] D. L. Harame *et al.* "Design automationmethodology and RF/analog modeling for RFCMOS and Si Ge BiCMOS technologies," IBM J. Res. Dev. vol. 47, no. 2/3, Mar/May 2003.

[8] W. Rensch, S. Williams, and R. J. Bergeron, "BiCMOS Fab Yield Optimization,"IBM Microelectron. , pp. 23~25, First Quarter 2000.

[9] SAS Institute Inc. 2008. JMPR®_ 8 Design of Experiments Guide. Cary, NC: SAS Institute Inc.

[10] J. Carroll and K. Chang, "Statistical computer~aided design for microwave circuits,"IEEE Trans. Microw. Theory Tech. , vol. 44, no. 1, Jan. 1996.

[11] M. Harry and R. Schroeder,Six Sigma:The Breakthrough Management Strategy Revolutionizing the World's Top Corporations. New York: Currency/Doubleday, 2000.

[12] http://www. agilent. com/find/eesof-doe.

[13] G. E. P. Box, J. S. Hunter, and W. G. Hunter,Statistics for Experimenters, Wiley & Sons, 1978.

[14] NIST/SEMATECH e~Handbook of Statistical Methods, http://www. itl. nist. gov/ div898/hand-

book/, 2011.

[15] J. Hu, P. J. Zampardi, C. Cismaru, K. Kwok, and Y. Yang, "Physics-based scalable modeling of GaAs HBTs,"Proc. 2007 Bipolar Circuits and Technol. Meeting, pp. 176-179.

[16] P. J. Zampardi, D. Nelson, P. Zhu, C. Luo, S. Rohlfing, and A. Jayapalan, "A DOE approach to product qualification for linear handset power amplifiers," *2004* Compound Semiconductor Mantech Conf. , Miami, FL, pp. 91-94.

[17] J. Hu, P. J. Zampardi, H. Shao, K. H. Kwok, C. Cismaru, "InGaP-GaAs HBT statistical modeling for RF power amplifier designs," Dig. Compound Semiconductor Integrated Circuit Symp. 2006, San Antonio, 2006, pp. 219-222 and P. J. Zampardi, "Modeling challenges for future III - V technologies,"Workshop on Compact Modeling for RF - Microwave Applications (CMRF), Long Wharf, Boston, October 3, 2007.

[18] H. K. Gummel, "Measurement of the Number of Impurities in the Base Layer of a Transistor," Proc. IRE, vol. 49, no. 4, p. 834, April 1961.

[19] R. Welser *et al.* , "Role of neutral base recombination in high gain AlGaAs/GaAs HBT's," IEEE Trans. Electron Devices, vol. 46 , no. 8, pp. 1599-1607, Aug. 1999.

[20] R. Gray and P. Meyer, Analysis and Design of Analog Integrated Circuits. New York: Wiley & Sons, 1984, p. 27.

[21] B. Yeats *et al.* , "Reliability of InGaP emitter HBTs at high collector voltage," GaAs IC Symp. , 2002. 24th Annual Tech. Dig. , Oct. 20-23, 2002, pp. 73-76.

[22] J. Berkner, BCTM Shortcourse, Bipolar Model Parameter Extraction, 2001.

[23] F. Larsen, M. Ismail, and C. Abel, "A versatile structure for on-chip extraction of resistance matching properties,"IEEE Trans. Semicond. Manuf. , vol. 19, no. 2, May, 1996.

[24] SEMATECH "Intermediate design of experiments (DOE)," Technology Transfer #97033268A-GEN, 1997.

[25] http://edocs. soco. agilent. com/display/ads2009/Using + Design + of + Experiments + % 28DOE%29.

[26] ADS 2009 Update 1, October 2009, Tuning, Optimization, and Statistical Design, Agilent Technologies, Inc. 2000-2009.

第10章

噪声建模

Manfred Berroth
University of Stuttgart

　　电信号的自然起伏波动通常被称为噪声。噪声是工程设计人员面对的挑战性问题之一,特别是对于敏感的放大器来说尤为显著。不仅在通信系统的接收机中需要灵敏的放大器,在雷达和测试系统中也经常用到。通信系统的通信距离由可接受的信噪比决定。在电子电路中通常存在3种类型的噪声:

　　(1) 热噪声,由载流子的随机运动产生。

　　(2) 散粒噪声,由施加电场的漂移电流产生。

　　(3) 闪烁噪声,由电导率的缓慢波动产生。

　　噪声可用统计学的数学公式描述。在10.3节中将讨论晶体管的一些基本原理并在噪声方面进行拓展。10.4节中描述测试装置。最后给出了参数提取过程。

10.1　理论基础

10.1.1　概率分布函数

　　噪声可用数学上的概率论来描述。在电子工程中电流和电压信号通常用时间的函数来表示,如 $i(t)$ 或 $v(t)$。

　　这些信号在时间和数值上都是连续的。如果这些信号是噪声的话,则可表示为连续的随机变量 $P(x)$。定义概率分布函数为

$$P(x \leqslant x_0) = \int_{-\infty}^{x_0} f(x)\,\mathrm{d}x \qquad (10.1)$$

　　可以推导出概率分布函数的导数作为概率密度函数 $f(x)$

$$\mathrm{d}P(x) = f(x)\,\mathrm{d}x \qquad (10.2)$$

表示连续波动变量值在 x 和 $x+\mathrm{d}x$ 之间的概率为 $\mathrm{d}P$。

期望值 $E(x)$ 为

$$E(x) = \int_{-\infty}^{\infty} xf(x)\,\mathrm{d}x \tag{10.3}$$

在实际实验中波动量的瞬时值在观测时是变化的,但是其平均值却能够保持恒定。

n 阶矩的均值定义为

$$\overline{x^n} = \int x^n \mathrm{d}P \tag{10.4}$$

其中积分扩展到了 x 所允许值的整个范围。对于一个真实的波动变量,一阶矩均值为 0。

$$\bar{x} = \int x\mathrm{d}P = 0 \tag{10.5}$$

在这种情况下最关键的平均值为均方值

$$\overline{x^2} = \int x^2 \mathrm{d}P \tag{10.6}$$

同样,中心矩可以定义为

$$\overline{(x-x)^n} = \int \overline{(x-x)^n}\mathrm{d}P \tag{10.7}$$

其中最重要的是标准偏差 σ,有

$$\sigma^2 = \overline{(x-\bar{x})^2} = \int (x-\bar{x})^2 \mathrm{d}P = \int (x-\bar{x})^2 f(x)\,\mathrm{d}x \tag{10.8}$$

取平均值有两种方法:第一种方法针对自然波动的单独系统开展研究,在足够长的时间间隔上确定平均值,这种方法实现需要测量电子器件和电路的噪声;第二种方法考虑的是大量相同系统的总体特性,平均值由特定时刻所有元件的瞬时值决定。

对于一个遍历过程来说,在特定的例子中单独系统在长时间间隔产生的波动变量的值具有与多个相同系统整体相同的概率密度函数。

连续随机变量的正态分布通常称为高斯分布,具有如下的概率密度函数,如图 10.1 所示。

$$f(x) = \frac{1}{\sigma\sqrt{2\pi}}\mathrm{e}^{-\frac{(x-\bar{x})^2}{2\sigma^2}} \tag{10.9}$$

概率分布函数如图 10.2 所示,公式为

$$P(x_0) = \frac{1}{2}\left(1 + \varphi\left(\frac{x_0 - \bar{x}}{\sigma\sqrt{2}}\right)\right) \tag{10.10}$$

其中

$$\varphi(z) = \frac{2}{\sqrt{\pi}}\int_0^z \mathrm{e}^{-u^2}\mathrm{d}u \tag{10.11}$$

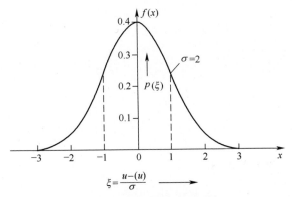

图 10.1　高斯概率密度函数

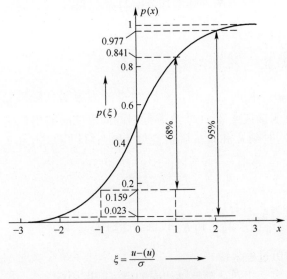

图 10.2　概率分布函数

10.1.2　变量的相关性

对于两个变量 x 和 y,如果给定的一个 x 值对于 y 的可能值没有任何限制影响,则称 x 和 y 是独立的或不相关的,即有

$$\overline{xy} = \overline{x}\,\overline{y}^{\,x} = 0 \tag{10.12}$$

由于 $\overline{y}^{\,x} = 0$ 且 x 在此平均过程中为常数,y 与 x 不相关。

然而如果变量 x 和 y 之间具有相关性,例如 $y=ax$,其中 a 为常数,则对于一个给定的 x 值,y 也是已知的,有

$$\overline{xy} = a\,\overline{x^2} \tag{10.13}$$

在这种情况下变量 x 和 y 是完全相关的。

我们定义相关系数为

$$c = \frac{\overline{xy}}{\sqrt{\overline{x^2 y^2}}} \tag{10.14}$$

若 $c=0$，则 x 和 y 不相关，若 $|c|=1$，则它们是完全相关的。当 $0<|c|<1$ 时，其为部分相关。

部分相关的一般表达式为

$$y = ax + z \tag{10.15}$$

其中，a 为常数，z 为变量，则 x 和 y 是线性相关的。

如果两变量相加，计算两者和的均方值时需要考虑相关系数。

$$\overline{(x+y)^2} = \overline{x^2} + \overline{2xy} + \overline{y^2} = \overline{x^2} + 2c\sqrt{\overline{x^2 y^2}} + \overline{y^2} \tag{10.16}$$

10.1.3 相关函数

由函数 $x(t)$ 在不同时刻 t_0 和 $t_0+\tau$ 处的两个值来替代随机变量 x 和 y，则可以定义相关函数，用来描述函数 $x(t)$ 在不同时间间隔之间的相关性。

对于两个不同时刻 t_1 和 t_2 的随机变量 x 和 y，可以定义互相关函数 $R_{xy}(t_1,t_2)$

$$
\begin{aligned}
R_{xy}(t_1,t_2) &= \iint x_1 y_2 f(x_1,y_2,t_1,t_2)\,\mathrm{d}x_1\mathrm{d}y_2 \\
&= \overline{x(t_1)y(t_2)}
\end{aligned} \tag{10.17}
$$

其中：$x_1 = x(t_2)$；$y_2 = y(t_2)$。

对于一个平稳过程来说，f 和 R_{xy} 仅取决于时间差，即

$$\tau = t_1 - t_2$$

$$
\begin{aligned}
R_{xy}(\tau) &= \iint x_1 y_2 f(x_1,y_2,\tau)\,\mathrm{d}x_1\mathrm{d}y_2 \\
&= \overline{x(t_0)y(t_0+\tau)}
\end{aligned} \tag{10.18}
$$

如果 $x=y$，则互相关函数可简化为自相关函数：

$$
\begin{aligned}
R_x(\tau) &= \iint x_1 y_2 f(x_1,y_2,\tau)\,\mathrm{d}x_1\mathrm{d}x_2 \\
&= \overline{x(t_0)x(t_0+\tau)}
\end{aligned} \tag{10.19}
$$

10.1.4 变量的傅里叶分析

任意的周期信号 $x(t)$ 可以变换为一段时间上的傅里叶级数：

$$0 \leqslant t \leqslant T_0$$

$$x(t) = \sum_{\nu=-\infty}^{\infty} C_\nu e^{j\nu\omega_1 t}$$
$$= \overline{x(t_0)y(t_0+\tau)} \tag{10.20}$$

其中

$$C_\nu = \frac{1}{T_1}\int_0^{T_1} x(t)e^{-j\nu\omega_1 t}dt \tag{10.21}$$

$$\omega_1 = \frac{2\pi}{T_1} \tag{10.22}$$

谐波频率 $\nu\omega_1$ 处的幅度为

$$A_\nu = C_\nu e^{j\nu\omega_1 t} + C_{-\nu}e^{j\nu\omega_1 t} = 2|C_\nu|\cos(\nu\omega_1 t + \varphi_\nu) \tag{10.23}$$

均方值 $\overline{A_\nu^2}$ 可由下式计算:

$$\overline{A_\nu^2} = 2a_\nu a_{-\nu} = \frac{2}{T_1^2}\int_0^{T_1}\int_0^{T_1} x(t)x(t')e^{-j\nu\omega_1(t-t')}dtdt' \tag{10.24}$$

可定义时域自相关函数 R_x^t 为

$$R_x^t(\tau) = \lim_{T\to\infty}\frac{1}{2T}\int_{-T}^T x(t+\tau)x(t)dt \tag{10.25}$$

如果随机过程是遍历的,则时间自相关函数 R_x^t 等于统计自相关函数 R_x,由此可得

$$R_x^t(\tau) = \lim_{T\to\infty}\frac{1}{2T}\int_{-T}^T \sum_{\nu=-\infty}^{\infty} c_\nu^* e^{-j\nu\omega_1 t}\left(\sum_{\mu=-\infty}^{\infty} c_\mu e^{-j\mu\omega_1(t+\tau)}\right)dt \tag{10.26}$$

利用正交性,有

$$\lim_{T\to\infty}\frac{1}{2T}\int_{-T}^T e^{-j(\nu-\mu)\omega_1 t}dt = \lim_{T\to\infty}\frac{\sin(\nu-\mu)\omega_1 t}{(\nu-\mu)\omega_1 t} = \begin{cases} 1(\nu=\mu) \\ 0(\nu\neq\mu) \end{cases} \tag{10.27}$$

可得

$$R_x(\tau) = \sum_{\nu=-\infty}^{\infty}|c_\nu|^2 e^{j\nu\omega_1\tau} \tag{10.28}$$

由于 $x(t)$ 通常为时间的实函数,则可以简化为

$$R_x(\tau) = c_0^2 + 2\sum_{\nu=1}^{+\infty}|c_\nu|^2\cos(\nu\omega_1\tau) \tag{10.29}$$

函数 $x(t)$ 的傅里叶变换 $V(f)$ 可定义为

$$V(f) = \int_{-\infty}^{\infty} x(t)e^{-j\omega t}dt, \omega = 2\pi f \tag{10.30}$$

傅里叶反变换为

$$x(t) = \int_{-\infty}^{\infty} V(f)e^{j\omega t}df \tag{10.31}$$

如果将傅里叶变换应用到自相关函数,得

$$\int_{-\infty}^{\infty} R_x(\tau) e^{-j\omega t} d\tau = \int_{-\infty}^{\infty} \sum_{\nu=-\infty}^{\infty} |c_\nu|^2 e^{j\nu\omega_1\tau} e^{-j\omega\tau} d\tau$$

$$= \sum_{\nu=-\infty}^{\infty} |c_\nu|^2 \delta(f - \nu f_1) = S(f) \qquad (10.32)$$

周期函数 $x(t)$ 的功率谱密度 $S(f)$ 显然为自相关函数的傅里叶变换,则其傅里叶反变换可以用来定义自相关函数:

$$R_x(\tau) = \int_{-\infty}^{\infty} S(f) e^{j\omega t} df \qquad (10.33)$$

对于实变量,可以得到 $A_\nu = 2|c_\nu|$,因此,有

$$S_A(f) = 4\int_0^{\infty} R_x(\tau) \cos(2\pi f\tau) d\tau \qquad (10.34)$$

$$R_x(\tau) = \int_{-\infty}^{\infty} S_A(f) \cos(2\pi f\tau) df \qquad (10.35)$$

对于平稳过程,自相关函数表现出以下特性:

$$(1)\ R_x(0) = \overline{x(t_0)^2} = \int_0^{\infty} S_A(f) df \qquad (10.36)$$

$$(2)\ R_x(\tau) \leqslant R_x(0) \qquad (10.37)$$

$$(3)\ R_x(-\tau) = R_x(\tau) \qquad (10.38)$$

$$(4)\ R_x(\pm\infty) = (\bar{x})^2 \qquad (10.39)$$

式(1)描述了随机信号的总功率,称为 Parseval 能量定理。

概率密度函数和概率分布函数可以在时域描述一个随机变量,而功率谱密度函数则是在频域对噪声信号的一种有效描述。

10.1.5 无噪声线性时不变电路的噪声响应

如果一个随机信号 $x_e(t)$ 施加在一个无噪声线性时不变电路的输入端,则电路的输出响应为

$$R_x(\tau) \leqslant R_x(0) x_a(t) = \int_{-\infty}^{\infty} h(t-\tau) x_e(\tau) d\tau = h(t) * x_e(t) \qquad (10.40)$$

式中:$h(t)$ 为电路的脉冲响应。

频域传输函数为

$$H(f) = \int_{-\infty}^{\infty} h(t) e^{-j2\pi ft} dt \qquad (10.41)$$

对于随机输入信号的输出功率谱密度,有

$$S_a(f) = S_e(f) |H(f)|^2 \qquad (10.42)$$

这可以应用在网络分析中,因为噪声信号可以理解为在一个频率间隔 Δf 内的

具有相同均方根幅度的谐波正弦信号,其幅度为

$$V_{\text{neff}} = \sqrt{S(f)\,\Delta f}$$

(10.43)

10.2　噪声源

10.2.1　热噪声

在高于 0 K 的温度 T 时,任何导电材料中的电荷载流子都会表现出类似于布朗运动的随机运动现象[1]。每个自由度的能量以 kT 表示。电阻中的热噪声可由图 10.3 中所示的等效电路中的电压或电流噪声源表示。

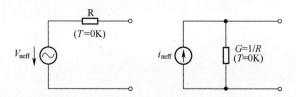

图 10.3　描述电阻中噪声的两种等效电路

奈奎斯特首先推导出一个电阻产生的噪声可在任意负载电阻中产生电流。如图 10.4 所示,如果在温度 T 时两个相同的电阻 R 互相连接,由电阻 R_1 中的热振动导致的电动势产生的电流值可由电动势除以 $2R$ 得到。任意负载电阻中的可用噪声功率 P 为

$$P = \frac{\sqrt{\overline{v^2}} \cdot i}{2} = \frac{\overline{v^2}}{4R} = \frac{\overline{i^2} \cdot R}{4}$$

(10.44)

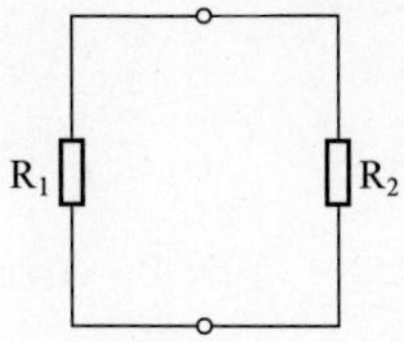

图 10.4　具有两个相同电阻 R 的电阻电路中的热噪声

根据统计热力学,有

$$S(f) = \frac{hf}{e^{\frac{hf}{kT}} - 1}$$

(10.45)

那么总的噪声功率为

$$P_v = \int_0^\infty S(f)\,\mathrm{d}f \qquad (10.46)$$

由于电路理论受限的物理尺寸远小于最高信号频率的波长。在集成电路中，即使直到现代晶体管几百吉赫的特征频率，该公式依然是有效的。由式(10.45)得到的热噪声的功率谱密度对于频率 f 小于 kT/h 时是有效的。

在室温下，该特征频率约为 6 THz，如图 10.5 所示。因此，可以假设一个恒定的谱密度：

$$S(f) = kT = S_0 \qquad (10.47)$$

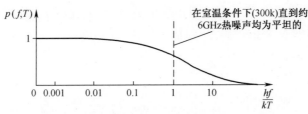

图 10.5　热噪声功率谱密度

热噪声同样被称为白噪声，因为它在感兴趣的频率范围内都表现出恒定的谱密度。

对于图 10.3 所示的噪声等效电路，有

$$\overline{v_{\mathrm{neff}}^2} = \int_0^\infty v_{\mathrm{neff}}(f)^2\,\mathrm{d}f \qquad (10.48)$$

$$i_{\mathrm{neff}}^2 = \int_0^\infty i_{\mathrm{neff}}(f)^2\,\mathrm{d}f \qquad (10.49)$$

热噪声的功率谱密度为

$$v_{\mathrm{neff}}(f) = \sqrt{4RS(f)} \qquad (10.50)$$

或

$$i_{\mathrm{neff}}(f) = \sqrt{\frac{4S(f)}{R}} \qquad (10.51)$$

电阻 R 两端的有效热噪声电压 v_{neff} 由下式给出：

$$v_{\mathrm{neff}}(f) = \sqrt{V_{\mathrm{neff}}(f)^2 \Delta f} = \sqrt{4kTR\Delta f} \qquad (10.52)$$

或

$$i_{\mathrm{neff}}(f) = \sqrt{i_{\mathrm{neff}}(f)^2 \Delta f} = \sqrt{4kT\Delta f/R} \qquad (10.53)$$

如果几个电阻串联，得

$$v_{\mathrm{neff}}(f)^2 = 4k\sum R_v T_v \qquad (10.54)$$

在电阻并联的情况下，总的有效噪声电流谱为

$$i_{\text{neff}} (f)^2 = 4k \sum \frac{T_v}{R_v} \tag{10.55}$$

电子电路中也可能包含储能元件如电容或电感等。尽管这类元件并不增加额外的热噪声,但是它们会影响到热噪声频谱:

$$v_{\text{neff}} (f)^2 = 4S(f) \operatorname{Re}\{\underline{Z}\} \tag{10.56}$$

$$i_{\text{neff}} (f)^2 = 4S(f) \operatorname{Re}\{\underline{Y}\} \tag{10.57}$$

10.2.2　散粒噪声

热噪声出现在没有任何外部感应电流的器件中。而散粒噪声则是在电荷载流子穿过能量势垒时产生的,由该过程的统计数据得到[3]。在晶体管中,这种现象可发生在任何 p-n 结中。因此,由于电流的统计特性,直流电流 $I \neq 0A$ 时会伴随一个噪声成分,只是平均值 $<i(f)> = I$。

其中的噪声成分可表示为

$$i_n(t) = i(t) - I \tag{10.58}$$

因此噪声功率可表示为

$$\langle i_n(t)^2 \rangle = \int_0^\infty i_{\text{eff}}(f)^2 \mathrm{d}f \tag{10.59}$$

假设电荷载流子互相独立,且大量通过势垒的载流子具有平均速率,据此推导功率的统计数据为

$$y(t) = \sum_v z(t - t_v) \tag{10.60}$$

其中对于 $t < t_v$ 有 $z(t - t_z) = 0$。

$y(t)$ 的谱密度为

$$S_y(f) = 2qI \, |\psi(f)|^2 \tag{10.61}$$

其中

$$\psi(f) = \sum_v \int_{-\infty}^\infty z(t - t_v) \mathrm{e}^{\mathrm{j}\omega t} \mathrm{d}t \tag{10.62}$$

对于有效噪声电流,有

$$i_{\text{eff}}(f)^2 = 2qI \, |\psi(f)/\psi(0)|^2 \tag{10.63}$$

对于低频可简化为

$$i_{\text{eff}}(f)^2 = 2qI \tag{10.64}$$

散粒噪声在二极管和双极型晶体管中是不可避免的,在具有结或肖特基金属栅极的场效应管(FET)中也是如此。但是如果穿过势垒的电流很小,则其他类型的噪声源将在这些器件中占据主流。

10.2.3 低频噪声

在热离子管(热阴极电子管)中首次观测到了低频噪声[4],随后在所有的电子材料和器件中,包括场效应和双极型晶体管都观测到了低频噪声。所测得的噪声电流谱密度在低频处显示出与 $1/f$ 相关。即归因于频率的倒数,可以简单描述这种关系为

$$S(f) = \frac{C}{f} \tag{10.65}$$

式中: C 为任意常数。

噪声功率在低频 f_1 和高频 f_2 之间的任意频段为

$$P(f_1, f_2) = \int_{f_1}^{f_2} S(f) \, \mathrm{d}f = C\ln\left(\frac{f_2}{f_1}\right) \tag{10.66}$$

当 f_1 趋近于 0 或 f_2 趋近于无穷大时将出现功率无限大的问题。在电子电路中通常都有最高频率的限制,该限制也会导致在某些特高频率至少 $1/f_2$ 的衰落。低频的限制主要由观测时间决定。

Mc Worther 提出了首个 $1/f$ 噪声模型,通过将时间常数的分布累加,并在所有可能的时间常数 τ 上对洛伦兹特性积分[5]。

电子的波函数在 MOSFET 氧化物势垒中以指数衰减,与捕获效应相关的时间常数 τ 为

$$\tau = \tau_0 \mathrm{e}^{\gamma x} \tag{10.67}$$

其中 x 为进入氧化物的方向, γ 为衰减系数。该系数为

$$\gamma = \frac{4\pi}{h} \sqrt{2m_e \varphi_B} \tag{10.68}$$

式中: m_e 为氧化物中电子的有效质量, φ_B 为从界面处的电子看过去的隧道势垒的高度。对于 Si-SiO$_2$ 系统 $\gamma \approx 10^8 \mathrm{cm}^{-1}$, $\tau_0 \approx 10^{-10}\mathrm{s}$。

陷阱分布在能带中,如果硅中的准费米能级与氧化物陷阱能量密度相当,则隧穿电子进入陷阱。捕获电子数量波动的功率谱密度为

$$S'_{N_t} = \frac{4\tau}{1 + \omega^2 \tau^2} N_t(x, E) p_t (1 - p_t) \Delta V \Delta E \tag{10.69}$$

式中: $N_t(x, E)$ 为氧化物中 x 位置处能级 E 的陷阱密度; p_t 为陷阱被填充的概率; ∇V 为单元体积, ∇E 为单元能量。

概率 p_t 为

$$P_t = \left(1 + \mathrm{e}^{\frac{E_t - E_{fn}}{kT}}\right)^{-1} \tag{10.70}$$

沟道电荷的感应波动谱密度为

$$S'_{V_g} = \frac{S_{QN}}{(WLC_{OX})^2} \tag{10.71}$$

利用 $\nabla V = WLdx$，可以通过在空间和能级上积分来得到总的栅极电压噪声谱，即

$$S_{V_g} = \frac{4q^2}{(WLC_{OX})^2} \int_0^{dm} \int_{E_V}^{E_C} \frac{N_t(x,E)\tau(x)}{1+\omega^2\tau^2(x)} p_t(1-p_t) \, dxdE \tag{10.72}$$

对于在空间和能级上均匀分布的陷阱，可以得到

$$S_{V_g} = \frac{2kTq^2}{\pi(WLC_{OX}^2\gamma)} \frac{N_t(E_{fn})}{f} \tag{10.73}$$

即在 E 上的积分项 $N_t(x,E)P_t(1-P_t)$ 可以用 $kTN_t(E_{fn})$ 来近似。

由此可得 $1/f$ 噪声的简化表示为

$$S_{V_g} = \frac{K_f}{WLC_{OX}^2 f} \tag{10.74}$$

其中

$$K_f \equiv \frac{2kTq^2N_t(E_{fn})}{\pi\gamma} \tag{10.75}$$

在 SPICE 中通常使用漏极电流噪声来等效，即

$$S_{id}(f) = \frac{K_f I_d^{A_f}}{C'_{OX}L^2 f^{E_f}} \tag{10.76}$$

其中 $A_f \approx E_f \approx 1$。

除了 Mc Worther 的数值波动模型以外，还有 Hooge 提出的迁移率波动模型，可很好地拟合 Ⅲ-Ⅴ族器件 $1/f$ 噪声的测试值[6]。迁移率的谱密度为

$$S_\mu(f) = \frac{\alpha(0)\bar{\mu}^2}{N_{tot}} \tag{10.77}$$

$$\alpha(0) = \frac{\alpha_H}{e_n(\tau_1/\tau_0)} \tag{10.78}$$

式中：α_H 为测试常数；τ_1，τ_2 为时间常数的边界。

由此可得功率谱密度为

$$S_{id}(f) = \frac{\alpha_H I_{d^2}}{N_{tot} f} \tag{10.79}$$

式中：N_{tot} 为电荷载流子的总数目。

在最近的 SPICE 模型中使用的是 Hung 提出的 MOSFET 标准模型：

$$S_{id}(f) = \frac{kTq^2\mu_{\text{eff}}I_d}{\alpha\gamma f C'_{\text{OX}}L^2}\left[A\ln\left(\frac{N_0 + N^*}{N_L + N^*}\right) + B(N_0 - N_L) + \frac{C}{2}(N_0^2 - N_L^2)\right]$$

$$+ \Delta L\frac{kTI_d^2}{8fWL^2}\frac{A + BN_L + CN_L^2}{(N_L + N^*)^2}$$

(10.80)

式中:μ_{eff}由给定偏置状态决定;k为波耳兹曼常数;T为绝对温度;α为散射系数;q为单位电荷。还包括了更多的闪烁噪声参数A、B和C,以及各种各样的电荷密度。N_0为沟道源极一侧的电荷载流子密度;N_L为漏极那侧的电荷密度,N^*为

$$N^* = kT\frac{(C_{\text{OX}} + C_d + C_{\text{it}})}{q^2}$$

(10.81)

其中:C_{OX}为栅氧单位面积电容;C_d为耗尽层电容;C_{it}为更进一步的模型参数。

由于在电子器件和电路中存在多种噪声源,放大器输出端测得的噪声功率谱密度是所有噪声源的集合。图 10.6 所示为一个放大器的噪声功率谱密度区域。在区域 I 中假设噪声谱密度在低于最低观测频率$f_{\text{obs}} = \dfrac{1}{T_{\text{obs}}}$时是受限的。在区域 II 中直到拐点频率处闪烁噪声占据主要地位,对于一些双极型器件拐点频率大约在千赫区域,FET 器件大约在兆赫区域。在区域 III 中热噪声源为主要成分。区域 IV 中,在放大器增益带宽的上限处,增益下降,噪声功率谱密度上升。

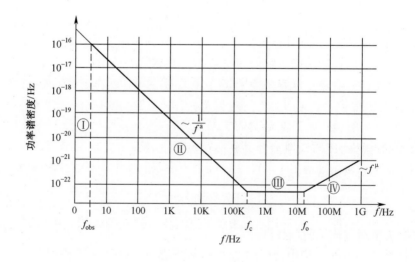

图 10.6　晶体管放大器噪声功率谱密度

10.3　线性网络理论中的噪声分析

线性网络的噪声分析主要基于两端口理论在频域中完成。一般而言,利用信噪比将输入端的噪声信号与输入端的有用信号联系起来。两端口网络的噪声因数 F 定义为

$$F = \frac{S_i/N_i}{S_O/N_O} \qquad (10.82)$$

通常使用的是下面定义的噪声系数 NF。

$$NF = 10\lg(F) \qquad (10.83)$$

对于线性网络的元件来说,噪声源分别与导纳或阻抗的实部有关。

$$v_{eff}(f)^2 = 4S(f)\,Re\{\underline{Z}\} \qquad (10.84)$$

$$i_{eff}(f)^2 = 4S(f)\,Re\{\underline{Y}\} \qquad (10.85)$$

因此可用基准温度 T_0($T_0 = 290K$)并使用温度噪声等效来定义等效噪声电阻或电导。

$$v_{eff}(f)^2 = 4kT_0R_{eq} \qquad (10.86)$$

$$i_{eff}(f)^2 = 4kT_0G_{eq} \qquad (10.87)$$

通常等效噪声温度 T_r 用来表示一个阻值为 $Re\{\underline{Z}\}$ 的电阻被加热到这个温度,此时该电阻能够产生与网络元件相同的噪声功率谱密度。

$$T_r = \frac{S(f)}{k} \qquad (10.88)$$

对于有噪的线性两端口网络,有一种用无噪两端口网络及其外部的分离噪声源来描述其噪声特性的理论。根据两端口网络参数的不同表示方法,可采用不同的等效记法来表示。在阻抗表示法中,噪声电压源串接在输入和输出端口。

$$\underline{V}_1 = \underline{Z}_{11}\underline{I}_1 + \underline{Z}_{12}\underline{I}_2 + \underline{V}_{N1} \qquad (10.89)$$

$$\underline{V}_2 = \underline{Z}_{21}\underline{I}_1 + \underline{Z}_{22}\underline{I}_2 + \underline{V}_{N2} \qquad (10.90)$$

采用导纳表示法,噪声电流源并联在输入和输出端口。

$$\underline{I}_1 = \underline{Y}_{11}\underline{V}_1 + \underline{Y}_{12}\underline{V}_2 + \underline{I}_{N1} \qquad (10.91)$$

$$\underline{I}_2 = \underline{Y}_{21}\underline{V}_1 + \underline{Y}_{22}\underline{V}_2 + \underline{I}_{N2} \qquad (10.92)$$

对于放大器来说,通常使用 $ABCD$ 矩阵来表示,则在输入端口串联噪声电压源,输出端口并联噪声电流源。

$$\underline{V}_1 = \underline{A}_{11}\underline{U}_2 + \underline{A}_{12}\underline{I}_2 + \underline{V}_N \qquad (10.93)$$

$$\underline{I}_1 = \underline{A}_{21}\underline{V}_2 + \underline{A}_{22}\underline{I}_2 + \underline{I}_N \qquad (10.94)$$

噪声系数定义为

$$F = \frac{S_i N_o}{N_i S_o} = 1 + \frac{|V_N + \underline{Z}_S \underline{I}_N|^2}{8kT\Delta f \mathrm{Re}\{\underline{Z}_S\}} \tag{10.95}$$

其中源阻抗为 $\underline{Z}_S$。

在有噪两端口网络的输出端,噪声系数可以表示为

$$F = (1 + N_{2p}/G_a \cdot N_i) \tag{10.96}$$

式中: G_a 为可用增益, N_{2p} 为两端口网络中的噪声源产生的噪声; N_i 为输入噪声功率。

因为两端口网络输出端的噪声系数依赖于源阻抗 $\underline{Z}_S$ 与最佳阻抗 $\underline{Z}_{opt}$ 之间的匹配,而后者为两端口网络具有最小噪声系数 F_{in} 时的阻抗,得

$$F = F_{min} + \frac{|\underline{I}|^2 |\underline{Z}_S - \underline{Z}_{opt}|^2}{8kT\Delta f \mathrm{Re}\{\underline{Z}_S\}} \tag{10.97}$$

当 $Z_S = Z_{opt}$ 时,可得到最小噪声系数:

$$F_{min} = 1 + \sqrt{|\underline{V}_N|^2 \underline{I}_{N^2}} \cdot \frac{(\mathrm{Re}\{\rho\}) + \sqrt{1 - (\mathrm{Im}\{\rho\})^2}}{4kT\Delta f} \tag{10.98}$$

最佳阻抗 $\underline{Z}_{opt}$ 为

$$|\underline{Z}_{opt}| = \sqrt{|\underline{V}_N|^2 / |\underline{I}_N|^2} \tag{10.99}$$

$$\rho = \frac{\underline{I}_N \cdot \overline{V}_N}{\sqrt{|\underline{V}_N|^2 |\underline{I}_N|^2}} \tag{10.100}$$

通常来说,可用下列等效参数来描述两端口网络的噪声:

$$R_n = \frac{|\underline{V}_N|^2}{8kT\Delta f} \tag{10.101}$$

$$G_n = |\underline{I}_N|^2 \frac{(1 - |\rho|^2)}{8kT\Delta f} \tag{10.102}$$

$$\underline{Y}_{corr} = \rho\sqrt{|\underline{I}_N|^2 / |\underline{V}_N|^2} \tag{10.103}$$

在测试系统中采用参考阻抗 $\underline{Z}_0$,反射系数 $\underline{\Gamma}_{opt}$ 定义为

$$\underline{\Gamma}_{opt} = \frac{\underline{Z}_{opt} - \underline{Z}_0}{\underline{Z}_{opt} + \underline{Z}_0} \tag{10.104}$$

则噪声系数可表示为

$$F = 1 + \frac{G_n + R_n |\underline{Y}_S + \underline{Y}_{corr}|^2}{\mathrm{Re}\{\underline{Y}_S\}} \tag{10.105}$$

或

$$F = F_{\min} + (F_0 - F_{\min}) \frac{|\underline{\Gamma} + \underline{\Gamma}_{opt}|^2}{(1 + |\underline{\Gamma}|^2)|\Gamma_{opt}|^2} \qquad (10.106)$$

在实际测试中常用下列的方式表示：

$$F = F_{\min} + \frac{R_n}{G_s}[(G_s - G_{opt})^2 + (B_s - B_{opt})^2] \qquad (10.107)$$

基本上当源阻抗 $\underline{Z}_S = G_S + jB_S$ 与最佳阻抗 $\underline{Z}_{opt} = G_{opt} + jB_{opt}$ 完全相等时，有噪两端口网络表现出最小的噪声系数 $F_{\min}$。噪声电阻 R_n 是当源阻抗偏离最佳阻抗时噪声系数增加的斜率的度量。低噪声参数用于描述任意两端口网络的噪声，这些噪声参数可以在晶体管模型中应用。图 10.7 所示为一个 MOSFET 的噪声系数随源阻抗变化的例子。当 $\underline{Z}_S = \underline{Z}_{opt}$ 时可得到最小噪声系数。

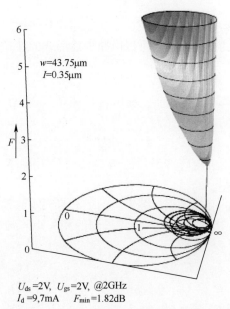

$U_{ds} = 2V,\ U_{gs} = 2V,\ @2GHz$
$I_d = 9,7mA \qquad F_{\min} = 1.82dB$

图 10.7　与源阻抗相关的 MOSFET 噪声系数

线性网络计算机辅助噪声分析的一个有效方法是基于有噪两端口网络的相关矩阵表示法[7]。任何有噪两端口网络都可以用由初始无噪两端口网络和两个附加的噪声源组成的噪声等效电路表示。由于两端口网络理论具有 6 种不同的形式，因此基于附加噪声源的类型及其与无噪两端口网络的连接关系有 6 种不同的噪声等效电路。其中最常用的是导纳、阻抗和链式表达形式。导纳矩阵采用两个电流噪声源 i_1 和 i_2 分别并联在无噪两端口网络的输入端和输出端。阻抗表达式采用两个电压噪声源 V_1 和 V_2 分别串联在输入和输出端口。在链式表达式中，输入端串联一个电压噪声源 V_1，输出端口并联一个电流噪声源 i_1。由于假设噪声是平稳随机过程，因此可以由自相关和互相关函数的傅里叶变换定义的自功率谱密度和互功率谱密度来给出这些噪声源物理意义的描述。将这些谱密度以矩阵的形式表示，称为相关矩阵。矩阵中的元素记为 C_{S1S2*}，其中下标表示该谱密度与噪声源 S_1 和 S_2 有关。矩阵自身可用 $\boldsymbol{C}$ 表示，下标指代特定的噪声源。

噪声源通常以它们在中心频率 f 上带宽 Δf 内的波动平均值表征。波动平均值与功率谱密度紧密相关，具有以下关系：

$$\langle S_i S_j^* \rangle = 2\Delta f C_{S_i S_j^*} \tag{10.108}$$

系数 2 是因从 $-\infty$ 到 $+\infty$ 的频率范围而取定。关于噪声源 S_1 和 S_2 的相关矩阵 $\boldsymbol{C}$ 可以写为

$$\boldsymbol{C} = \frac{1}{2\Delta f} \begin{bmatrix} \langle S_1 S_1^* \rangle & \langle S_1 S_2^* \rangle \\ \langle S_2 S_1^* \rangle & \langle S_2 S_2^* \rangle \end{bmatrix} \tag{10.109}$$

通过简单的变换运算可在各种表达形式之间相互转换。具体推导可基于线性网络理论。噪声信号的新表达形式可以由原表达形式的卷积积分得到：

$$\boldsymbol{x}'(t) = \int_{-\infty}^{\infty} \boldsymbol{H}(p)\boldsymbol{x}(t-p)\,\mathrm{d}p \tag{10.110}$$

其中的变换由权重矩阵 $\boldsymbol{H}(p)$ 表征。利用这种关系式，可计算自相关和互相关函数。傅里叶变换形式的转换公式为：

$$\boldsymbol{C}' = \boldsymbol{T}\boldsymbol{C}\boldsymbol{T}^+ \tag{10.111}$$

式中：$\boldsymbol{C}$ 和 $\boldsymbol{C}'$ 为原自相关矩阵和最后所得的自相关矩阵；$\boldsymbol{T}$ 为 $\boldsymbol{H}(p)$ 的傅里叶变换；加号标志表示厄米共轭。

有噪两端口网络的互连可用相关矩阵的运算来表示。其中特别感兴趣的是两个两端口网络的并联、串联或级联。最终得到的相关矩阵与原两端口网络的相关矩阵之间的关系为

$$\boldsymbol{C}_y = \boldsymbol{C}_{y1} + \boldsymbol{C}_{y2} \qquad \text{（平行）} \tag{10.112}$$

$$\boldsymbol{C}_Z = \boldsymbol{C}_{Z1} + \boldsymbol{C}_{Z2} \qquad \text{（串联）} \tag{10.113}$$

$$\boldsymbol{C}_A = \boldsymbol{A}_1 \boldsymbol{C}_{A2} \boldsymbol{A}_1^+ + \boldsymbol{C}_{A1} \qquad \text{（级联）} \tag{10.114}$$

对于晶体管建模，需要由测试噪声参数推导相关矩阵。利用链式表达式，相关矩阵可由下式得到：

$$\boldsymbol{C}_A = 2kT \begin{bmatrix} R_n & \dfrac{F_{\min}-1}{2} - R_n Y_{opt} \\ \dfrac{F_{\min}-1}{2} - R_n Y_{opt}^* & R_n |Y_{opt}|^2 \end{bmatrix} \tag{10.115}$$

典型的噪声系数测试实验装置如图 10.8 所示。

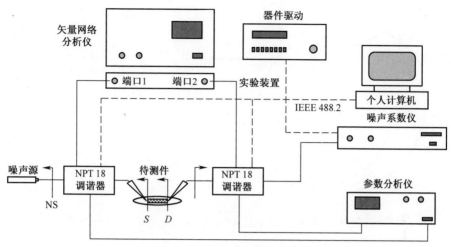

图 10.8　噪声系数测试装置

10.4　噪声测试装置

低频闪烁噪声和高频噪声特性的测试需要采用不同的噪声测试装置。传输线和接触探针的热噪声及待测件的其他寄生电阻都将使噪声系数恶化,根据在待测件所需工作点测得的宽带 S 参数值可推导得到精确的等效电路模型。目前,已有适用于 FET[8] 和双极型晶体管[9] 的提取程序。例如,图 10.9 给出了一个栅长 $0.3\mu m$,栅宽 $394\mu m$ 的 MOSFET 在 445MHz 到 40GHz 频率范围内的全部 4 种 S 参数。在工作点 $V_{gs} = 1.5V$ 和 $V_{ds} = 1.2V$ 处,由等效电路模型提取的和测试所得的所有 4 种 S 参数获得了良好的一致性。

为了确定待测件的噪声谱密度,必须完成关于图 10.9 所示的 MOSFET 的所有噪声源的待测件等效电路模型。

根据式(10.52)和式(10.53),所有的热噪声源都与电阻 R 和绝对温度 T 有关,因此根据图 10.10 可知仅有栅极和漏极的电流噪声成分是未知的。栅极和漏极电流的互相关性可由噪声参数提取过程确定。高频噪声系数的测试装置如图 10.8 所示。首先,需要在合适的直流偏置下利用矢量网络分析仪进行校准并测试待测件的 S 参数。

噪声系数测试仪可得到 $0.1 \sim 18GHz$ 频率范围内特定带宽上的输出噪声功率。由于有 4 个噪声参数,至少需要 4 次测试。因此,在输入端用来调整噪声源阻抗的阻抗调谐器,对于 S 参数测试同样需要针对每次设置进行特定调整。为了提高准确性,在输入端采用了源阻抗的统计分布和最小二乘法来给出特定工作点和频率处的 4 种噪声参数。

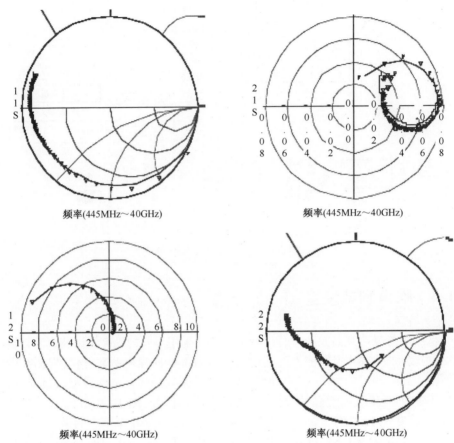

频率(445MHz～40GHz) 频率(445MHz～40GHz)

频率(445MHz～40GHz) 频率(445MHz～40GHz)

图 10.9 MOSFET 在 445MHz～40GHz 频率范围内的 S 参数测试值和仿真值

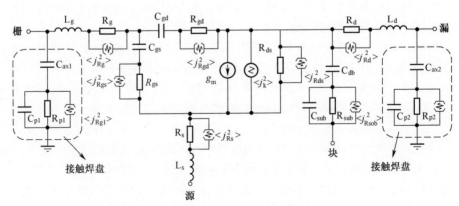

所有电阻产生的热噪声谱密度为 $<i_R^2> = \dfrac{4kT_0}{R}$

图 10.10 MOSFET 的等效电路与噪声源

图 10.11 所示为 MOSFET 的栅极和漏极噪声电流源,图 10.12 所示为噪声等效电路的3种表达形式。

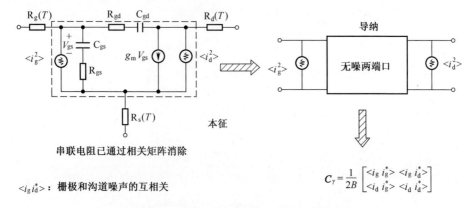

图 10.11 MOSFET 的栅极和漏极噪声电流源

	导纳形式	阻抗形式	链式形式
等效噪声电路	 I_1 无噪两端口 I_2	 V_1 无噪两端口 V_2	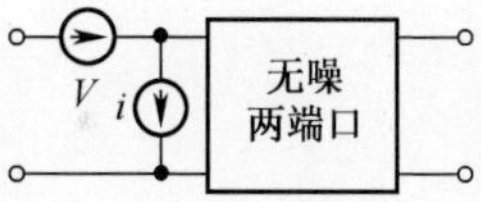 V i 无噪两端口
相关矩阵	$C_Y = \begin{bmatrix} C_{i_1 i_1}{}^* & C_{i_1 i_2} \\ C_{i_2 i_1}{}^* & C_{i_2 i_2}{}^* \end{bmatrix}$	$C_Z = \begin{bmatrix} C_{u_1 u_1}{}^* & C_{u_1 u_2}{}^* \\ C_{u_2 u_1}{}^* & C_{u_2 u_2}{}^* \end{bmatrix}$	$C_A = \begin{bmatrix} C_{uu} & C_{ui}{}^* \\ C_{iu} & C_{ii}{}^* \end{bmatrix}$
电参数矩阵	$Y = \begin{bmatrix} y_{11} & y_{12} \\ y_{21} & y_{22} \end{bmatrix}$	$Z = \begin{bmatrix} z_{11} & z_{12} \\ z_{21} & z_{22} \end{bmatrix}$	$A = \begin{bmatrix} a_{11} & a_{12} \\ a_{21} & a_{22} \end{bmatrix}$

图 10.12 噪声等效电路的3种表达形式

3 种不同类型的晶体管的噪声抛物面如图 10.13 所示。

对于不同输入阻抗的噪声系数可表示成如图 10.13 所示的抛物面区域。在最优的源阻抗处,曲线显示在最低点。通过示例对 MOSFET、HEMT 以及双极型晶体管进行了比较,HEMT 器件展现出较为平坦的极小值,而 MOSFET 则在偏离最佳源阻抗 Z_{opt} 时表现出噪声系数的陡峭上升。所有晶体管的最小噪声系数都与偏置电压相关。图 10.14 所示为随栅源和漏—源电压变化的最小噪声系数的测试值,当 MOSFET 在线性区域的增益下降时噪声呈现出很大的上升。

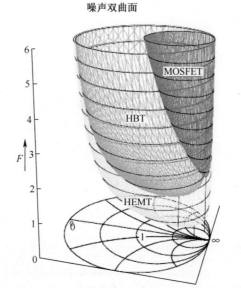

图 10.13　MOSFET、HBT 和 HEMT 的噪声系数抛物面

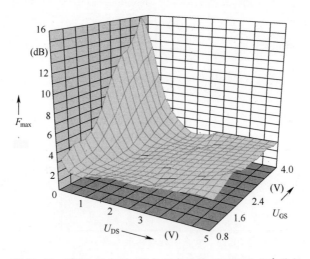

图 10.14　随栅-源和漏-源电压变化的 MOSFET 噪声系数

10.5　晶体管噪声参数提取

10.5.1　利用相关矩阵的射频噪声提取

　　高频器件和电路的设计基于集约晶体管模型。每个器件由具有详细缩放规则

的本征晶体管和外部寄生元件构成。通过超出 100GHz 的 S 参数测量,使用详细的提取程序来确定晶体管等效电路中所有元件的值。这种 MOSFET 高频等效电路模型的例子可见图 10.10。

由于所有的电阻都将产生热噪声,因此需要并联一个等效噪声电流源。电路仿真器包含噪声分析选项,其中包括了电阻性元件的噪声源。温度可设置为默认状态或一个特定值。在此处栅极噪声假设为仅由电容耦合产生,因此本征器件的主要噪声源为沟道噪声,表现为噪声电流源 $<i_K^2>$。

为了确定沟道电流噪声,在通过 S 参数测试已知等效电路元件时,可在宽带噪声参数测量中采用下面的提取方法。噪声参数的提取方法与解析的等效电路参数提取方法类似,采用线性网络理论与相关矩阵相结合的方法。

噪声参数的测试给出了 4 种噪声参数:F_{min}、R_n、G_{opt} 和 B_{opt},见图 10.15 中频率范围 2~18GHz 的例子。所测器件的相关矩阵 C_A^{Trans} 可根据式(10.114)计算得到。该相关矩阵包含了由本征器件和寄生元件产生的总的噪声。

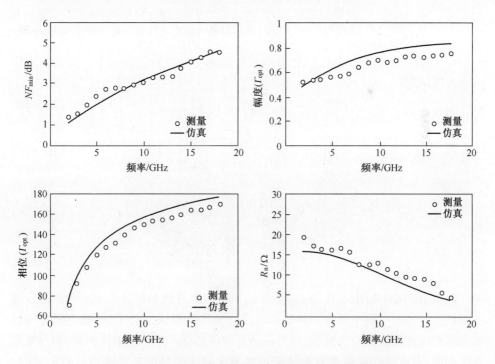

图 10.15　MOSFET 所有四种噪声参数的测试与仿真结果

首先,对寄生焊盘的电容和电阻进行去嵌。焊盘的相关矩阵为

$$\left[C_y^{pad} \right] = 2kT_0 \mathrm{Re}\left[Y^{pad} \right] \qquad (10.116)$$

将测试所得的相关矩阵转换为 Y 矩阵形式:

$$[C_y^{\text{Trans}}] = [T_{A \to y}][C_A^{\text{Trans}}][T_{A \to y}]^+ \tag{10.117}$$

然后可将焊盘的寄生参数从测试所得的相关矩阵数据中去除。

$$[C_y^{\text{Tp}}] = [C_y^{\text{Trans}}] - [C_y^{\text{pad}}] \tag{10.118}$$

外部寄生电感与串联电阻 R_g 和 R_d 可以在 $\boldsymbol{Z}$ 矩阵形式中进行去嵌:

$$[C_Z^{\text{ser}}] = 2kT\text{Re}[Z^{\text{ser}}] \tag{10.119}$$

$$[C_Z^{\text{Tp}}] = [T_{y \to Z}][C_A^{\text{Tp}}][T_{y \to Z}]^+ \tag{10.120}$$

$$[C_Z^{\text{Ts}}] = [C_Z^{\text{Tp}}] - [C_Z^{\text{ser}}] \tag{10.121}$$

本征器件同样还包含基板导纳,可以在 $\boldsymbol{Y}$ 矩阵形式下去嵌:

$$[C_{y,T}^1] = [T_{Z \to y}][C_Z^{\text{Ts}}][T_{Z \to y}]^+ \tag{10.122}$$

$$[C_{y,T}^2] = [C_{y,T}^1] - 2kT\text{Re}\begin{Bmatrix} 0 & 0 \\ 0 & y_{\text{sub}} \end{Bmatrix} \tag{10.123}$$

源电阻需要在阻抗形式下去嵌:

$$[C_{Z,T}^2] = [T_{y \to Z}][C_{y,T}^2][T_{y \to Z}]^+ \tag{10.124}$$

$$[C_{Z,T}^{\text{int}}] = [C_{Z,T}^2] - 2kT\text{Re}\begin{Bmatrix} 0 & R_s \\ R_s & 0 \end{Bmatrix} \tag{10.125}$$

在完成导纳形式的转换之后,噪声相关矩阵便可以直接表示本征晶体管的噪声电流谱密度:

$$[C_{y,T}^{\text{int}}] = [T_{Z \to y}][C_{Z,T}^{\text{int}}][T_{Z \to y}]^+ \tag{10.126}$$

$$[C_{y,T}^{\text{int}}] = \frac{1}{2\Delta f}\begin{bmatrix} \langle i_g i_g^* \rangle & \langle i_d i_d^* \rangle \\ \langle i_d i_g^* \rangle & \langle i_d i_d^* \rangle \end{bmatrix} \tag{10.127}$$

$$S_{\text{ig}} = \frac{\langle i_g^2 \rangle}{\Delta f} = \frac{\langle i_g i_g^* \rangle}{\Delta f} \tag{10.128}$$

$$S_{\text{id}} = \frac{\langle i_d^2 \rangle}{\Delta f} = \frac{\langle i_d i_d^* \rangle}{\Delta f} \tag{10.129}$$

在图 10.16 中给出了 $0.35\mu m$ 栅长的 MOSFET 栅极和漏极电流源噪声谱密度的测试值。等效电路中所有元件都可以通过 S 参数测试来确定,而噪声部分可以根据这里所述的提取方法提取,通过在仿真中仅选择考虑选定的噪声源,而忽略其他噪声源,则可以很容易地分析研究每个元件的噪声对器件总噪声系数的贡献。图 10.16 给出的例子表明沟道电流噪声是主要噪声源,紧随其后的是栅极和源极电阻产生的噪声。

最后,在图 10.17 中给出了在相应增益情况下 MOSFET 的噪声参数测试和仿真结果。

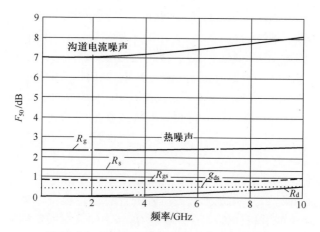

图 10.16　MOSFET 等效噪声源中的组成成分

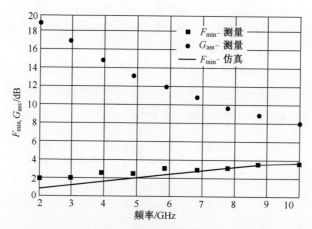

图 10.17　MOSFET 噪声系数的测试与仿真结果

10.5.2　$1/f$ 噪声与 50Ω 噪声测试系统

噪声相关矩阵可实现晶体管噪声源参数非常简洁且系统化的提取,也可以很容易地实现寄生参数的去嵌。但是在有些特定的情况下,如果并未确定 4 种噪声参数则无法使用相关矩阵。例如在低频范围内,代替较多的源牵引测试,而仅对一部分源阻抗值进行了噪声功率测量。在微波技术领域,特别需要从标准 50Ω 测试系统中确定晶体管的噪声模型。可能没有微波调谐器,或者人们还可能想要加快测试速度。

现在的任务是在等效电路元件、源和负载阻抗已知的情况下,分别从噪声功率或噪声系数测试值来确定噪声模型参数。对于一个具有两个源 $<|v_1|^2>$ 和

319

$< |v_1|^2 >$ 的系统,例如测试了每个源的输出端的短路噪声电流为 $< |i_{out}|^2 >$,将需要求解下面的方程:

$$\langle |i_{out}|^2 \rangle = A\langle |v_1|^2 \rangle + B\langle |v_2|^2 \rangle + C\langle v_1 v_2^* \rangle + D \qquad (10.130)$$

式中:A,B,C 描述了噪声是如何通过电路传播的;D 给出了源对输出噪声的贡献。

根据关于 $< |v_1|^2 >$ 和 $< |v_2|^2 >$ 的方程中未知数的数量,需要进行若干次的独立的测试。因此,需要针对不同的源阻抗或在不同的频率进行重复测试。通过参数方程来拟合测试数据点并不是任务难点,难点在于如何确定方程本身。

在小信号域中,传统方法需要利用叠加定律来计算每个噪声源对于输出短路噪声电流的贡献。这将变得十分复杂,尤其是当噪声源相关时。

即使在这种情况下,采用基于相关矩阵的计算途径也可以极大地简化噪声系数或输出噪声功率的分析计算。下面将以 GaAs HBT $1/f$ 噪声模型为例来解释这种算法。$1/f$ 区域的限制大大简化了等效电路,但是本征等效电路的复杂度并不是至关重要的。仅需要细微的调整即可获得在微波频率分别可用的方程。同样的方法已用来从 50Ω 噪声系数测试中推导方程来确定 Pucel 的 PRC 模型和 Pospieszalski 的基于温度的 HEMT 噪声模型[10]。

以图 10.18 所示的 HBT 本征电路作为起始点。电容用虚线绘制,由于频段很低,电容可以省略而不失准确性。本征晶体管的噪声分别由基极侧和集电极侧的短路噪声电流 $< |i_1|^2 >$ 和 $< |i_2|^2 >$ 决定。

$$\langle |i_1|^2 \rangle = 2q\Delta f I_b + KF \frac{I_b^{AF}}{f^{FB}} + KL \frac{I_b^{AL}}{1 + (f/FL)^2} \qquad (10.131)$$

$$\langle |i_2|^2 \rangle = 2q\Delta f I_c \qquad (10.132)$$

$$\langle i_1 i_2^* \rangle = 0 \qquad (10.133)$$

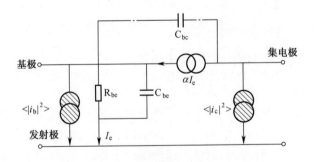

图 10.18

当电子电荷 q 与基极电流 I_b、集电极电流 I_c 已知时,参数 KF、AF、FB、KL、AL 和 FL 需要由在不同基极电流下通过与频率相关的测试来确定。

为了简化传输到负载的噪声电流的计算,我们首先将式(10.131)~

式(10.133)表示的短路噪声电流变换为开路电压源。利用变换矩阵可以很容易地实现到电压源的变换，C_y 矩阵的元素为前面给出的短路噪声电流，而开路噪声电压可由 Z 型矩阵 C_z 给出。最终得到的电压噪声源为

$$\langle |v_{i1}|^2 \rangle = |Z_{i,11}|^2 \langle |i_1|^2 \rangle + |Z_{i,21}|^2 \langle |i_2|^2 \rangle \tag{10.134}$$

$$\langle |v_{i2}|^2 \rangle = |Z_{i,21}|^2 \langle |i_1|^2 \rangle + |Z_{i,22}|^2 \langle |i_2|^2 \rangle \tag{10.135}$$

$$\langle v_{i1} v_{i2}^* \rangle = Z_{i,11} Z_{i,21}^* \langle |i_1|^2 \rangle + Z_{i,21} Z_{i,22}^* \langle |i_2|^2 \rangle \tag{10.136}$$

式中：$Z_{i,11}, \cdots, Z_{i,22}$ 为 HBT 的本征 Z 参数。

至此，这种方法的好处便已经显露无疑。首先，本征等效电路的细节并不是必需的，这是因为可通过两端口 Z 参数对其进行描述，甚至可以采用外部寄生效应去嵌后的测试数据。其次，通过这些变换后方程仍能保持为原始噪声电流的线性组合，正如式(10.130)初始的假设条件一样。

测试装置的等效电路如图 10.19 所示，在原理图架构中已经提前考虑了本征 HBT 噪声源向电压源 $< |v_{i1}|^2 >$ 和 $< |v_{i2}|^2 >$ 的变换。

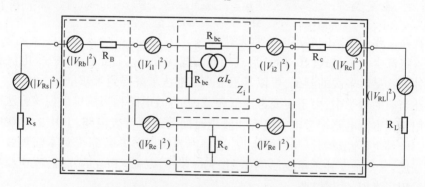

图 10.19　连接了源和负载的 HBT 低频等效电路

下一步是计算发射极电阻的噪声 $< |v_{Re}|^2 >$。发射极电阻可以看作一个两端口网络与本征晶体管串联。因此根据相关矩阵的运算法则，可以将其噪声电压源累加。由此得到的描述包含发射极电阻 R_e 的本征 HBT 噪声源的公式为

$$\langle |v_{i1e}|^2 \rangle = \langle |v_{i1e}|^2 \rangle + \langle |v_{Re}|^2 \rangle \tag{10.137}$$

$$\langle |v_{i2e}|^2 \rangle = \langle |v_{i2e}|^2 \rangle + \langle |v_{Re}|^2 \rangle \tag{10.138}$$

$$\langle v_{i1e} v_{i2e}^* \rangle = \langle v_{i2} v_{i2}^* \rangle + \langle |v_{Re}|^2 \rangle \tag{10.139}$$

由图 10.19 所示的等效电路可以看出，基极噪声电压源 $< |v_{i1e}|^2 >$ 与基极电阻的噪声源 $< |v_{Rb}|^2 >$ 及源极噪声源 $< |v_{Rs}|^2 >$ 串联。对于集电极来说也是同样，$< |v_{i2e}|^2 >$ 与集电极电阻的噪声源 $< |v_{Rc}|^2 >$ 和负载的噪声源 $< |v_{Rl}|^2 >$ 串联。这些噪声源沿支路能够简单地进行累加，可以得出：

$$\langle |v_1|^2 \rangle = \langle |v_{i1e}|^2 \rangle + \langle |v_{Re}|^2 \rangle + \langle |v_{Rb}|^2 \rangle + \langle |v_{Rs}|^2 \rangle \tag{10.140}$$

$$\langle |v_2|^2 \rangle = \langle |v_{i2e}|^2 \rangle + \langle |v_{Re}|^2 \rangle + \langle |v_{Rc}|^2 \rangle + \langle |v_{Rl}|^2 \rangle \qquad (10.141)$$

$$\langle v_1 v_2^* \rangle = \langle v_{i2} v_{i2}^* \rangle + \langle |v_{Re}|^2 \rangle \qquad (10.142)$$

这两种噪声源产生了系统的总噪声。现在系统等效电路中的源、负载和 HBT 都是完全无噪的。$\langle |v_1|^2 \rangle$ 位于 HBT 的基极端口，$\langle |v_2|^2 \rangle$ 位于其输出端口。

在 $1/f$ 噪声测试中得到的输出噪声电流 $\langle |i_{csc}|^2 \rangle$ 现在可基于提取的 HBT 的 Z 参数推导得出，而且甚至不需要考虑本部本征等效电路的细节。

$$\langle |i_{csc}|^2 \rangle = \frac{|A|^2}{R_L^2} [|B|^2 \langle |v_1|^2 \rangle + \langle |v_2|^2 \rangle + 2\mathrm{Re}(B \langle v_1 v_2^* \rangle)]$$

$$(10.143)$$

其中

$$A = \left(\frac{Z_{21} Z_{12}}{(R_s + Z_{11}) R_L} - \frac{Z_{22}}{R_L} \right)^{-1} \qquad (10.144)$$

$$B = \frac{-Z_{21}}{R_s + Z_{11}} \qquad (10.145)$$

现在需要用原始的噪声源方程来替代 $\langle |v_1|^2 \rangle$、$\langle |v_2|^2 \rangle$ 和 $\langle v_1 v_2^* \rangle$ 项。这将产生一个与式(10.130)形式相同的线性方程。在不同的频率、电流和源阻抗处进行足够多次的测试，可以基于最小二乘法求解得到未知量。

在当前的例子中，由于主要考虑低频范围，等效电路相当简单。但该方法同样可应用于在本征电路中考虑了电容和渡越时间的射频等效电路，其中的导线电感和外部电容也不能忽略。从根本上说，这是因为仅用 Z 参数即可对本征等效电路进行描述，其复杂度并不重要。例如，由 50Ω 噪声源确定 Pospieszalski 噪声模型的算法采用了类似的方法[10]。

在本章的最后将给出德国柏林 Ferdinand-Braun Braun-Insitut, Leibniz-Institut für Höchstfrequenztechnik 代工厂生产的 $3 \times 30 \mu m^2$ InGap/GaAs HBT 的一些测试结果[11]。测试系统见图 10.20，测试与模型计算的结果见图 10.21。该测试装置中的源阻抗可调，可调范围为 $R_s = 10 \sim 10 k\Omega$。

当 $R_s = 10 k\Omega$ 时的测试结果显示噪声测试值中的主要成分是由式(10.131)描述的基极-发射极 $1/f$ 噪声源。可见到除了白噪声基底之外，$1/f$ 部分与洛伦兹式频谱都显示出明显的截止频率。同样可见该结果很好地表示了噪声频谱与电流的关系。

然而，如果在模型中仅考虑这一种噪声源，将不能预测低阻抗 $R_s = 10\Omega$ 的情况，见图 10.21(b) 中虚线所示。噪声被大大低估了。由图 10.20 所示的测试系统构成可以看出如何对这种情况做出解释。当 $R_s = 10\Omega$ 时，满足条件 $R_s + R_b + R_e \ll R_{be}$。基极-发射极噪声源被源极有效地短路了，不对集电极噪声电流产生影响。

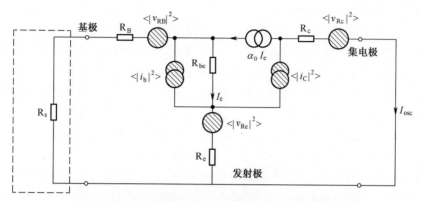

图 10.20　包括源牵引选项的 HBT 的 $1/f$ 噪声测试系统

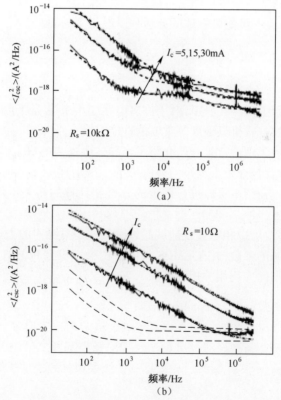

图 10.21　HBT 的 $1/f$ 噪声测试与仿真结果,参数为基极电流,实线:测试结果,
虚线:仅有基极-发射极 $1/f$ 噪声源时的仿真结果,点划线:总的 $1/f$ 噪声模型计算结果

　　因此测试所得的噪声必然来源于其他的源。通过对类似半导体层的测试,可以预见噪声来源于内嵌的发射极整流电阻。这是通过对 HBT 层叠中部分半导体

层进行测试实现的。Hooge 噪声的存在解释了这种情况下过大的噪声测试值。实际上图 10.21(b)中的虚线表示假设仅在发射极电阻中存在 $1/f$ 噪声源时的仿真结果。

发射极噪声电压源和基极–发射极源分别与源阻抗的关系是正交的。在 $R_s = 10k\Omega$ 的高阻抗情况下,发射极支路实际上是开路的,噪声源并不影响集电极噪声电流的测试值。

这个例子突出了进行更多测试的重要性,而不是仅在固定源极阻抗处测试低频噪声。省略这里所示的两种测试中的一种将无法确定噪声模型中的参数,从而无法在电路设计时考虑基极–发射极终端的影响。在振荡器的设计中恰当的基带终端可以使 $1/f$ 噪声最小化,是一种适合减小相位噪声的办法[12]。

在低频区域,覆盖整个史密斯圆图的广泛的源牵引测试并不可行,而这在微波频段却是可实现的常规操作。但是可以在一系列离散阻抗上进行测试。由于测试次数的限制,实际上不可能可靠地区分两种以上正交的源。

10.6　总结

所有的晶体管中都存在噪声,对于许多电路应用来说需要进行准确的建模,原因在于噪声决定如接收机灵敏度等重要的性能。

本章首先从数学理论背景开始介绍了半导体中噪声的概念以及如何描述噪声信号,再结合物理背景介绍了噪声信号的来源。随后讨论了如何处理线性电路分析中的噪声信号。介绍了可以进行系统的分析和计算的相关矩阵方法,最后还涉及了噪声测试技术。

基于相关矩阵,可以相对直观地从晶体管测试中对噪声源去嵌,在此之后便可以确定描述噪声源的参数,并在 CMOS 晶体管白噪声模型和 HBT 的 $1/f$ 噪声模型的例子中讨论了如何应用相关矩阵算法。

参 考 文 献

[1] R. Brown, "A brief account of microscopical observations mode in the month of June, July & August, 1927, on particles contained in the pollen of plants, and on the general existence of active molecules in organic & inorganic bodies," Philosoph. Mag. , vol. 4, no. 21, 1828, pp. 161–173. Available online at http://sciweb. nybg. org/science2/pdfs/dws/Brownian. pdf.

[2] H. Nyquist, "Thermal agitation of electric charge in conductors," Physical Review, vol. 32, pp. 110–113, July 1928.

[3] A. van der Ziel, "Theory of shot noise in junction diodes and junction transistors," Proc. IRE, vol. 43, pp. 1639–1646, Nov. 1955.

[4] J. B. Johnson, "Thermal agitation of electricity in conductors," Physical Review, vol. 32, pp. 97–109, July 1928.

[5] J. A. L. McWorther, "1/ f noise and germanium surface properties, semiconductor," Surface Physics, p. 207, 1957.

[6] F. N. Hooge, "1/ f noise is no surface effect," Physics Letters, vol. 29A, no. 3, pp. 139–140, April 1969.

[7] H. Hillbrand and P. H. Russer, "An efficient method for computer aided noise analysis of linear amplifier networks," IEEE Trans. Circuits Syst. , vol. CAS – 23, no. 4, pp. 235 – 238, April 1976.

[8] A. Pascht, M. Grüozing, D. Wiegner, and M. Berroth, "Small–signal and temperature noise model for MOSFETs," IEEE Trans. Microw. Theory Tech. , vol. 50, no. 8, pp. 1927–1934, Aug. 2002.

[9] U. Basaran, N. Wieser, G. Feiler, and M. Berroth, "Small–signal and high–frequency noise modeling of SiGe HBTs," IEEE Trans. Microw. Theory Tech. , vol. 53, no. 3, pp. 919–928, March 2005.

[10] M. Rudolph, R. Doerner, P. Heymann, L. Klapproth, and G. Böock, "Direct extraction of FET noise models from noise figure measurements," IEEE Trans. Microwave Theory Tech. , vol. 50, pp. 461–464, Feb. 2002.

[11] P. Heymann, M. Rudolph, R. Doerner, and F. Lenk, "Modeling of low–frequency noise in GaInP/GaAs hetero–bipolar–transistors," IEEE MTT–S Int. Microw. Symp. Dig. , 2001, pp. 1967–1970.

[12] G. D. Vendelin, A. M. Pavio, and U. L. Rohde, Microwave Circuit Design using Linear and Nonlinear Techniques, 2nd ed. Hoboken, NJ: John Wiley, 2005, ch. 10.

内 容 简 介

《晶体管非线性模型参数提取技术》一书是剑桥射频和微波工程系列丛书之一。全书系统地讨论了晶体管非线性模型构造、参数提取、测量及分析方法以及晶体管封装模型、参数提取不确定度、噪声参数、电路设计等一系列关键问题，是一部细致讲解晶体管非线性模型参数提取技巧和方法的书籍。

本书内容涵盖全面、理论分析细致、技术研究深入、工程实用性强，可用于集成电路计算机辅助设计，用以提高射频和微波毫米波功率电路及其他非线性电路计算机辅助设计的效率，增强设计可靠性，缩短设计周期，降低设计成本。本书不仅可作为本科生、研究生的教材，也可作为科研生产相关领域技术人员的工具书。